中国科学技术经典文库

工程结构优化设计

钱令希　著

科学出版社

北　京

内 容 简 介

本书用工程力学的观点介绍结构优化设计的理论与方法,也就是将力学的概念和方法与现代优化技术结合起来,使工程结构的设计按一定的目标尽可能得到优化。

全书共分七章,内容包括:绪论;分部优化法;整体优化和分部优化的结合;统一的整体优化及 DDDU 程序系统;几何规划的应用;线性规划的应用;若干优化理论的探讨。

书末关于优化数学的两个附录为库-塔克(Kuhn-Tucker)条件和对偶规划。

本书可供工程设计和科学研究人员使用,也可供有关高等院校师生参考。

图书在版编目(CIP)数据

工程结构优化设计 / 钱令希著. —北京:科学出版社,2011

(中国科学技术经典文库)

ISBN 978-7-03-031686-8

Ⅰ.①工… Ⅱ.①钱… Ⅲ.①工程结构-结构设计 Ⅳ.①TU318

中国版本图书馆 CIP 数据核字(2011)第 118233 号

责任编辑:耿建业 / 责任校对:刘亚琦
责任印制:赵 博 / 封面设计:王 浩

科学出版社 出版

北京东黄城根北街 16 号
邮政编码:100717
http://www.sciencep.com

西源印刷厂 印刷

科学出版社发行 各地新华书店经销

*

2011 年 6 月第 一 版　　开本:B5 (720×1000)
2011 年 6 月第一次印刷　　印张:15 3/4
印数:1—2 500　　　　　　字数:309 000

定价:80.00 元
(如有印装质量问题,我社负责调换)

前　　言

随着时代的发展,对工程结构的要求越来越高,结构设计需要考虑的因素也越来越多,用传统的设计方法已难以解决这样复杂的问题。因此,要把结构设计做到尽量符合理想,就需要有符合现代化的结构优化理论和方法。

尽管现代化结构优化设计的研究工作已经进行了多年,但在应用方面尚未普及。这主要是由于过去的研究工作与实际应用的结合不够,理论和方法还不够成熟,在设计中存在一些传统的工作习惯,对新的工作方法还不易接受。为解决这些问题,急于求成是不可能的,需要从现实的情况出发,循序渐进,多作宣传普及,将新的理论和方法逐步地应用于实际,为工程建设服务。这也就是本书的编写目的。

本书是用工程力学的观点介绍结构优化设计的理论和方法,反映了大连工学院工程力学研究所近年来在这方面的研究工作与体会。其中,第四章系隋允康同志执笔;第七章系程耿东同志执笔。

希望这本书的出版,能对结构优化设计的研究工作和实用方面起到促进作用。书中不足之处请读者指正。

目　　录

第一章　绪　　论

　　任何时代都要设计和建造工程结构物。时代越进步,对结构的要求就越高,设计中要考虑的因素也越复杂,而用传统的设计方法往往就难以应付了。如果要把结构设计得尽量符合理想,那就更需要有新的现代化的结构优化的理论与方法。

　　传统的结构设计,在某种程度上可以说是一种艺术,要求人们根据经验和通过判断去创造设计方案,随后的力学工作实质上是对给定的方案作力学的分析,校核它是否安全和可行。力学工作者经过长期的努力,建立了可靠的结构分析理论与方法,并有效地为工程服务。但是人们也完全意识到这只是做到了"分析结构",而更重要的服务还在于要"设计结构"。也就是说,人们不仅要说明世界,问题在于要改造世界。过去的结构力学研究,主要着眼于分析和计算各种结构在外界因素作用下的受力和变形等力学反应,现在则应迈出一大步,把结构优化设计也作为研究的任务。

　　"设计"一词,本身就包含了优化的概念,设计出来的方案不应只是可用和比较合理,而应该是追求尽可能理想的方案。结构优化设计又称"结构综合",这是相对于"结构分析"而言的,它要综合各方面的因素、要求、约束条件等,从而产生一个理想的设计。可以设想,它的复杂和困难的程度要比结构分析大得多,也可以说二者有量级上的差别。

　　20世纪60年代初,有两个事实给结构优化设计的发展以莫大动力。其一是有限元法解决了复杂结构的分析问题。要优化设计必须先会正确分析,这样,有限元法就为发展优化设计提供了良好的条件。其二是数学规划的被引入[A-6]。把优化设计作为非线性规划的一个命题,看来是最恰当不过了,只要把优化追求的目标和设计应受的种种约束作出数学描述,剩下的问题仅需把数学家研究出来的数学规划方法搬来求解,而优化方法种类繁多,各有巧妙,利用电子计算机作数值求解,其解题的能力比之过去经典的变分解析方法,真是有天壤之别。看来,一切条件具备,优化设计的发展将是一帆风顺的。最初曾将数学规划的方法试用于几个简单的桁架结构,发现以前凭直觉想象的"满应力准则法"不一定就是最轻设计,尽管在很多情况是接近最轻设计,所以就一心走数学规划的道路。但结构优化问题的变量多,约束也多,并且大都是复杂的隐式函数,每做一次重分析的工作量浩大,如直接搬用数学优化的各种各样数值搜索最优解的方法,也只能解决一些规模比较小的例题,遇上稍为复杂的实际结构系统,要求迭代和重分析的次数就急剧增加,其计算工作量之大,即使用能力很大的电子计算机也很难胜任。因此,很多研究工作者试验了各种现成的数学上可行的方法,却都感到事与愿违,并不能导致能够为人乐于接受的实用方法。到 1968 年前后[A-13]，人们不得不重新考虑回到比较现实的基础上，一是把优化的目标和约束的性质局限于较低的水平，譬如只考虑变化结构构件的截面尺寸，在单一或很少种约束种类下使结构质量最轻的设计，而不是一揽子、全盘的优化；二是又回到理论上不那么广泛适应而应用上比较容易实现的优化准则方法[A-15]，于是满应力法在应用中又得到了重视[A-16]。因为它只适用于只有强度约束的问题，人们就寻求类似的可适用于其他约束的准则法[A-14]，于是出现了可以分别处理变位、频率、临界力等约束的准则法。这虽然都带有一定的局限性和没有完全解决好的困难，但是在实际中却可以用来解决很多大型结构系统的元件截面优化问题。这些新的准则法不像满应力法那样仅出于直觉的准则，而是以数学规划中的库-塔克(Kuhn-Tucker)条件为基础，所以是理性的准则。于是从 70 年代初起，结构优化就有了数学规划和优化准则两条不同的途径。优化准则法被称为间接法，因为它用准则的满足代替了使目标函数的取极值。它的最大优点是收敛快，要求重分析的次数一般跟变量的数目没有多大关系，所以对中型和大型结构的优化设计有重要的实际意义。但是不同性质的约束要用不同的准则，对元件的刚度与变量之间的关系也有一定的要求。此外，结构优化的目标也只限于最轻质量，而且结构的布局和几何是固定不变的给定形式。如果要同时考虑多种约束，或是刚度变量之间的关系比较复杂，则准则设计就不那么简单了。此外，如果优化目标不限于结构质量或材料的体积，或是结构布局和几何也是可变的，目前的准则就无能为力了。相对来说，准则设计比较适应于薄壁构造的航空结构，所以在那里得到比较广泛的应用。至于数学规划优化设计的途径则有更坚实的理论基础和广泛得多的适应性，这是不容忽视的突出优点。将来的优化目标向更高层次提高，结构对象更为复杂时，不可避免地要依靠数学规划这一途径。但是在 70 年代初期，准则法尚明显地占有优势，数学规划又是怎样发展的呢？它把优化的目标、对象范围和约束种类暂时也局限于现实可能的基础上，也就是与准则法类似，然后充分结合力学的概念和各种近似手段，把高度非线性的问题演化成一串近似的带显式约束的问题。这些比较简单的问题就可能有效地使用现有的数学规划方法，用迭代的方式求解这一串近似问题来逼近原来的问题。现在数学规划法的效率已大大提高[A-6~11]。到 70 年代末，从文献上看，同样的问题，规划法与准则法两者的解题的效率已不相上下，而且剖析两者的思路和手段实质上也很相似，它们是走到一起来了[A-12]。驱使两条本来不同途径的汇合，起作用的主要是大家都把力学概念与优化技术做了很好的结合。考察结构优化设计的研究在过去 20 年中走过的道路，我们可以得到很多启示。

首先，虽然有了强有力的结构分析方法和电子计算技术，但是由于结构优化设计的复杂和难度，还不能急于求成地设想找出个一揽子解决的途径。还必须把它放在现实的基础上，循序渐进，在走了一段之后，要进行总结并放在实际中去应用。

这样才能一步一步走正方向,为工程实际服务,这也就是促使我们编写本书的原因。我们是在 1973 年开始注意到结构优化这个研究方向[B-1],但是直到 1977 年才有条件组织起来进行有系统的工作,那时已逐渐看出数学规划和准则优化这两条途径之间的联系和汇合的趋势,所以并没有选择其中一个途径来进行研究,而是设想在前人的基础上扬长避短走我们认为合理的道路。我们不想历史地综述前人的工作,也不想写成一本介绍很多数学规划和优化技术的书,只是把这几年的工作和我们在工作中形成的一些看法写出来,提供实践的检查和同行们的讨论。

我们注意到现代化结构优化设计的研究已进行了 20 年,目前的状况是研究工作比较活跃,应用方面显然落后,除了在航空结构方面之外接受优化设计技术还远不普及,比之结构分析中的有限元法,差距很大,虽然两者起步的时期差不多。当然,有限元法在结构分析领域中有深厚的基础,在客观实际中有迫切需要,在人们主观上又易于接受,所以现在已相当普及。相对来说,优化设计的基础就薄弱得多,客观上虽也有需要,但理论与方法还不够成熟,主观上还存在一些传统的工作习惯,新的工作方法,若非相当完善方便,比之旧的方法有相当大的优势,要被人乐于接受是不容易的。此外,还有一个现象,就过去在结构优化设计方面发表的文章或出版的书籍,从内容思路到文字表达,似乎以面向研究工作者为主,兼顾工程设计者的要求较少。例如,在文献中表达桁架的应力约束时,为简单计,不管是拉应力还是压应力,都把容许应力作为给定的数值。但设计人员是不可能这样做的,他们必须按照设计规范,容许压力是杆件细长比的函数,这是保证压杆稳定、安全所必需的。研究工作提供的资料或计算程序,如果不考虑这一因素,就脱离了工程人员的实际。工程设计人员非常尊重设计规范,这是理所当然的,但研究人员可能认为这个容许压应力问题暂时可以不考虑,先解决他认为更为主要的问题,这也是可以理解的。但是像这类很实际的问题,必须及时考虑解决才好,否则就不利于结构优化设计的推广普及。

说到应用与普及,传统的满应力法最易被人接受,因为它在概念上符合工程设计的习惯,计算上也比较简单。现代的各种优化准则法也都是想模仿这种优化手段,而且收到了很好的效果,这也促使我们从优化范围和约束性质去考虑问题。满应力是在作出内力分析后,一根一根杆分别让它满应力的。我们可以推广这个手段,把结构分成许多子结构或构件,最基本的便是杆件、板、梁等。在结构分析给出这些构件的受力情况后,便可分别对它们按优化目标进行优化,然后再组合起来进行重分析,重复这种整体分析和分部优化的交替过程,直至收敛,我们称之为"分部优化方法"。其优点是它和满应力方法一样,方法简单而且收敛快;各个分部的优化可以采取任意最合适的方法。缺点是分部优化之组合不一定等于整体优化的结果。通过满应力法的实践,说明这种缺点虽然存在但在大多数实际结构设计中,两者结果往往很接近或相等,所以从工程观点看,这种优化手段,优点多于缺点,人们乐意接受。而且人们还可以这样想：一个大型结构，例如飞机或船舶，实际的设计也是分部进行的，然后再组合在一起。而且结构设计也只是整体工程设计中的一个部分。所以分部优化是现实中很自然存在的一个概念。在这里我们只把"分部"分到基本构件就是了。当然，如果可以保持简单易行的优点，能分到较大的子结构那就更好。接下去的问题是在结构优化问题中，哪些场合这种分部优化是行得通的？这就要看约束条件的性质了。应力约束和局部稳定约束，只要构件的受力情况给定，就可以进行优化，这类约束可称之为"局部性约束"。另外的约束，如变位，频率，整体失稳等约束，就不可用分部优化手段来满足，可称之为"整体性约束"。在第二章里，我们针对局部性约束叙述分部优化方法，考虑了钢结构或钢筋混凝土结构设计规范方面的规定。在第三章里，我们针对整体性约束叙述整体化方法，以及它和分部优化方法的结合。整体性约束包括变位约束和频率禁区约束两种，关于整体稳定约束问题，我们还没有进行工作，不过想来这和频率约束是很类似的。在第四章里，具体介绍一个统一处理多种约束、多种单元和多种工况的结构优化程序 DDDU。在第五章里介绍几何规划在刚架结构优化设计中的应用，可以看出几何规划对于由受弯构件组成的结构优化很合适，它对于按照规范进行设计的优化也特别有利。第六章介绍线性规划的应用，线性规划是数学规划中最成熟和应用最广泛的一种，这里介绍两个工作，一是用于预应力钢结构，一是用于刚架的塑性设计。第七章是关于在优化理论方面的若干探讨。当我们热心于用数值方法在电子计算机上解决问题时，不应当放弃和利用过去解析方法提供的成果和手段，后者在可以适用的场合毕竟还是效率高而且容易提供规律性的信息。同时，当我们热心于主要面向工程应用时，也不应当放弃在理论领域中作比较抽象的探讨，理论毕竟是或远或近地引导实践的，虽然一时不一定能看得出来。在这一章，还讨论关于最早的经典结构优化，米歇尔(Michell)、马克思威尔(Maxwell)的工作，然后简单介绍一个近代用解析方法的结构优化情况，最后叙述我们一件关于受弯平板优化的理论性工作。

　　以上是本书的梗概。工作不多，也不够系统和成熟，但这是集体努力的成果，应该做一小结，供实践检验和大家批评指正。

　　在结束本章之前，还想就结构优化的研究补充谈一些看法。

　　优化的意义是相对的，并不存在绝对的最优，所以现在大家用"优化设计"这名词确实比之过去的"最优设计"恰当些。跟这个称呼有关系的，还有一个评价优化方法的问题。对工程设计者来说，希望方法概念容易懂，程序要切实可靠，用起来方便，适应性大一点。又因为大型结构重分析一次的工作量很大，所以希望迭代的次数越少越好，超过十次就不现实了。收敛的精度倒不是很重要的，最希望头一两次迭代就能使目标函数作大幅度下降，并得到可行解，随后的迭代可以看做是精加工，这样在实用时，迭代过程便可以适可而止。在优化收敛问题中，还有一个是全局最优还是局部最优的问题,在优化理论研究方面,这是一个重要但还没有解决的问题,一般总是建议采用几个不同的初始方案,然后比较它们分别导致的最后解。如果都相同,则很可能就是全局最优解。如果有差别,就取其最小(或最大)的为最后解。在实际应用中如果初始方案合理,真实结构的优化过程的收敛往往比较顺利,用不同的方法得到的最轻质量都很相近,但是各个构件的截面分布却可能并不相似,这说明真实结构在最优解附近的变化是相当平缓的,这好比一个比较平坦的山顶,各点高度相差无几,但位置却很不相同。还有一个优化变量是连续变化还是离散变化的问题,当然,在许多场合变量只能取某些给定的离散值,应该作为离散变量,但是做离散变量的优化设计要困难得多,一般就满足于都按连续变量处理,得到最后解后再作适当的调整,让它们取合适的离散值。以上几点,也就是关于收敛精度、全局最优与局部最优、连续变量与离散变量的问题,并且都是从工程应用的观点来谈的。从数学研究的角度,往往可以巧妙地构造出一些问题,突出某些矛盾的现象,我们应当重视这些研究,在实践中注意这些现象出现的可能性。但是我们应该了解结构优化问题是通过模型化工作变成一个数学优化问题的,这个数学模型在一定程度上代表真实结构,因此数学优化只能是一个可能的方案,最后还是要由设计者来判断、修改、甚至推倒重来。因为只有负责实际设计者最清楚这个数学模型在多大程度上代表了真实结构,他头脑里总会有所考虑,或是不容易作定量的数学描述,或是他愿意留待以后作灵活处理。数学模型不可能完全表达真实的结构,优化技术也不可能灵活处理人的意图,所以优化结果只能是一个相对的,可供最后设计作依据的优化方案。

最后,谈一下结构优化的层次问题。优化问题总是给定一些参数,留出一些可变的因素和参数作为优化的变量。给定的越多或越重要,而可变得越少或越次要,那么优化的层次就越低。反之,则层次越高。

目前大部分研究活动还处于较低的层次,也就是在给定结构的类型,材料、布局拓扑、外形几何的情况下,优化各个组成构件的截面尺寸,使结构最轻或最经济。经过 20 年的研究,这问题基本上有了路子,已接近成熟,应该努力转入实践,让它为工程建设起积极作用。此外,应该让结构的几何也可以变化,例如把桁架和刚架的节点位置作为优化的变量,这是给定结构拓扑下的几何优化。我们在第三章的带频率禁区的最轻设计中作了尝试,看来这一步还不算太困难。再向高看,就是对结构的拓扑,也就是对结构的构件布局和节点连接关系等进行优化,上这一层就困难得多了,看来必须依靠计算机的图像显示,以便可以进行人机交流才行。至于再高的层次,则人的决策作用将更为重要。电子计算机产生了现代化的优化技术,但优化不能全靠机器。在设计这个创造性活动中,机器永远代替不了人,但是个得力的助手。优化的层次越高,需要依靠人去认识和发现的规律越多。在结构设计领域里,还有很多未被认识的规律和未被挖掘的潜力,有待于工程技术工作者和力学工作者在今后一步一个脚印地去探寻。

第二章 分部优化法

一、满应力法与分部优化的概念

在电子计算机出现之前,结构优化设计的研究受到计算手段的限制,不能设想全面展开,但是人们还是在构件的优化设计方面做了许多工作[A-2~A-4],它们大都出发于"同步失效"的概念,也就是构件的各个组成部分同时抵达容许强度或失稳安全限度,由此得出一组联立方程,它们的解析解就提供了构件截面的优化尺寸。用"同步失效"作为优化准则,通常可以得到构件的最轻设计,所以在飞机设计中多被采用。对于一根薄壁组合构件来说,它同时有强度、局部稳定和整体稳定问题,采用这种同步失效准则提供的设计公式既方便又有效。对于桁架结构的拉杆或压杆来说,则更为简单,构件优化就是满应力状态,当然要注意压杆的容许应力并不像拉杆的那样是个常数,而是随杆件的细长比而变化的。推而广之,让桁架的每根杆件都成为满应力,这就成为"满应力"准则设计了。对于静定结构来说,由于内力分布不受杆件截面变化的影响,满应力设计就是最轻设计。从直觉出发,人们很自然地把这道理同样也应用于超静定结构。但是在没有电子计算机的时代,要对一个比较复杂的超静定结构在多种工况下完成一个满应力设计也是不容易的。因为要通过多次的迭代才行,而每一次迭代就要进行一次重分析,计算工作量是非常繁重的,所以过去只得进行一、二次迭代得到一个比较轻的设计就满足了。20世纪60年代初,引用数学规划严格地证明了满应力设计和最轻设计并不总是等价的,而且满应力解的存在与收敛也是有条件的。这些条件与结构本身的构造和荷载情况(工况数目)都有关系。为此,人们做过很多研究,直到现在还没有既十分确切又易于实用的判别方法。但是满应力设计在实际应用中还是很有价值而受到欢迎。它有下列几个优点:一是有了电子计算机之后,在只有应力约束的问题中,这是最简单易行而且通常收敛很快的方法;在兼有变位、频率等其他约束时,也可以作为近似手段配合其他约束组成优化方法。二是满应力设计虽然在理论上并不一定是最轻设计,但是实践表明两者在很多场合常常是相等或很接近的。三是在优化过程中,每走一满应力步后,紧接着走一射线步(或称比例步)把设计点引到可行域边界上,如此交替进行,就可以把满应力准则与目标函数联系起来得到最轻解;这就是所谓改进的满应力法,或称满应力齿行法。它给出的结果已不是满应力解,实际上它是一种数学规划结合力学特点的搜索法。因为它一是利用满应力条件来决定搜索方向和步长,二是利用射线步把设计点拉回可行区的边界;这两者都是利用了结构力学方面的特点。这种搜索法比之经典的梯度投影法等似乎来得更有效。这方法效果好,概念也易于为工程人员所接受。

对于满应力法,人们可以找出一些例子来说明它的短处。在文献中最常引的一个例子,便是图 2-1 所示三杆桁架。

材料:容许应力　拉 $\bar{\sigma}=2000$

　　　　　　　　压 $\bar{\sigma}=-1500$

　　　　　　　　容重 $\rho=0.1$

工况 1　　　　 $P_1=2000$　　　 $P_2=0$

工况 2　　　　 $P_1=0$　　　　　 $P_2=2000$

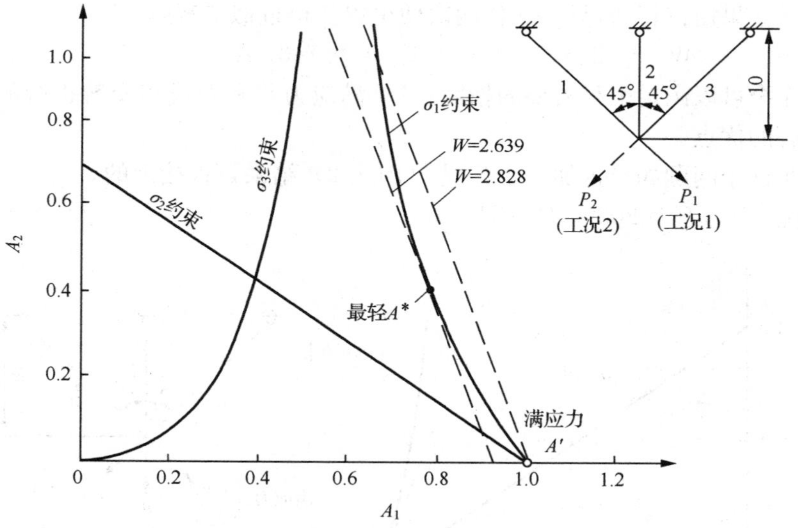

图 2-1　三杆桁架(两工况)

由于工况是对称的,结构也将对称,$A_1\equiv A_3$,只有两个设计变量 A_1 和 A_2。

这结构的最轻设计作为数学规划,可表达为:

求 A_1 和 A_2

使 $W=2\sqrt{2}A_1+A_2$ 最小

约束:$\sigma_1=P_1\dfrac{A_2+\sqrt{2}A_1}{\sqrt{2}A_1^2+2A_1A_2}\leqslant 2000$

　　　$\sigma_2=P_1\dfrac{\sqrt{2}A_1}{\sqrt{2}A_1^2+2A_1A_2}\leqslant 2000$

　　　$\sigma_3=P_1\dfrac{-A_2}{\sqrt{2}A_1^2+2A_1A_2}\geqslant -1500$

$$A_1 \geqslant 0, \qquad A_2 \geqslant 0$$

这个问题比较简单,可以得精确解,即图 2-1 中的 A^* 点:

$$W^* = 2.639, \quad A_1^* = A_3^* = 0.788, \quad A_2^* = 0.4082$$

$$\sigma_1^* = \sigma_3^* = 2000(满), \quad \sigma_2^* = 1470(不满)$$

但满应力解却是图中的 A' 点:

$$W' = 2.828, \quad A_1' = A_3' = 1.0 \quad A_2' = 0$$

$$\sigma_1' = \sigma_3' = 2000$$

因 $A_2' = 0$,结构退化为二杆静定结构了。满应力解比之最轻解要重不少,而且这个满应力解要通过无限多次迭代和重分析才能收敛。看来在这个问题上,满应力设计充分暴露了它的缺点。

但是如果用齿行法,只要迭代两次便可以获得近似最轻解[A-28]:

$$W^* = 2.642, \quad A_1^* = A_3^* = 0.780, \quad A_2^* = 0.455$$

这个解完全可以满足工程需要的精度,可见满应力步和射线步交替进行的齿行法有很显著的优点。

其实这个问题如果再加一个工况 3(图 2-2),结果是很接近的。

工况 3　　$P_3 = 2000, \quad P_1 = P_2 = 0$

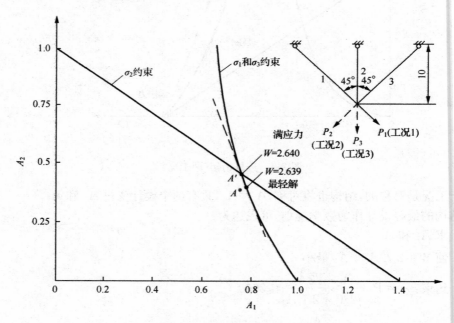

图 2-2　三杆桁架(三工况)

P_3 为作用在节点上的竖直方向的外力,则精确解仍为

$$W^* = 2.639 \qquad A_1^* = A_3^* = 0.788 \qquad A_2^* = 0.4082$$

而满应力解通过很少几次迭代便可得

$$W' = 2.640 \qquad A_1' = A_3' = 0.774 \qquad A_2' = 0.453$$

两者就十分接近了。

还有一个文献中常引用的所谓十杆问题如图 2-3(a)。如果所有各杆材料都相同,则满应力解和最轻解相同,两个外力传递到支承去的路线如图 2-3(b),这种传力路线最为直接,可使结构最轻。但是如果第 10 杆与众不同,强度特高,容许应力为其他杆的 2 倍以上,则满应力解的传力路线将改走如图 2-3(c),这时,改用了高强度的杆 10,桁架质量反而比原来的增加了。这个怪现象的原因是:杆 10 的容许应力高,如果让它的应力满,截面就小,刚度也就小,伸缩变形就大,而力的传递总是选择刚度较大和容许应力较小的路线走的,更确切点说总是选择结构总的应变能量较小的路线走的,所以当杆 10 容许应力大到一定程度的时候,满应力设计就改走图 2-3(c)的路线了,而真正的最轻设计还是应该走图 2-3(b)的路线,而且不必要求杆 10 满应力。

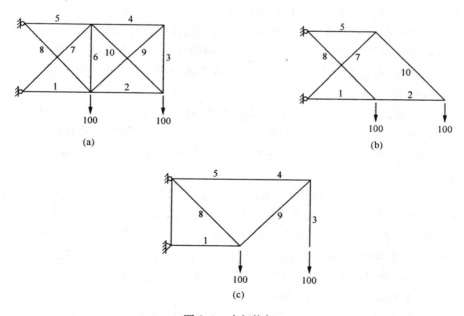

图 2-3　十杆桁架

(a) 十字杆问题; (b) 最轻解传力路线,杆 3、4、6、9 都可取消或取下限尺寸;

(c) 非最轻解传力路线,杆 2、6、7、10 都可取消或取下限尺寸

这里费了些笔墨来议论满应力设计(当然议论得还不充分),目的是想说明这个方法是有优点,也有缺点的;从工程应用观点来看,优点是主要的。人们可以构造出一些问题来突出它的缺点,但在实际工程应用中遇见这类问题的机会并不多。

就优化的策略而言,满应力设计是一种分部优化(与此相对的还有一种是整体优化)。分部优化方法可以这样来理解:对一个结构方案在各种工况下进行结构整体分析,得到它的内力分布,然后把结构拆开成为若干部分构件或子结构,根据各间的受力状态进行分部优化,修改各部分的设计变量,将各部分重新拼合得新的结构方案,这样就是一次循环或迭代。接着继续进行下一次的循环或迭代,直至收敛,也就是直至前后相继的两次结构方案的变化足够微小,在预定的误差满围以内为止。最后应作一次结构分析,检验这个收敛的方案是否可行。当然,如果能像前面讲的齿行法那样,能够在每一循环开始做过整体分析之后,设法采用像射线步那样简便的手段把设计方案(点)引到可行域的边界上成为可行方案,那就最好了。不过这时收敛判断的方法要改变一下,也就是计算这个可行方案的目标函数值(结构质量或价格),如果比上一循环有进步,则把优化过程进行下去;反之如果无进步或倒退了,那就把上一循环的方案作为最优解。

通常的桁架满应力设计,就是把桁架拆开成为若干拉、压杆件,分部优化就是使它们满应力。对于其他类型结构来说,可以拆开成若干杆、梁、膜、板、壳或是某种子结构,分部优化就是对这些构件或子结构分别进行优化。

分部优化有个可能或不可能的问题,那就要看约束条件的性质。

有的约束条件只涉及结构的一个局部,叫做局部性约束条件,例如应力约束、局部稳定约束、局部相对变形(例如一根梁构件的中点相对于端点的变位)约束等,对于这种局部性约束条件是可以采用分部优化方法的。

有的约束条件牵涉到结构整体,叫做整体性约束,像变位约束、频率约束、整体稳定约束等,因为结构的变位、频率、失稳荷载等是跟结构各部分都有牵连,而且这些牵连很难作暂时的拆开,对于这种整体性约束条件,是不能采用分部优化方法的。

化整为零,对一个构件或子结构进行优化,当然比对结构作整体优化要容易。但是聚零为整,分部优化的集合是否等价于整体优化是不肯定的。此外,分部优化集合的迭代是否收敛也难以肯定。不过满应力设计的实践给予我们希望,对大部分实际结构,简便的分部优化方法将导致令人满意的结果。如果还能够结合力学概念使用像射线步这样的手段,则更有把握。我们有限的数值实验初步证实了这个看法,今后还应通过实践来检验。

分部优化方法可以充分利用前人对于构件优化的研究成果,例如在本节开始时谈到的用"同步失效"准则的工作,其中包括有不少薄壁组合构件优化的解析解。这些解析解可以为分部优化方法提供许多方便,如果在分部的时候注意到很好地利用它们。现在有了电子计算机,数值方法的路子宽了。但是还必须重视解析方法的研究和利用,不仅因为解析解本身的其优越性,还可使数值方法的路子更宽、效率更高。

图 2-4 是分部优化方法的两个框图。第一个是不带可行性调整的,它跟目标函数并没有关系,这和普通的满应力法一样,属于感性的准则优化法,用起来很方便,但是收敛性和是否接近整体优化没有把握。第二个是带可行性调整的,每次迭代都把方案调整到可行域边界上,而且用目标函数值的比较来判断收敛,可以说是属于数学规划法。如果构件刚度跟设计变量呈线性关系时,则可以用射线步(比例步)来进行可行性调整,用这个框图比之用前一个的效果较好,更有把握。注意两个方法在收敛判别上的差别。

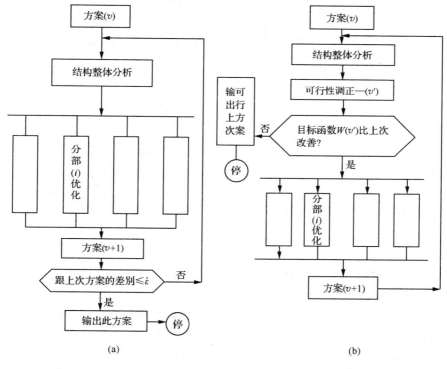

(a)　　　　　　　　　　　　　　　　(b)

图 2-4　分部优化方法
(a)不带可行性调整;(b)带可行性调整

二、钢构件的优化设计

我们将考虑的钢结构将由下列各分部组成:拉杆、压杆、型钢梁、平面应力板件、薄壁组合梁等。优化的目标是质量最轻,约束条件有应力、分部范围内的局部稳定和局部相对变位等约束条件。下面分别谈各种类型的构件优化设计。

1. 拉杆的优化设计

给定拉力 S 和容许拉应力 $\bar{\sigma}_{(+)}$，最轻的拉杆截面（设计变量）当然是 $A^* = \dfrac{S}{\bar{\sigma}_{(+)}}$，一般对截面的形状没有限制。如果这样算出的截面小于规定的最小截面 $\underline{A}$，那应取 $A^* = \underline{A}$。

实际上，只有在静定结构中，内力 S 才是跟杆件截面无关的。在超静定结构中，各杆件截面变了，内力分布随着也变。所以在优化设计的迭代过程中，设 $A^{(v)}$ 是现行方案 (v) 的某受拉杆截面，这个方案通过结构分析给出这杆的内力 $S^{(v)}$ 和应力 $\sigma^{(v)}$，显然 $S^{(v)} = \sigma^{(v)} A^{(v)}$。暂时假设内力分布不变，优化的截面应该是

$$A^{(v+1)} = \frac{S^{(v)}}{\bar{\sigma}_{(+)}} = \frac{\sigma^{(v)}}{\bar{\sigma}_{(+)}} A^{(v)} = \xi^{(v)} A^{(v)} \tag{2-1}$$

式中

$$\xi^{(v)} = \frac{\sigma^{(v)}}{\bar{\sigma}_{(+)}} \tag{2-2}$$

称为应力比。用 $A^{(v+1)}$ 构成改进的方案 $(v+1)$，但是因为内力分布是随着方案变化的，所以还要进行下一轮迭代。

如果由公式 (2-1) 给出的 $A^{(v+1)}$ 小于规定的截面下限 $\underline{A}$（这个下限可能由设计规范、工艺要求或材料供应所规定），则 $A^{(v+1)}$ 应取 $\underline{A}$ 值，所以拉杆优化的迭代公式可写成

$$A^{(v+1)} = \max\{\xi^{(v)} A^{(v)} , \underline{A}\} \tag{2-3}$$

有时可以将式中的应力比 $\xi^{(v)}$ 加一个略大于 1 的指数使它成为 $(\xi^{(v)})^{1.05}$ 或 $(\xi^{(v)})^{1.10}$，可能使收敛过程加快一些。这是因为超静定结构中某个局部的刚度相对加强了，内力分布将使这一局部的内力值相对地提高些；相反的如果某个局部的刚度相对地削弱，那里的内力值将相对地下降些。这个略大于 1 的指数就起一个作用，使该加大的截面略为多增加一点，该减小的截面略为多减小一点，所以可叫做超松弛指数。

2. 压杆的优化设计

压杆的容许应力是随杆件的细长比和材料弹性模量而变化的，这是由于要保证压杆不致失稳的缘故。根据设计规范，压杆容许应力为

$$\bar{\sigma}_{(-)} = m\varphi \cdot \bar{\sigma}_{(+)} \tag{2-4}$$

式中，m 为工作系数，取 0.9；$0 \leqslant \varphi \leqslant 1$，$\varphi$ 是细长比 $\lambda = \dfrac{l}{\rho}$ 和材料 E 的函数，可从设计规范的表中查出，但是必须先算出截面的回转半径 ρ 才行。在优化迭代过程中，我们只知道修改前的截面，所以只能用已知的修改前的容许压应力 $\bar{\sigma}_{(-)}^{(v)}$。如果将

它代替公式(2-2)中的 $\bar{\sigma}_{(+)}$，得应力比 $\xi^{(v)} = \sigma^{(v)}/\bar{\sigma}^{(v)}_{(-)}$，似乎我们就可以得到和公式(2-3)完全一样的压杆优化的迭代公式了。

但是，遗憾的是，实践表明，这样做将使收敛过程振荡、缓慢，甚至不收敛。改进的方法是在应力比中不用修改前的容许应力 $\bar{\sigma}^{(v)}_{(-)}$，而设法估计一个修改后的 $\sigma^{(v+1)}_{(-)}$。为此，可以先假设一个容许压应力 $\bar{\sigma}_{(-)}$ 和截面 A 之间的近似关系式[c-1]：

$$\bar{\sigma}_{(-)} = aA^b \qquad\qquad (2\text{-}5)$$

式中，系数 a 和指数 b 将与钢种、截面类型、细长比等有关。于是更为合理的压杆满应力设计迭代公式应是

$$A^{(v+1)} = \frac{\sigma^{(v)}}{\bar{\sigma}^{(v+1)}_{(-)}} \quad A^{(v)} = \frac{\sigma^{(v)}}{a(A^{(v+1)})^b} A^{(v)}$$

于是

$$(A^{(v+1)})^{b+1} = \frac{\sigma^{(v)}}{a(A^{(v)})^b}(A^{(v)})^{b+1}$$

$$= \frac{\sigma^{(v)}}{\bar{\sigma}^{(v)}_{(-)}}(A^{(v)})^{b+1}$$

$$A^{(v+1)} = \left(\frac{\sigma^{(v)}}{\bar{\sigma}^{(v)}_{(-)}}\right)^{\frac{1}{b+1}} A^{(v)} = (\xi^{(v)})^{\frac{1}{b+1}} A^{(v)}$$

$$A^{(v+1)} = (\xi^{(v)})^{\eta} \cdot A^{(v)} \qquad\qquad (2\text{-}6)$$

与拉杆公式(2-1)相比较，这个压杆公式中的：

$$\xi^{(v)} = \frac{\sigma^{(v)}}{\bar{\sigma}^{(v)}_{(-)}}$$

是修改前的应力比，其 $\bar{\sigma}^{(v)}_{(-)}$ 是根据修改前的杆截面 $A^{(v)}$ 计算的，而式中的指数：

$$\eta = \frac{1}{b+1} \qquad\qquad (2\text{-}7)$$

文献[c-1]按钢结构设计规范就两个钢种：A_3 和 M_n16，以及四种截面：无缝钢管、焊接钢管、⊥形双等肢角钢、⊥形双不等肢角钢，研究了容许压应力 $\bar{\sigma}_{(-)}$ 和截面 A 之间的关系，画出了许多曲线，得到各种情况下公式(2-5)中的 b 值，最后建议了一个指数 η 的近似公式

$$\eta = 1 - 0.05\sqrt{\lambda} \qquad\qquad (2\text{-}8)$$

式中，λ 为压杆的细长比。当 $\lambda \to 0$，$\eta \to 1$，这时没有失稳可能的短柱情况；当 $\lambda = 100$，$\eta = 0.5$，这是比较细长的压杆的情况。η 可以叫做是压杆满应力设计的低松弛指数。

至此，可以总结一下压杆优化的迭代步骤：

（1）从一个方案(v)出发，结构整体分析给出压杆应力 $\sigma^{(v)} = S^{(v)}/A^{(v)}$。

（2）计算截面 $A^{(v)}$ 的回转半径 ρ 和细长比 $\lambda = l/\rho$，和 $\eta = 1 - 0.05\sqrt{\lambda}$。

（3）根据设计规范查表或用公式定出折减系数 φ，从而算出容许压应力 $\bar{\sigma}^{(v)}_{(-)} =$

$m\varphi\bar{\sigma}_{(+)}$ 和应力比 $\xi^{(v)}$ 。

(4) 计算新方案 $(v+1)$ 的压杆截面：

$$A^{(v+1)} = \max\{(\xi^{(v)})^\eta A^{(v)},\ \underline{A}\} \tag{2-9}$$

公式(2-8)给出的低松弛指数只需要一个近似的数值,它的作用是为了避免压杆优化迭代过程中的振荡现象。当接近收敛时,$\xi \to 1$,指数 η 就逐渐不起作用了。

为了便利上列计算步骤中的(2)和(3),文献[c-1]还提供下列一些近似关系,可供参考：

1) 根据我国钢结构规范,相应于 A_3 和 M_n16 钢的压杆折减系数 φ 和细长比 λ 的近似关系式：

$$A_3: \qquad \varphi = 0.41\cos\frac{\pi\lambda}{200} + 0.6 \tag{2-10}$$

$$M_n16: \varphi = 0.41005\cos\frac{\pi\lambda}{200} + 0.13e^{-0.0002[\lambda-120]^2} + 0.6 \tag{2-11}$$

2) 设计手册中几种截面的回转半径和截面的近似关系：

$$\left.\begin{array}{l}
\text{无缝钢管：} \rho = \dfrac{4}{5}A^{11/20} \\[2mm]
\text{焊接钢管：} \rho = \dfrac{7}{10}A^{13/20} \\[2mm]
\text{⅃ 形双等肢角钢：} \rho = \dfrac{1}{2}A^{1/2} \\[2mm]
\text{⅃ 形双不等肢角钢：} \rho = \dfrac{57}{100}A^{23/50}
\end{array}\right\} \tag{2-12}$$

3. 平面应力膜的最优设计

设计变量为膜(板)的厚度 t。从一个方案 (v) 出发,由结构整体分析给出这个膜的应力状态为 σ_x、σ_y、τ_{xy}。用密赛斯(Mises)准则,应力约束为

$$\sigma_e = (\sigma_x^2 + \sigma_y^2 - \sigma_x\sigma_y + 3\tau_{xy}^2)^{\frac{1}{2}} \leqslant \bar{\sigma} \tag{2-13}$$

如果还有尺寸下限约束 $t \geqslant \underline{t}$,则平面应力膜元的优化设计迭代公式为

$$t^{(v+1)} = \max\{\xi^{(v)}t^{(v)},\ \underline{t}\} \tag{2-14}$$

其中,应力比 $\xi^{(v)}$ 为

$$\xi^{(v)} = \frac{\sigma_e^{(v)}}{\bar{\sigma}} \tag{2-15}$$

如果还有失稳可能,则要考虑应力状态和边界条件了。对于一些常见的情况,临界应力的公式：

$$\sigma_k,\ \text{或}\ \tau_k\ \text{或}\ \sigma_{kb} = K\frac{\pi^2 E}{12(1-\mu^2)}\left(\frac{t}{B}\right)^2 \tag{2-16}$$

其中，t 为板厚；B 为受力边板宽；K 为一个随应力状态和边界条件而变化的系数，见表 2-1。

表 2-1

		边界条件	K
受压板		a 简支，b 简支，c 简支	4
		a 简支，b 固定，c 固定	6.98
		a 简支，b 简支，c 自由	0.43
		a 简支，b 固定，c 自由	1.28
受剪板		a 简支，b 简支，c 简支	5.35
		a 简支，b 固定，c 固定	8.98
受弯板		a 简支，b 简支，c 简支	23.9
		b 简支，b 固定，c 固定	41.8

这些板的局部失稳约束为：

同时受压 σ 和受剪　　　$\tau - \zeta = \dfrac{\sigma}{\sigma_k} + \left(\dfrac{\tau}{\tau_k}\right)^2 \leqslant 1$　　　　　　（2-17）

同时受弯（最大弯曲应力 σ_b）和受剪 $\tau - \xi = \left(\dfrac{\sigma_b}{\sigma_{kb}}\right)^2 + \left(\dfrac{\tau}{\tau_k}\right)^2 \leqslant 1$　（2-18）

纯剪　　　　　　　　$\tau - \zeta = \left(\dfrac{|\tau|}{\tau_k}\right)^2 \leqslant 1$　　　　　　　（2-19）

上列三式中的 ζ 实际上就是失稳满应力的应力比，所以这样板的优化设计迭代公式将是：

$$t^{(v+1)} = \max\{(\xi^{(v)})\eta t^{(v)},\ (\zeta^{(v)})^{\eta'} t^{(v)}, \underline{t}\}$$　（2-20）

括号中的第二项就是考虑失稳约束的修改厚度。注意应力比 $\zeta^{(v)}$ 也带了一个低松弛系数 η'，根据某研究所的研究[①]，取 $\eta' = 0.3 \sim 0.4$ 可以避免收敛过程的振荡现象。这个松弛系数 η' 比一般压杆的 η（公式（2-8））来得小，大概因为研究对象是飞机结构的蒙皮，临界应力比较低的缘故。

4. 型钢梁的优化设计

型钢指工字梁或槽型梁等，一般它们的翼缘和腹板没有局部失稳的问题。作为局部性的约束，可以考虑应力约束，尺寸下限约束，还有局部性相对挠度约束（例如梁的中部相对于两端点连线的挠度）。型钢截面的设计变量可取截面 A，惯性矩 I，或抗弯模数 $Z = I/C$。一个办法是把可供设计者选择的几种型钢表格存入计算

---

① 丁惠梁、陈文甫、孙宪学，"机身结构优化设计"。

机,以备优化过程选用。另一个办法按型钢表提供数据建立截面这三个参数之间的近似关系式:

$$A = aI^b \qquad\qquad (2\text{-}21)$$

$$A = a'Z^{b'} \qquad\qquad (2\text{-}22)$$

由此

$$Z = a''I^{b''} \qquad\qquad (2\text{-}23)$$

其中, $a'' = \left(\dfrac{a}{a'}\right)^{\frac{1}{b'}}$; $b'' = b/b'$。有了这几个关系式,设计变量就可任取三者之一并把它视作连续变量,优化工作就便利得多,得到结果后,再到型钢表中去找相近的规格。

设结构整体分析给出某梁在各种工况下的最大弯矩为 M,和局部最大挠度为 W,而此梁的容许应力为 $\bar{\sigma}$,容许局部最大挠度为 $\overline{W}$,梁的惯性矩下限为 $\underline{I}$。则此梁的优化迭代公式将为

$$I^{(v+1)} = \max\left\{\left(\frac{\sigma^{(v)}}{\bar{\sigma}}\right)^{1/b''} I^{(v)},\ \frac{W^{(v)}}{\overline{W}} I^{(v)},\ \underline{I}\right\} \qquad (2\text{-}24)$$

这里也是假设迭代中弯矩 M 和局部最大挠度 W 暂时不作变化。括号中第一项是为了满足应力约束:

$$\bar{\sigma} = \frac{M}{Z^{(v+1)}} = \frac{Z^{(v)}\sigma^{(v)}}{Z^{(v+1)}} = \frac{a''(I^{(v)})^{b''}\sigma^{(v)}}{a''(I^{(v+1)})^{b''}}$$

故

$$I^{(v+1)} = \left(\frac{\sigma^{(v)}}{\bar{\sigma}}\right)^{1/b''} I(v)$$

公式(2-24)的括号中第二项是为了满足变位约束,第三项是为了满足惯性矩下限约束。

对于由抗弯为主的构件组成的刚架结构,如果经过分部优化设计,得方案 $(v+1)$,再作结构整体分析,发现这方案为不可行,而破坏最严重的约束是局部相对变位约束,则可以通过射线步(比例步)做可行性调整,把方案调整到这变位约束面上去。但如果破坏最严重的是应力约束,则射线步不能把它调整为可行方案,因为在以变量 I 作坐标的设计空间的射线上,各设计方案的弯矩分布虽然相同,但是应力并不和 I 成反比,而是和 Z 成反比的。

5. 圆管梁的优化设计

设计薄壁圆管梁的壁厚 t 和平均直径 D 为设计变量,梁受最大弯矩 M。梁的最大弯曲应力:

$$\sigma = \frac{MD}{2I} = \frac{M}{\dfrac{\pi D^3 t}{8}} \frac{D}{2} = \frac{4M}{\pi D^2 t} \qquad (2\text{-}25)$$

薄壁圆管的局部失稳应力：

$$\sigma_k = K_c E \frac{t}{D} \tag{2-26}$$

其中，系数 K_c 为屈曲系数，在均匀轴压力作用下，理论值 $K_c=1.22$，但实验表明远小于比值，应取 $K_c=0.40$。现在把它用于受弯曲作用的情况，有一定安全储备。现在采用"同步极限"的概念，使应力约束和局部失稳约束同时抵达极限，即

$$\frac{4M}{\pi D^2 t} = \bar{\sigma}$$

$$\frac{4M}{\pi D^2 t} = K_c E \left(\frac{t}{D} \right) \tag{2-27}$$

联立求解便得

$$t = \left(\frac{4\bar{\sigma} M}{\pi K_c^2 E^2} \right)^{1/3}, \quad D = \left(\frac{4K_c E M}{\pi \bar{\sigma}^2} \right)^{1/3} \tag{2-28}$$

容易证明这个解就是最轻解。如果 t 和 D 有下限或上限约束，而式（2-28）给出的结果破坏了这些约束，那么就应令 t 或 D 之一取它们的限值，而由式（2-27）决定另一个设计变量应取的最大值。也有可能因为下限约束过于严格，不存在可行解。

如果梁是超静定结构中的一个构件，由方案 (v) 分析给出 $M(v)$，则由式（2-28）给出修改方案 $(v+1)$ 的 $t^{(v+1)}$ 和 $D^{(v+1)}$，作为下一次迭代的起点。

6. 薄壁箱形梁的优化设计

设图 2-5 所示的薄壁箱形梁受最大弯矩 M，它的高 h 和宽 B 都是给定的，设计变量为受压上盖板的厚度 t_s、腹板的厚度 t_w 和分格数 $n=\dfrac{B}{b}$，应使梁的质量最小。

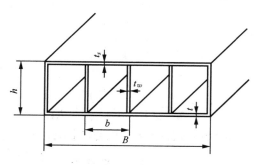

图 2-5　薄壁箱形梁

受拉的下盖板厚度应由强度条件决定并保持不变：

$$t = \frac{M}{Bh\bar{\sigma}} \tag{2-29}$$

所以最轻设计应使下式表示的质量 W 为最小：

$$W = t_s B + (n+1) t_w h \qquad (2\text{-}30)$$

先从局部稳定考虑,令上盖板的临界应力(表 2-1 第一行)等于弯曲应力 $M/t_3 Bh$:

$$\sigma_k = \frac{4\pi^2 E}{12(1-\mu^2)} \left(\frac{t_s}{b}\right)^2 = \frac{M}{t_s Bh} \qquad (2\text{-}31)$$

由此可得

$$t_s = \left[\frac{12(1-\mu^2)}{4\pi^2} \frac{Mb^2}{EhB}\right]^{1/3} \qquad (2\text{-}32)$$

腹板受弯,它的临界应力(表 2-1 倒数第二行)为

$$\sigma_k = 24 \frac{\pi^2 E}{12(1-\mu^2)} \left(\frac{t_w}{h}\right)^2 \qquad (2\text{-}33)$$

令腹板与上盖板同时失稳,可得

$$t_w = \sqrt{\frac{1}{6}} \frac{h}{b} t_s \qquad (2\text{-}34)$$

将式(2-32)和式(2-34)代入式(2-30),得

$$W = \left[\frac{12(1-\mu^2)M}{4\pi^2 EhB} b^2\right]^{\frac{1}{3}} \left[B + (n+1)\sqrt{\frac{1}{6}} \frac{h^2}{b}\right] \qquad (2\text{-}35)$$

将 $n = \dfrac{B}{b}$ 代入上式,然后由 $\dfrac{\partial w}{\partial b} = 0$,得最优 b 值为

$$b^* = \left(0.1021 \frac{h}{B} + \sqrt{0.0104 \frac{h^2}{B^2} + 0.8165}\right) h \qquad (2\text{-}36)$$

这个 b^* 来自上盖板和腹板同时失稳的条件,还应检验上盖板的临界应力是否满足强度条件:

$$\sigma_k = \frac{4\pi^2 E}{12(1-\mu^2)} \left(\frac{t_s}{b^*}\right)^2 \geqslant \bar{\sigma} \qquad (2\text{-}37)$$

$$t_s = \frac{M}{hB\bar{\sigma}} \qquad (2\text{-}38)$$

由上两式,得

$$b^* \leqslant \sqrt{\frac{4\pi^2}{12(1-\mu^2)} \left(\frac{E}{\bar{\sigma}}\right)^3 \frac{M}{EBh}} \qquad (2\text{-}39)$$

如果公式(2-36)的 b^* 不满足上式,则应取上式的下限为 b^*。

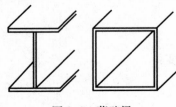

图 2-6　薄壁梁

由于分格数 $n = \dfrac{B}{b^*}$ 应是个整数,所以还应对这个 b^* 值作些调整使 n 取整。将调整后的 b^* 代入式(2-32)和式(2-34),便得优化 t_w 和 t_s。

对于图 2-6 所示截面的薄壁梁,当然可以用类似的办法进行优化处理。

三、钢筋混凝土构件的优化设计[①]

我们将研究钢筋混凝土结构的两个基本构件：矩形截面的梁和柱。

1. 矩形截面梁的优化设计

优化的目标是造价最低，约束为弯曲应力、剪应力和尺寸下限等约束条件。先介绍一下将用到的各种符号（图 2-7）。

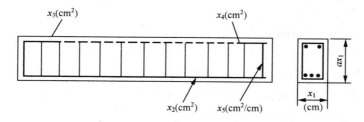

图 2-7　钢筋混凝土梁

设计变量：x_1——梁宽（cm）；

　　　　　x_2——梁下部纵筋的截面积（cm²）；

　　　　　x_3——梁左端上部纵筋的截面积（cm²）；

　　　　　x_4——梁右端上部纵筋的截面积（cm²）；

　　　　　x_5——梁端单位长度上箍筋的截面积（cm²/cm），即一道箍筋的总截面积除以间距；

　　　　　K_1——梁弯曲应力安全系数；

　　　　　K_2——剪应力安全系数，或柱偏心受压安全系数；

　　　　　M_x——梁中部的最大正弯矩（kg-cm）；

　　　　　M_{s1}——梁左端最大负弯矩的绝对值（kg-cm）；

　　　　　M_{s2}——梁右端最大负弯矩的绝对值（kg-cm）；

　　　　　M——柱的弯矩；

　　　　　N——柱的轴力；

　　　　　Q——最大剪力；

　　　　　μ_1——规范规定的最小配筋率；

　　　　　μ_2——规范规定的最大配筋率；

　　　　　a_g——钢筋保护层厚度（cm）；

---

① 孙焕纯，"钢筋混凝土构件和框架的优化设计——0.618 法"。

　　α——梁高/梁宽,可按规范及建筑要求决定,从优化设计角度看,α 适当
　　　　大一些比较经济,一般可取 $\alpha=2.5\sim3.5$;

　　$\gamma=1-4a_g/\overline{x}_1$,$\overline{x}_1$ 为前次的 x_1;

　　$\zeta_1=1-a_g/a \cdot \overline{x}_1$;

　　$\zeta_2=1-2a_g/(a \cdot \overline{x}_1)$;

　　$\underline{x}_1=x_1$ 的下限;

　　$C_c=$混凝土单价(元/cm^3);

　　$C_s=$钢筋单价(元/kg);

　　R_s——钢筋比重(kg/cm^3);

　　C_f——单位面积模板价(元/cm^2);

　　C——$C_s \cdot R_s-C_c$;

　　R_w——混凝土抗弯设计强度(kg/cm^2);

　　R_g——纵筋抗拉设计强度(kg/cm^2);

　　R_{gk}——箍筋设计强度(kg/cm^2);

　　R_a——混凝土抗轴压设计强度(kg/cm^2)。

　　取梁单位长度的价格为目标函数:

$$\overline{C} = \alpha C_c x_1^2 + C x_2 + C(x_3/6 + x_4/6) + 0.8C(\alpha + \gamma) \times x_1 x_5 + (1+2\alpha)C_f x_1$$

$$(2\text{-}40)$$

式中,第一项为混凝土价格;第二项为下部纵筋的价格;第三项为上部纵筋的价格,这里假设端部负纵筋长度约占梁长的 1/6;第四项是箍筋的价格,这里用了个系数 0.8 来考虑箍筋间距在中部比端部要稀一点的因素(中部间距为 30cm);第五项是模板的价格。

　　优化设计需要考虑下列约束:

　　(1) 正弯矩平衡的约束

$$K_1 M_x \leqslant R_g x_2 \left[\zeta_1 \alpha x_1 - \frac{R_g x_2}{2R_w x_1} \right] \tag{2-41}$$

　　(2) 左端负弯矩平衡的约束

$$K_1 M_{s_1} \leqslant R_g x_3 \left[\zeta_1 \alpha x_1 - \frac{R_g x_3}{2R_w x_1} \right] \tag{2-42}$$

　　(3) 右端负弯矩平衡的约束

$$K_1 M_{s_2} \leqslant R_g x_4 \left[\zeta_1 \alpha x_1 - \frac{R_g x_4}{2R_w x_1} \right] \tag{2-43}$$

　　(4) 最大剪力平衡的约束

$$K_2 Q \leqslant 1.5 R_{g_k} x_5 \alpha x_1 + 0.07 R_a \zeta_1 \alpha x_1^2 \tag{2-44}$$

（5）纵筋最小配筋率的约束

$$\{x_2, x_3, x_4\} \geqslant \mu_1 \zeta_1 \alpha x_1^2 \tag{2-45}$$

（6）纵筋最大配筋率的约束

$$\{x_2, x_3, x_4\} \leqslant \mu_2 \zeta_2 \alpha x_1^2 \tag{2-46}$$

（7）梁宽下限的约束

$$x_1 \geqslant \underline{x_1} \tag{2-47}$$

（8）纵筋至少是 $2\phi1.4$cm 的约束

$$\{x_2, x_3, x_4\} \geqslant 0.98\pi \tag{2-48}$$

（9）箍筋至少是每 20cm 一道双肢 $\phi0.6$ 的约束

$$x_5 \geqslant 0.009\pi \tag{2-49}$$

从以上这些约束来看，只要决定了设计变量 x_1，其他的设计变量 x_2, x_3, x_4, x_5 就都可以决定。所以，应设法找到最优 x_1 值。为此先把它可能的上限和下限找到，然后在这上下限区间内用 0.618 法作一维搜索。

梁的宽度主要取决于弯曲的强度要求，在一定的弯矩作用下，配筋越少，宽度就越大。配筋越多，宽度就越小。为了决定宽度的最低的上限，应找出 M_x, M_{s_1}，M_{s_2} 三者中最小的一个：$M_{\min} = \min\{M_x, M_{s_1}, M_{s_2}\}$，然后再配上最小配筋率 μ_1，由约束（1）、（2）或（3）之一加上约束（5），取等式，便解得

$$(x_1^{\pm})^3 = \frac{K_1 M_{\min}}{\mu_1 R_g \zeta_1^2 \alpha^2 \left(1 - \dfrac{R_g \mu_1}{2R_w}\right)} \tag{2-50}$$

同理，为求梁宽的下限，找出

$$M_{\max} = \max\{M_x, M_{s_1}, M_{s_2}\} \tag{2-51}$$

配上最大配筋率 μ_2，由约束（1）、（2）或（3）之一加上约束（6），取等式便解得

$$(x_1^{\top})^3 = \frac{K_1 M_{\max}}{\mu_2 R_g \zeta_1^2 \alpha^2 \left(1 - \dfrac{R_g \mu_2}{2R_w}\right)} \tag{2-52}$$

将它和约束（7）给定的 $\underline{x_1}$ 相比，取较大的一个作为下限 $x_{1\mathrm{F}}$。

在已知 x_1 的上下限之后，便可用各种一维搜索法找出使目标函数 $\overline{C}$ 最小的 x_1，我们采用了熟知的 0.618 法。

在搜索中，给定某一 x_1 值之后，可用下列步骤求 $\overline{C}(x_1)$

$$\text{给定 } x_1 \rightarrow \text{由约束（取等式）} \begin{cases} (1) \rightarrow x_2 \\ (2) \rightarrow x_3 \\ (3) \rightarrow x_4 \\ (4) \rightarrow x_5 \end{cases} \rightarrow \text{跟约束（8），（9）比} \rightarrow \begin{cases} x_2 \\ x_3 \\ x_4 \\ x_5 \end{cases} \rightarrow$$

公式$(2\text{-}40) \rightarrow \overline{C}(x_1)$

2. 矩形截面柱的优化

设计变量：x_1, x_2, x_3 见图 2-8。

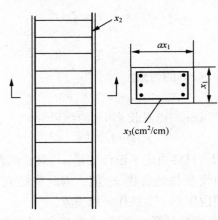

图 2-8　钢筋混凝土柱

柱受轴力 N 和弯矩 M 同时作用，设计变量 x_1 为垂直于弯曲平面的柱宽（图 2-8）。柱截面高为 αx_1，此处 α 可由设计规范和建筑布置来选择。纵筋 x_2 一般都是两侧相同，取柱单位长度的价格为目标函数：

$$\overline{C} = \alpha C_c x_1^2 + 2C x_2 + 0.8C(\alpha+\gamma)x_1 x_3 + 2(1+\alpha)C_f x_1 \tag{2-53}$$

除特别说明者外，符号意义同上节矩形截面梁。

优化设计需要考虑下列约束：

(1) 轴力和弯矩的强度约束

按照设计规范，要区别两种情况：

大偏心情况，当 $\dfrac{K_2 N}{R_w x_1} \leqslant 0.55\alpha\zeta_1 x_1$；

$$K_2 M - 0.5K_2 N\alpha x_1 + 0.5\,\frac{(K_2 N)^2}{R_w x_1} \leqslant R_g\alpha\zeta_1 x_1 x_2 \tag{2-54}$$

小偏心情况，当 $\dfrac{K_2 N}{R_w x_1} > 0.55\alpha\zeta_1 x_1$：

$$K_2 M - 0.5R_a\alpha^2\zeta_1^2 x_1^3 + 0.5K_2 N\alpha\zeta_2 x_1 \leqslant R_g\zeta_2\alpha x_1 x_2 \tag{2-55}$$

这里 K_2 为柱偏心受压安全系数和柱剪切安全系数。

(2) 剪力平衡的强度约束

$$K_2 Q \leqslant 1.5\zeta_1\alpha R_{gk} x_1 x_3 + 0.07R_a\zeta_1 x_1^2 \tag{2-56}$$

(3) 最小配筋率的约束

$$x_2 \geqslant \mu_1\zeta_1\alpha x_1^2 \tag{2-57}$$

（4）最大配筋率的约束

$$x_2 \leqslant \mu_2 \zeta_1 \alpha x_1^2 \tag{2-58}$$

（5）梁宽下限约束

$$x_1 \geqslant \underline{x_1} \tag{2-59}$$

（6）纵筋至少是 $2\phi 1.4\mathrm{cm}$ 的约束

$$x_2 \geqslant 0.98\pi \tag{2-60}$$

（7）箍筋至少是每 $20\mathrm{cm}$ 一个双肢 $0.6\mathrm{cm}$ 的约束

$$x_3 \geqslant 0.009\pi \tag{2-61}$$

矩形截面柱的优化设计跟上节梁一样，先找 x_1 的上下限，为此将 $x_2 = \mu \zeta_1 \alpha x_1^2$ 代入强度约束（1），并取等式，得

大偏心情况：

$$x_1^4 + \frac{0.5 K_2 N}{\mu \zeta_1 \zeta_2 \alpha R_g} x_1^2 - \frac{K_2 M}{\mu \zeta_1 \zeta_2 \alpha^2 R_g} x_1 - \frac{0.5 K_2^2 N^2}{\mu \zeta_1 \zeta_2 \alpha^2 R_g R_w} = 0 \tag{2-62}$$

小偏心情况：

$$\left(1 + \frac{0.5 R_n \zeta_1}{\mu_1 \zeta_2 R_g}\right) x_1^3 - 0.5 \frac{K_2 N}{\alpha \mu \zeta_1 R_g} - \frac{K_2 M}{\alpha^2 \mu \zeta_1 \zeta_2 R_g} = 0 \tag{2-63}$$

上两式中的 μ 用最小配筋率 μ_1，可解得宽度上限 $x_1^{\vdash}$；用最大配筋 μ_2，可解得宽度的下限 $x_1^{\vdash}$，这个下限再跟约束（5）的下限比一下，其最大者为真的下限。这两个高次方程在计算机上可调现成的库过程求解，求上限时取其最小的实根，求下限时取其最大实根。在 x_1 尚未求出之前，不能判别是大偏心情况还是小偏心情况，只得用试凑法进行。

在知道 x_1 的上下限之后，就可在这区间内用 0.618 法搜索最优的 x_1^* 使目标函数 $\bar{C}$ 最小，同时找出最优的 x_2^*，x_3^*。

搜索中，给定某一 x_1 值，按下列步骤求 $\bar{C}$：

$$给定\ x_1 \rightarrow 由约束 \begin{cases} (1_a)\ 或(1_b)\ 求\ x_2 \\ (2)\ 求\ x_3 \end{cases} \rightarrow$$

$$跟约束 \begin{cases} (6) \\ (7) \end{cases} 比 \rightarrow \begin{cases} x_2 \\ x_3 \end{cases} \rightarrow 公式(2\text{-}53) \rightarrow \bar{C}$$

四、桁架结构的分部优化设计

不带可行性调整的分部优化方法（图 2-4(a)）实际上就是所谓满应力设计方法。它使各部件至少在一个工况下是满应力的。这个满应力解存在是有条件的。对于桁架结构不少人研究过这个问题。文献[A-16]指出满应力解的存在性条件为

$$P \geqslant \frac{n}{n-r} \tag{2-64}$$

式中，P——工况数；

　　　　n——杆件数；

　　　　r——超静定次数。

有人[①]研究了在单工况下桁架满应力设计的存在性，它是在以节点位移为坐标的位移空间中研究的。也有人[②]在位移空间中研究了多工况下的桁架满应力的存在性定理，它提出了两个新的概念：1)满应力度 S——超静定桁架在各工况下，可达满应力的杆数可能是不同的，其最大数被定为满应力度，也就是设计空间中，交汇约束面的最大约束数；2)病态杆——任何工况下不会满应力的杆件。结论是：当桁架有病态杆时，则不可能有满应力解；去掉病态杆退化为低超静定桁架后，则满应力解的必要条件为：

$$P = \frac{n}{s} \tag{2-65}$$

式(2-65)条件比之式(2-64)条件在理论上更为全面和确切。但是要确定一个超静定桁架有无病态杆和它的满应力度 S 非常费事。在实际中不太可能这样做的，可以暂用式(2-64)作个估计，比较方便。一般来说，超静定次数大，工况数多的结构，满应力解存在的可能性大，当然它不一定就是最轻解。

对于桁架结构以及包括平面应力膜的结构，由于很容易在分部优化过程中插入可行性调整(图 2-4(b))，所以不必追求满应力解，而可以找到更好的最轻解。这就是所谓齿行法。

这里简单谈一下可行性调整，当构件的刚度和设计变量呈线性关系时，如所有构件刚度按同一比例变化即都乘以同一比例系数 ζ，结构的内力分布将不变，如果应力又和设计变量(截面积)成反比，则应力分布将乘以同一比例系数 $1/\xi$。

桁架的杆件 i 刚度 $\dfrac{EA_i}{L_i}$ 跟设计变量 A_i 成正比，所以当所有 A_i 都变成 ξA_i 时，内力 S_i 都不变，又因 $\sigma = S/A$，所以应力将变成 σ_i/ξ。

设 A 为设计变量空间中的一点，代表一个方案，按这方案分析得出各杆的应力 σ_i 都小于容许应力 $\bar{\sigma}_i$，说明各杆截面都有富余(图 2-9)。现在要修改这个方案，减小各杆截面，但又不破坏任何约束。为此，计算各杆的应力比 ξ_i：

$$\xi_i = \left| \frac{\sigma_i}{\bar{\sigma}_i} \right| \tag{2-66}$$

---

① 胡守信，"关于桁架结构满应力设计的应力比的几个定理"。
② 王光远，王志忠，"超静定桁架满应力解的存在性定理"。

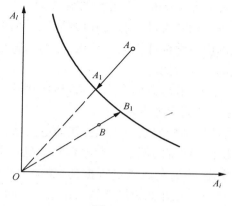

图 2-9

最大的一个应力比 $\xi_{\max}=\max\limits_i\left(\dfrac{\sigma_i}{\bar\sigma_i}\right)$ 对应的是最严约束面。将各杆截面 A_i 乘以 $\xi_{\max}$，得设计点 A_1，它将恰好落在最严约束面上。这时 A_1 处在射线 OA 上，所以这种可行性调整称为射线步，亦可称之为比例步。图中 A 被射到 A_1 是将一个富余的可行方案调整到可行域边界上；B 被射到 B_1 是将一个不可行方案调整成可行。

这样用射线步做可行性调整最为简单，它适用于由线性构件（刚度正比于设计变量）组成的结构。对这类结构，射线步还同样可以把方案引到最严的变位约束面上。这个办法，在下一章中将用到。

图 2-10 是齿行法在二维空间中的示意。

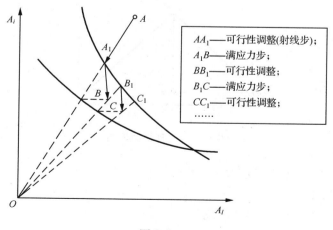

图 2-10

在 A、B、C…点需要作结构分析。在可行方案 A_1,B_1,C_1 各点需要计算结构质量,以判别方案有无改进。如果质量反而回升,则取回升前的方案作为优化方案。这个方法,在上面所说的由线性构件组成的结构中,为大家乐于接受,用来对付应力约束的问题,以取代满应力方法。

为了对付有变位约束的问题,我们在下一章,也将用这个办法的思路,区别在于将用"变位准则步"来代替满应力步。

齿行法代替满应力法处理桁架结构优化已在其他文献有不少例子。这里将只举两个压杆的容许应力不是固定的例子。考虑到局部稳定问题,压杆的容许应力就应随设计变量 A 而变化,为避免收敛过程振荡,满应力步的应力比应带一个低松弛指数,这在前面已讲过。现在如果最严约束是某压杆的应力约束,这个约束面不像拉杆约束面那样是固定的,而是随方案调整而变化的,这时用射线步不可能一次就把方案射到可行域边界上,而是要经过几次修正和迭代才能在一定精度范围内完成。步骤是这样的:

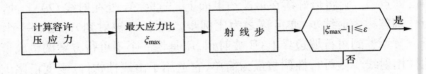

例题(2-1)　三杆平面桁架如图 2-11 所示。

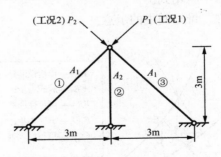

图 2-11　三杆平面桁架

工况:1) $P_1=20T$;2) $P_2=20T$。

材料:3 号钢。

弹性模量:$E=2.1\times10^6\,\mathrm{kg/cm^2}$。

截面形式：焊接薄壁圆管。

应力约束：按钢结构设计规范(TJ17-74)。

尺寸约束：按冶金部标准(YB242-63，YB231-70)，$176\text{cm}^2 \leqslant A \leqslant 25.31\text{cm}^2$。

由于结构对称，荷载对称，我们可以只算一种工况。任选一初始杆截面，为简单起见，所有杆我们一律取 $A=10\text{cm}^2$。我们用 ALGOL-60 语言编写的多工况多约束的桁架程序(以下简称 DDU-2)在国产 TQ-16 机上经四次迭代收敛至最轻解。现将 DDU-2 的计算结果及根据优化结果最后按型材规格调整设计的结果列入表 2-2。

表 2-2

计设变量	杆		截面尺寸 /cm²	回转半径 /cm	稳定折减系数	容许应力 /(kg/cm²)	最大计算应力 /(kg/cm²)
A_1	① ③	优化结果	16.48	4.326 (公式 2-12)	0.6128 (公式 2-10)	−980.44	−980.58
		调整	16.21 $D=133$mm $t=4$mm	4.56 (YB242-63)	0.638 (TJ17-74)	−1020.80	−1002.41
A_2	②	优化结果	7.27	2.5415 (公式 2-12)	0.4857 (公式 2-10)	−777.19	−746.99
		调整	6.88 $D=76$mm $t=3$mm	2.58 (YB242-63)	0.484 (TJ17-74)	−774.40	−771.02

例题(2-2) 二十五杆空间桁架如图 2-12 所示。

工况：两个，见表 2-3。

材料：3 号钢。

弹性模量：$E=2.1\times10^6\text{kg/cm}^2$。

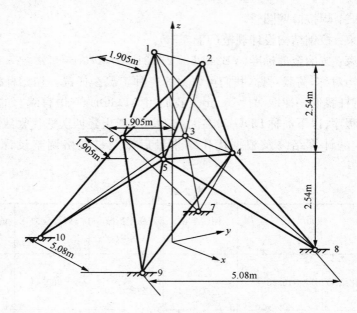

图 2-12　二十五杆空间桁架

表 2-3

工况	节点	$P_X(T)$	$P_Y(T)$	$P_Z(T)$
1	1	0.454	4.54	−2.27
	2	0	4.54	−2.27
	3	0.227	0	0
	6	0.227	0	0
2	1	0	9.08	−2.27
	2	0	−9.08	−2.27

截面形式：焊接薄壁圆管。

应力约束：按钢结构设计规范(TJ17-74)。

尺寸约束：按冶金部标准(YB242-63，YB231-70)$1.76\text{cm}^2 \leqslant A \leqslant 25.31\text{cm}^2$，初始截面所有杆 $A=10\text{cm}^2$。

用 DDU-2 在 TQ-16 机上经二次迭代收敛至最轻解，将优化的结果及按型材调整的结果列入表 2-4。

表 2-4

设计变量	杆		截面尺寸/cm²	回转半径/cm	稳定折减系数	容许应力/(kg/cm²)	最大计算应力/(kg/cm²)
A₁	1,2	优化结果	1.77	—	—	1600	203.13(工况2)
	2,5 2,4	调整	1.76　D=30mm, t=2mm	—	—	1600	204.36(工况2)
A₂	1,3 1,6	优化结果	8.67	2.85(公式2-12)	0.634(公式2-10)	-1014.23	-1000.77(工况2 2,5杆)
	1,4 2,3	调整	8.74　D=83mm, t=3.5mm	2.81(YB242-63)	0.628(TJ17-24)	-1004.80	-991.82(工况2 2 2.5杆)
A₃	1,5	优化结果	8.68	2.85(公式2-12)	0.497(公式2-10)	-795.42	-769.41(工况2 1,4杆)
	2,6	调整	8.74　D=83mm, t=3.5mm	2.81(YB242-63)	0.480(TJ17-74)	-768.00	-765.27(工况2 1,4杆)
A₄	3,6	优化结果	1.77	—	—	1600	-57.69(工况1 4,5杆)
	4,5	调整	1.76　D=30mm, t=2mm	—	—	1600	52.90(工况1 4,5杆)
A₅	3,4	优化结果	1.77	1.01(公式2-12)	0.198(公式2-10)	-316.27	-300.34(工况1 5,6杆)
	5,6	调整	1.76　D=30mm, t=2mm	0.99(YB242-63)	0.193(TJ17-74)	-308.80	-284.00(工况1 5,6杆)
A₆	3,8 4,7	优化结果	10.09	3.15(公式2-12)	0.328(公式2-10)	-524.49	-511.93(工况2 3,8杆)
	6,9 5,10	调整	10.06　D=95mm, t=3.5mm	3.24(YB242-63)	0.34(TJ17-74)	-544.00	-512.55(工况2 3,8杆)
A₇	3,10 6,7	优化结果	6.38	2.33(公式2-12)	0.190(公式2-10)	-304.74	-280.37(工况1 4,9杆)
	4,9 5,8	调整	6.31　D=70mm, t=3mm	2.37(YB242-63)	0.190(TJ17-74)	-304.00	-282.17(工况1 4,9杆)
A₈	3,7 4,8	优化结果	8.48	2.81(YB242-63)	0.470(公式2-10)	-751.55	-751.78(工况1 4,8杆)
	5,9 6,10	调整	8.74　D=83mm, t=3.5mm	2.81(YB242-63)	0.462(TJ17-74)	-739.20	-734.05(工况1 4,8杆)

优化后整个桁架的质量为 502.52kg,按型材规格调整后的质量为 504.87kg,略重些。

五、钢框架的分部优化设计

设钢框架由若干型钢构件或焊接构件组成。这些构件的截面 A、惯性矩 I 和截面抗弯模数 Z 之间可以用公式(2-21)、式(2-22)、式(2-23)来近似拟合。通过结构整体分析,可以算各构件截面的最大应力:

$$\sigma_{Pji} = \frac{|N_{Pji}^S|}{A_i} + \frac{|M_{Pji}^S|}{Z_i} = \frac{|N_{Pji}^S|}{a_i I_i^b i} + \frac{|M_{Pji}^S|}{C_i I_i^d i} \qquad (2\text{-}67)$$

其中,下标 P 代表工况号;i 代表第 i 组构件;j 代表该组中的构件号;上标 S 代表截面位置。分部优化要求:

$$\frac{|N_{Pji}^S|}{a_i I_i^b i} + \frac{|M_{Pji}^S|}{C_i I_i^d i} = \bar{\sigma}_i \qquad (2\text{-}68)$$

可以用计算机库存过程(一元实函数零点对分法)求解上式,得截面惯性矩 I_{Pji},沿杆长方向用 0.618 法做有限次一维搜索,找出最大的 I_{Pji}。再从所有工况 P 和 i 组中所有构件 j 中找最大的 I_{Pji},并和给定的下限 $\underline{I}_i$ 比较,选出优化的 I_i^*,即

$$I_i^* = \max_{P,j}(I_{Pji}, \underline{I}_i) \qquad (2\text{-}69)$$

把各 I_i^* 组成新的方案,重新开始下一次迭代,直至收敛,便是不带可行性调整的分部优化方法(图 2-4(a))。

这里没有用射线步。因为如果我们选 I 作为设计变量,构件抗弯刚度跟 I 成正比,但它的抗轴力的刚度跟 I 是不成正比的,这个原因还不是主要的,因为在一般框架结构中,构件抗弯作用是起决定性作用的,所以当所有构件的抗弯刚度按同一比例变化时,内力分布基本上是不变的。但是主要的原因是抗弯构件的应力,如公式(2-67)所示,跟 I 不是成反比的。所以用应力比作射线步就不能作严格地可行性调整,需要有特殊的处理。

我们的实践表明,框架结构(包括下一节将讨论的钢筋混凝土框架)的分部优化设计,收敛很快,而且结果很接近最轻设计。原因大概是框架结构的超静定次数与设计变量数的比值较之桁架结构为高,所以在多工况下容易实现满应力解,而这些满应力解又很接近仅有应力约束的最轻解。

在下面介绍的三个例题中,我们没有按照图 2-4(a)的框图进行,我们试用了一种调整,以便可以用目标函数的变化来判断收敛性。那就是在分部优化将各 I_i 修改后 I_i^* 后,求最大的变量比:

$$\mu_{\max} = \max_i \left(\frac{I_i^*}{I_i}\right) \qquad (2\text{-}70)$$

然后把原来的各构件的 I_i 都乘以 μ_{max}，得到 I_i'，用来计算结构的质量 W^{v+1}，如果比之上次的 W^v 差别足够微小，就认为收敛。这过程如图 2-13。注意，作为优化方案的 I_i 仍取分部优化的 I_i^*，所以本质上仍是满应力设计。用 μ_{max} 来调整只是为了使收敛判别跟目标函数能联系起来而已，这样做的效果，初步看来还是很好。

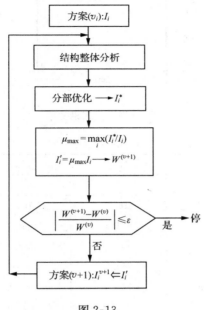

图 2-13

下面做的三个例子，都取自文献[A-27]用数学规划做过的。为便于比较，我们仍保留用英制量纲。

材料：$E = 3 \times 10^4 \text{Ksi}$。

$\quad\quad \rho = 0.2836 \text{Ib/in}^3$。

$\quad\quad \bar{\sigma} = 23.76 \text{Ksi}$。

截面性质：

$$A = 0.58 I^{0.5}$$
$$Z = 0.58 I^{0.75}$$

例题(2-3)　门式钢框架（程序 STU-1，ALGOL60）。

图 2-14 中所示门式框架有三个工况，即图中所注的（Ⅰ）、（Ⅱ）和（Ⅲ），给定 I_i 的下限 $I_i = 1 \text{in}^4$，在应力约束和尺寸约束下，用分部优化方法只用了四次迭代就收敛，而且第一次就已收敛到最优解附近，以后三次只是精加工而已。阿罗拉（Arora）[A-27]用数学规划做 12 次迭代，收敛过程似乎比较慢，两者结果相当接近，见表 2-5和图 2-15。

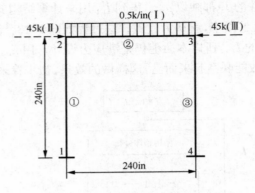

图 2-14　门式钢框架

表 2-5

迭代次数	杆件			结构质量
	1	2	3	
初始值	1600	1600	1600	3947.7
1	1084.9	771.3	1084.9	3046.7
2	1094.0	754.8	1094.0	3043.1
3	1090.8	754.5	1090.8	3040.0
4	1090.9	754.3	1090.9	3040.0
[A-27]	1091.4	768.3	1091.4	3050.5

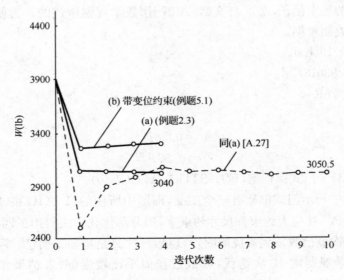

图 2-15　门式框架优化迭代过程

例题(2-4) 双层单跨框架(程序 STU-1)。

图 2-16 所示双层单跨框架,有三个工况,见图中标示的(Ⅰ)、(Ⅱ)和(Ⅲ),惯性矩下限 $\underline{I}=1\text{in}^4$。

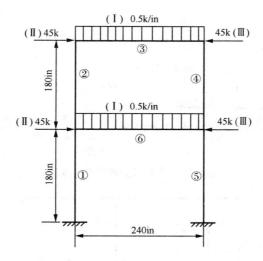

图 2-16 单跨双层钢框架

在应力和尺寸约束下,用分部优化的方法,六次迭代收敛,而第二次即已得比较接近最后的结果,跟阿罗拉[A-27]的结果比较见表 2-6 和图 2-17。两者结果基本相同,但分部优化的方法收敛情况显然较好。

表 2-6

迭代次数	杆件						结构质量
	1	2	3	4	5	6	
初始值	6400	6400	6400	6400	6400	6400	15790.8
1	3023.5	1140.0	1147.2	1140.0	3203.5	2541.4	8678.2
2	3339.1	863.5	880.0	863.5	3339.1	2604.4	8347.6
3	3280.7	876.9	808.5	876.9	3280.7	2575.3	8271.0
4	3247.1	881.5	786.4	881.5	3247.1	2568.7	8240.2
5	3233.3	883.5	779.4	883.5	3233.3	2571.9	8231.4
6	3226.3	884.4	776.4	884.4	3226.3	2572.2	8228.0
Arora(14 次)	3264.8	901.4	801.5	901.4	3264.8	2598.7	8292.0

例题(2-5) 两跨六层框架。

图 2-18 所示两跨六层框架有四个工况:

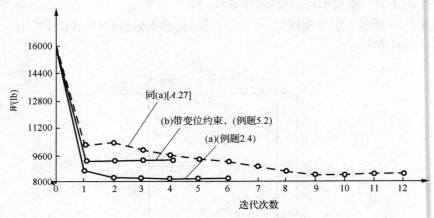

图 2-17　单跨双层钢框优化过程

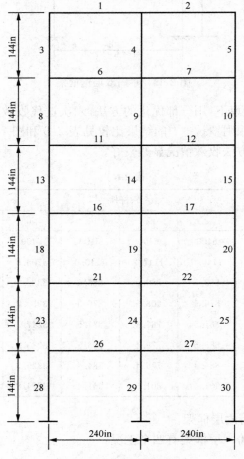

图 2-18　两跨六层钢框架

工况(Ⅰ)——梁 1,7,11,17,21,27 上各有均布荷载 4K/ft,梁 2,6,12,16,22,26 上各有均布荷载 1K/ft。

工况(Ⅱ)——梁 2,6,12,16,22,26 上各有均布荷载 4K/ft,梁 1,7,11,17,21,27 上各有均布荷载 1K/ft。

工况(Ⅲ)——梁 1,2,6,7,11,12,16,17,21,22,26,27 上各有均布荷载 1K/ft。

左柱各节点各有向右的水平集中荷载 9K。

工况(Ⅳ)——梁 1,2,6,7,11,12,16,17,21,22,26,27 上各有均布荷载 1K/ft。

右柱各节点各有向左的水平集中荷载 9K。

分部优化方法的结果与阿罗拉[A-27]的结果总质量基本相同,但杆件截面分布略有差异,其比较见图 2-19 和表 2-7。

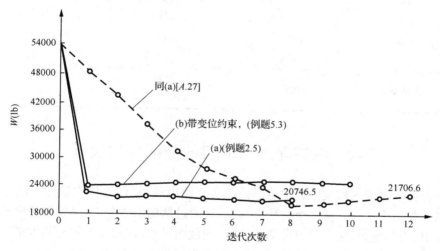

图 2-19 两跨六层钢框架优化过程

表 2-7

杆号	初始值	I	
		分部优化法	阿罗法[A-27]
1,2	2400	498.5	450.6
3,5	2400	568.7	498.6
4	2400	44.7	394.9
6,7	2400	517.6	530.8
8,10	2400	75.5	394.3
9	2400	380.9	397.1

续表

杆号	初始值	I	
		分部优化法	阿罗法[A-27]
11,12	3200	485.0	481.8
13,15	3200	568.3	425.3
14	3200	319.4	472.7
16,17	4000	554.8	521.9
18,20	4000	297.3	468.3
19	4000	779.5	723.5
21,22	4800	761.3	699.1
23,25	4800	533.5	646.5
24	4800	833.7	1044.5
26,27	5600	673.9	666.4
28,30	5600	832.9	1099.0
29	5600	1864.8	1489.7
质量 W	54290.1	20746.5 （迭代 8 次）	21706.6 （迭代 12 次）

六、钢筋混凝土框架的分部优化设计

设钢筋混凝土框架由若干矩形截面梁和柱组成,它们的优化设计方法已在本章第三节中介绍过。从一个初始方案开始,通过结构整体分析,可以得各梁和柱的弯矩、切力和轴力,接着就可分部优化,得到截面尺寸,钢筋截面和总的价格。再用新的截面尺寸进行下一次迭代,直至前后两次方案足够接近而停止迭代。这是完全按照图 2-4(a)的不带可行性调整的框图进行的。下面将举两个例子,因为没有文献资料可比较,只得和第五章我们自己用数学规划(几何规划)做的结果比较。结果是接近的。

例题(2-6) 两跨五层框架几何尺寸与荷载情况如图 2-20 所示。梁宽初值皆取 25cm,柱宽初值皆取 40cm,梁高宽比 α 取为 2.5,边柱高宽比 α 取为 1。

$R_{gc}=R_{gk}=2400\text{kg/cm}^2$　　　$\mu_1=0.001$

$R_{gb}=3400\text{kg/cm}^2$　　　　$\mu_2=0.03$

$R_{Wb}=R_{Wc}=220\text{kg/cm}^2$　　$K_1=1.4$

$R_{Ab}=R_{Ac}=175\text{kg/cm}^2$　　$K_2=1.55$

$C_f=0.00015$ 元/cm^2

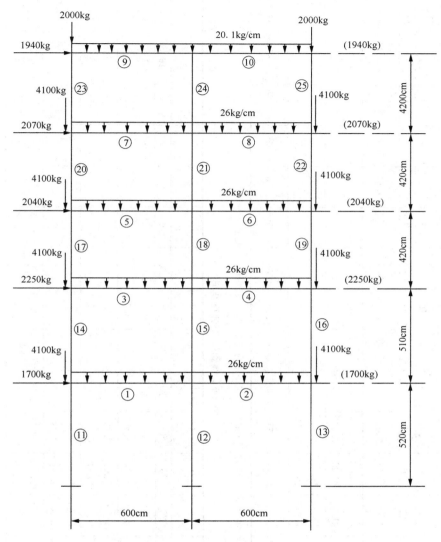

图 2-20 两跨五层框架几何尺寸与荷载情况

$A_g = 3\text{cm}$

$C_c = C_b = 0.00066$ 元/cm³

$C_S = 0.4731$ 元/kg

$R_S = 0.0078\text{kg/cm}^3$

$R_c = 0.00245\text{kg/cm}^3$，　$E_b = E_c = 3 \times 10^5 \text{kg/cm}^2$

各层柱、梁宽分别取为同一类（同宽）。

水平荷载是由左右两侧反复作用的。通过五次重分析得到表 2-8 的结果。

表 2-8　例题 (2-6) 计算结果

总价格为 1627 元

杆件号	1,2	3,4	5,6	7,8	9,10	11,13	12	14,16	15	17,19	18	20,22	21	23,25	24
杆件截面宽/cm	18	18	17	16	16	35	35	33	33	30	30	25	25	25	24
梁底柱纵筋横截面积/cm²	8.81	7.45	6.84	7.40	6.00	8.65	8.38	7.83	7.39	7.95	4.14	9.88	3.75	8.75	3.09
梁顶右端纵筋横截面积/cm²	23.08 / 20.90	19.73 / 18.16	17.46 / 14.35	16.93 / 10.11	11.20 / 3.43										
梁顶左端纵筋横截面积/cm²	20.90 / 23.08	18.16 / 19.73	14.35 / 17.46	10.11 / 16.93	3.43 / 11.20										
箍筋截面面积/(cm²/cm)	0.0590	0.0512	0.0518	0.0581	0.0318	0.0565	0.0565	0.0565	0.0565	0.0565	0.0565	0.0565	0.0565	0.0565	0.0565

注：梁宽构造下限：一、二层为 18cm，三、四、五层为 16cm；柱宽构造下限 16cm；一、二、三层为 30cm，四、五层 18cm。

表 2-9　例题 (2-7) 计算结果

总造价 1542 元

杆件号	1,2	3,4	5,6	7,8	9,10	11,13	12	14,16	15	17,19	18	20,22	21	23,25	24
梁柱宽/cm	20	20	20	18	18	20	24	16	22	20	21	18	20	18	20
梁下部纵筋/cm²	7.67	7.65	7.82	8.29	6.83	13.50	14.41	10.54	9.85	4.84	4.93	5.64	3.76	7.15	3.12
柱纵筋/cm²	4.86	4.70	4.70	4.21	4.05	7.92	3.88	3.88		3.08	3.08	3.08		3.15	
梁上部左端纵筋/cm²	8.66 / 13.89	8.62 / 11.53	7.59 / 10.69	7.94 / 10.93	3.78 / 8.70										
梁上部右端纵筋/cm²	16.27 / 6.29	14.22 / 6.01	13.30 / 5.03	15.05 / 4.51	10.65 / 3.78										
梁柱箍筋/(cm²/cm)	0.0459 / 0.0335	0.0416 / 0.0283	0.0400 / 0.0283	0.0536 / 0.0344	0.0311 / 0.0283	0.0565 / 0.0565	0.0565 / 0.0565	0.0565 / 0.0565	0.0565 / 0.0565	0.0565 / 0.0565	0.0565 / 0.0565	0.0565 / 0.0565	0.0565 / 0.0565	0.0565 / 0.0565	0.0565 / 0.0565

注：顶层最大水平位移为 3.17cm，$\frac{3.17}{2290} \sim \frac{1}{722}$ 不超过允许值。取不同的初始梁、柱宽度所获得的计算结果皆相同。

　　梁、柱宽度取不同初值,经计算皆得同一结果,差别在于重分析次数稍有不同,相差最多不超过二次。

　　顶层最大水平位移为 7.84cm。

　　例题(2-7)　两跨五层框架几何尺寸及呆、活荷载情况如图 2-21 所示。

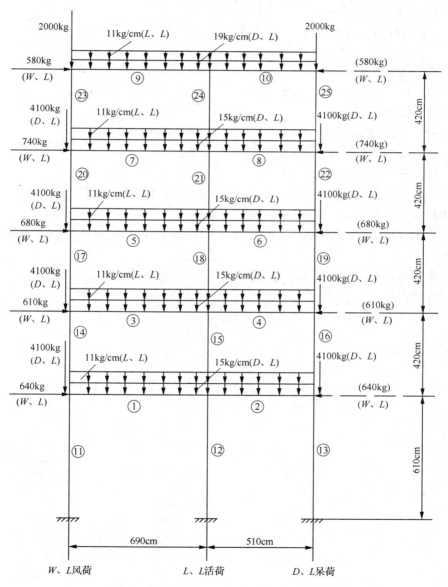

图 2-21　两跨五层框架几何尺寸及呆、活荷载情况

梁柱截面的初始宽度皆取 20cm,梁的高宽比 α 取为 2.5,柱的高宽比取为 1.5。

$R_{gc} = R_{gk} = 2400 \text{kg/cm}^2 \qquad \mu_1 = 0.001$

$R_{gb} = 3400 \text{kg/cm}^2 \qquad \mu_2 = 0.03$

$R_{Wb} = R_{Wc} = 180 \text{kg/cm}^2 \qquad K_1 = 1.4$

$R_{Ab} = R_{Ac} = 145 \text{kg/cm}^2 \qquad K_2 = 1.55$

$c_f = 0.00015 \text{ 元/cm}^2$

$A_g = 3 \text{cm}$

$C_b = C_c = 0.000056 \text{ 元/cm}^3$

$C_s = 0.5896 \text{ 元/kg}$

$R_s = 0.0078 \text{kg/cm}^3$

$R_c = 0.00245 \text{kg/cm}^3$

$E_b = E_c = 2.85 \times 10^3 \text{kg/cm}^2$

梁柱宽下限 1、2、3 层为 20cm,4,5 层为 18cm,每层梁为同一类(同宽),每层二边柱为同一类(同宽),各层中柱各为一类。

图中,D、L 表示呆荷载;L,L 表示活荷载;W、L 表示风荷载。地震荷载按 7° 考虑。

本例题按照设计规范要求考虑荷载组合来选取各构件的最不利的内力组合,进行优化设计。

通过四次重分析得到最后结果列于表 2-9。

第三章　整体优化和分部优化的结合

一、引　　言

　　上一章讨论的结构分部优化的方法有其局限性,很多问题的约束条件不能适应把结构化整为零的处理,而必须作整体优化。但是如果能恰当地把整体优化和分部优化两种手段结合起来,则可以扩大分部优化应用的领域,并且发挥两种手段各自的长处,导致比较便于实用的方法。

　　分部优化方法是把结构拆成构件或子结构后,让它们各自按目标进行优化,然后组合起来成为优化的整体,如果力学规律上有不协调,则进行几次迭代,直至协调收敛。这方法建筑在一定假定上:优化的各分部组合起来成为优化的整体。这假定只是一种感性的准则,需要通过实践检验来确定适用的范围。推广一点来看,结构物本身只是一个工程项目中的一个分部,而一个工程也只是更大系统中的一个分部,我们不容易或不可能一步就解决大系统整体的优化,所以分部优化这概念在现实中有其必要性。但是分部优化还有一个可能性的问题,这就要求优化的约束条件在各分部之间的联系要比较弱才行。那么,哪些约束条件可以认为是弱连接,哪些又不是呢? 我们可以用应力约束和变位约束来做比较,对一静定结构来说,内力分布只由平衡条件来决定,跟各分部之间的相对刚度无关,各分部的应力约束条件是相互独立无关的,但静定结构的变位就不同了,各分部的刚度对某一处的变位都有影响,所以就变位约束来说,各分部就不能各自优化了。对一个超静定结构来说,结构各分部的刚度对一处的应力或一处的变位同样都有影响,但是程度上还有区别。只要观察应力的公式 $\sigma_k = \dfrac{S_k}{A_k}$ 和变位的公式:

$$u_j = \sum \frac{S_k S_k^j l_k}{A_k E_k}$$

就可以看出来,在通过结构分析知道了内力分布之后,σ_k 便由 k 处的局部内力和截面来决定,而 j 处的变位却是要由所有各分部的内力和刚度来决定。各分部之连接对应力约束来说就比较弱。不仅如此,按应力的计算公式来看,在应力约束下,把超静定结构暂时看做是静定,就可以进行分部优化;而在变位约束下,即使作暂时静定化的假设,还是不可能进行分部优化。所以,根据约束的性质,可以把应力约束看做是局部性约束,而把变位约束看做是整体性约束,这只是从分部优化可能性出发的一种分类。属于局部性约束的还有各种截面尺寸的上下限约束,而属于整体性约束的则有频率约束、失稳临界力约束、塑性极限承载能力约束、颤振速度约束等。看来可以当做局部性约束的只有应力和尺寸约束，但是这两种约束条件数目却是非常多的，一般来说，每个分部都有应力的上下限约束和尺寸上下限约束，把这一大堆约束用分部优化方法处理是比较方便的。剩下的整体性约束条件必须作整体优化处理，但是因为它们的数目往往是很少的，所以困难比较小了。本章就是要充分利用这种约束的分类，来处理整体性约束和分部优化的结合。

　　这里应该补充说明一点，在可能做分部优化的问题中，大部分能导致很好的结果，如果这种结构虽然是超静定的，但是比较接近于静定的情况。例如图 3-1(a)、(b)所示的桁架和无铰拱，两者都是超静定的，但是两者的性质都接近于静定结构。前者接近于单腹杆系统的静定桁架，在外力作用下，支承反力都一样，节间的弯矩和切力也一样，各部之间的相互影响是很弱的。后者接近于静定三铰拱，在外力作用下，压力线总是以接近拱轴为趋势的。这种超静定结构可称为正常型结构[A-5]，用分部优化设计方法是很合适的。也有另一种类型的结构，例如图 3-1(c)的系杆梁，它的两个分部（梁和拉杆）之间相互影响是很强的，拉杆相对地细了，结构趋于一个悬臂梁结构；拉杆强了，结构趋于一个桁架结构叠加上一个两端支承的梁；两者性能大不一样，这种超静定结构可称为交感型结构[A-5]，用分部优化方法效果就不好，可能不收敛，也可能不同的初始方案导致很不相同的优化结果。

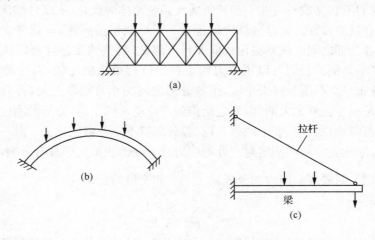

图 3-1

　　以上所述是借整体优化方法的引言对上一章作了些补充，下面谈整体优化方法的一些基本概念。

　　以给定布局、几何、材料的桁架结构在变位约束下的最轻设计为例，结构整体优化的数学表达式是：

$$
\left.
\begin{aligned}
&求设计变量\ A_k(k=1,2,\cdots,n)\\
&使目标函数\ W = \textstyle\sum_k \rho_k l_k A_k\ 极小\\
&约束：u_r = \sum_k \frac{S_k^p S_k^r l_k}{A_k E_k} \leqslant \bar{u}_r \quad (r=1,2,\cdots,m)\\
&\qquad A_k \geqslant \underline{A}_k
\end{aligned}
\right\}
\tag{3-1}
$$

其中，$\rho_k l_k A_k$ 为各杆的质量；E_k 为各杆的弹性模量；S_k^p 为工况 p 使 k 杆产生的内力；S_k^r 为相应于变位 r 的单位虚荷载使 k 杆产生的内力；$\bar{u}_r$ 为 r 处容许变位（上限）；$\underline{A}_k$ 为 k 杆截面积的下限，这个下限将由下列两个下限中取其大者：一是由工艺、材料供应、构造需要等决定的下限，是由设计者给定的，另一是由在应力约束下作分部优化（满应力设计）得到的优化截面积，它应在迭代中对每次修正方案重分析后加以更新。

　　式（3-1）问题的求解过去总是认为有两条不同的途径：一是用数学规划在设计变量空间中搜索最优点，可以用非线性规划的各种方法，其中有可行方向法、梯度投影法、无约束化方法、线性化方法等，还有不用导数的直接搜索法等，统称为数学规划法或直接法。另一是用约束极值点的必要条件，即库-塔克条件将具体问题转化为一个优化准则，这个准则代替了原来的目标函数和约束条件，从这个准则推演出一套设计变量的递推或迭代的公式，使这个准则逐渐得到满足。这类方法被称做是优化准则法或间接法。两条途径各有其长处和短处，这在第一章中已有论述。到 20 世纪 70 年代后期，在给定结构的布局和几何下，只优化部件截面尺寸的结构优化问题上，两条途径已走到一起，几乎分不出彼此了。其所以如此，乃是因为两者都为了便于求解，把式（3-1）原问题化成下列简化问题的迭代：

$$
\left.
\begin{aligned}
&求\ A_k(k=1,2,\cdots,n)\\
&使\ W = \sum_{k=1}^{n} \rho_k l_k A_k\ 极小\\
&约束：u_r = \sum_{k=1}^{n} \tau_{rk}/A_k \leqslant \bar{u}_r\ (r=1,2,\cdots,m)\\
&\qquad A_k \geqslant \underline{A}_k
\end{aligned}
\right\}
\tag{3-2}
$$

这个问题不同于原问题之处在于变位约束中 $\tau_{rk} = \dfrac{S_k^p S_k^r l_k}{E_k}$ 被视为是常数，就是在迭代过程中，用上一轮的方案 A_k 计算出的内力分布为依据来计算这一轮的 τ_{rk}，这相当于暂把超静定结构当做静定，而用迭代更新的数值方法来逼近原问题。经过这一静定化的手段，变位约束就成为相当简单的显式约束了。接下去用数学规划法（直接法）也好，用优化准则法（间接法）也好，只是大同小异。比如用规划法中的梯度投影法，它的优化步也可以看做是准则法的递推步，这两种步子都同样用了目标函数和约束函数的一阶导数，所以两者在优化效率和收敛速度方面都相差不多。

两者在多约束情况下碰到的麻烦也是一样,主要的是几个变位约束不等式中哪些在优化解中将取等式,哪些取不等式,这就是有效约束与无效约束之分;还有在很多变量中哪些在优化过程中可以自由变化,哪些受到上下界限制,而不能自由变化,这是主动变量与被动变量之分。除了这些麻烦,还存在一个力求重分析次数少,方法简便实用的问题。

在这一章里,介绍两个工作:其一是关于包括轴力杆件和平面应力单元的桁架类结构的多变位约束的优化问题①,在那里将采取措施避免上述两种麻烦并尽可能把重分析次数降到最少;其二是关于包括旋转轴、桁架、刚架带频率禁区约束的优化问题,在那里还将采取措施处理元件刚度跟设计变量不成线性关系的问题,并且做了些关于几何优化方面的工作,就是把桁架和刚架的节点坐标跟构件截面一起也作为设计变量的优化问题[B-8]、[C-5]、[C-6]。

二、带变位约束的结构优化设计

结构的强度要求是最基本的,这里说的带变位约束,是指除了应力约束之外,还有变位方面的约束,当然由工艺、材料供应和构造要求方面提出的尺寸约束也总是有的。所以这一节的问题可以表达为:

$$
\left.
\begin{aligned}
&\text{求设计变量 } A_k(k=1,2,\cdots,n)\\
&\text{使目标函数 } W = \sum_{k=1}^{n}\rho_k l_k A_k \text{ 最小}\\
&\text{约束}\quad u_{jq} \leqslant \bar{u}_j (j=1,2,\cdots,m),(q=1,2,\cdots,p)\\
&\qquad\quad \sigma_{kq} \leqslant \bar{\sigma}_k (q=1,2,\cdots,p),(k=1,2,\cdots,n)\\
&\qquad\quad A_k \geqslant \underline{A}_k(k=1,2,\cdots,n)
\end{aligned}
\right\}
\qquad (3\text{-}3)
$$

这问题是假定结构的布局和几何都已给定,只优化各部截面 A_k 使质量最轻。讨论是以桁架为对象,但方法同样适用于由平面应力单元和轴力单元组成的结构。式中,下标 k 表示构件的编号;下标 j 表示控制变位的编号;q 表示工况的编号;不等式的右端表示相应的容许极限。

"结构优化设计的齿行法"一文的主要思想是:在一轮迭代中,根据当前的方案 $A^{(1)}$(图 3-2 中以点①表示),从为数众多的变位约束和应力约束中筛选出一个最严的约束来,把设计点用射线步做可行性调整,将它引到这个最严约束面上得点②,然后根据这个约束性质考虑应该走什么样的优化步。如果最严的约束是应力约束,则走满应力准则步,如果它是变位约束,则走变位准则步,但是都要控制步长,不让它过大。这个优化准则步使方案修改到点①′,用这方案开始下一轮迭代,

---

① 邓可顺、钱令希"结构优化设计的齿行法"将载大连工学院学报。

先作重分析,找出最严约束,它可能仍是上一轮的老约束,也可能是换了新的另一约束,再用射线步把方案调整到这个最严约束上去得可行方案②′,然后根据约束的性质走优化步到①″。于是又开始新的一轮迭代。如此继续下去,直到连续两次的可行方案很接近,满足收敛条件为止。

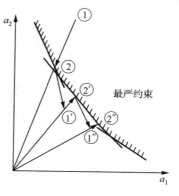

图 3-2

所以这样做,即每轮迭代的开始总是把设计点引到最严约束上去,而且在走优化步时总是只考虑这个最严的单约束,乃是因为我们知道最优解总是在可行域的边界上,不管它是在一个最严约束面上,还是在几个最严约束的交界点(或线)上,我们总可以把它看做是在一个最严约束面上,因为一个交点的邻近点必然在最严约束面之一的上面,而我们可以满足于得到这个邻近点,如果最优点恰在交点上的话。躲开这个交点,只考虑一个最严约束,可以使"变位准则步"比较简单,这就避免了上节所说的两个麻烦之一,即有效约束与无效约束的区分。

为了解决另一个麻烦,即主动变量与被动变量的区分,这是式(3-3)中的第三种尺寸约束 $A_k \geqslant \underline{A}_k$ 引起的。我们在处理变位约束和应力约束时,先不管尺寸约束,在用优化准则步得到新设计点之后,再检验尺寸约束是否被满足,如果某个 A_k 违反了尺寸约束,即 $A_k < \underline{A}_k$,则修改它,取 $A_k = \underline{A}_k$。之后,在作射线步时,我们就不再考虑尺寸的约束条件,因此不一定能恰好射到可行域的边界上,但这并不太重要,因为到收敛的时候,射线步的步长将很小,在射线步的起点已经考虑了尺寸约束,射线步的终点也将满足这些约束。以往的方法在走变位准则步和射线步时都同时考虑尺寸约束,那就有必要区分主动变量与被动变量了,这就引起麻烦。这里采用的简化措施避免了这个麻烦,数值实验表明没有影响最后的结果。

现在逐一说明所用射线步、满应力准则步和单变位准则步的走法。

射线步——通过结构分析,求出现行方案在各工况下的变位 $\{u\}_q$ 和应力 $\{\sigma\}_q$ 之后,检查所有变位约束和应力约束,算出它们和容许极限的比值:

$$\left.\begin{array}{l} \delta_{jq} = \bar{u}_j / u_{jq} \\ \gamma_{kq} = \bar{\sigma}_k / \sigma_{kq} \end{array}\right\} \tag{3-4}$$

若其中某比值小于1,表明相应的约束被违反了;假如所有比值都不小于1,则现行方案是可行的,但不一定是最优的。找出比值中最小的一个:

$$\delta_{\min} = \min_{j,k,q} \{\delta_{jq}, \gamma_{kq}\} \tag{3-5}$$

与它相应的约束便是当前的最严约束。

将各杆截面除以 $\delta_{\min}$ 就完成了射线步,因为它把设计点拉到最严约束面上了。

此时:

$$\left.\begin{array}{r} \{A_k\}/\delta_{\min} \Longrightarrow \{A_k\} \\ \{u\}_q \times \delta_{\min} \Longrightarrow \{u\}_q \\ \{\sigma\}_q \times \delta_{\min} \Longrightarrow \{\sigma\}_q \end{array}\right\} \tag{3-6}$$

由于式(3-6)的第一式,射线步后的新方案的总刚度阵和变位的偏导数将是:

$$\left.\begin{array}{r} [K]/\delta_{\min} \Longrightarrow [K] \\ \left\{\dfrac{\partial u}{\partial A_k}\right\}_q \times \delta_{\min}^2 \Longrightarrow \left\{\dfrac{\partial u}{\partial A_k}\right\}_q \\ \left\{\dfrac{\partial^2 u}{\partial A_k \partial A_l}\right\}_q \times \delta_{\min}^3 \Longrightarrow \left\{\dfrac{\partial^2 u}{\partial A_k \partial A_l}\right\}_q \end{array}\right\} \tag{3-7}$$

式中,记号 $\Longrightarrow$ 的右端是相应于射线步后新方案的量。

应该注意,射线步是建筑在杆件刚度与截面积的线性关系的基础上,这个线性关系导致在射线上各杆件的刚度按同一比例变化,于是在同一工况下,内力分布是不变的,而变位与应力则按反比例变化。这个关系同样适用于以板厚为设计变量的平面应力单元。但是对于没有这种线性关系的弯曲构件或单元,射线步就不适用了。

满应力准则步——假如射线步把设计点射到应力最严约束上,则用满应力准则步来修改设计变量,其公式为:

$$\delta A_k = \left[\left(\dfrac{\max\limits_q \sigma_{kq}}{\bar\sigma_k}\right)^\eta - 1\right]A_k \tag{3-8}$$

式中, $\eta \leqslant 1$ 是控制步长的阻尼指数。若问题没有变位约束,则可取 $\eta=1$,这就是通常的满应力方法。假如同时还有变位约束,则应取与变位准则步相协调的 $\eta < 1$,使步长减小,避免收敛的振荡现象。

变位准则步——假如射线步把设计点射到变位最严约束面上,则用变位准则步。这一步的问题是:

求设计变量 A_k

$$\left.\begin{array}{r} 使 W = \sum_{k=1}^n \rho_k L_k A_k \ 最小 \\ 约束 \ u_{jq} = \bar u_j \end{array}\right\} \tag{3-9}$$

这里 j 是最严约束的编号, q 是这个最严约束的工况,由于只考虑一个最严约束,所以这个约束取等号。

这问题的拉格朗日(Lagrange)函数为

$$\Phi = \sum_{k=1}^n \rho_k L_k A_k + \lambda(u_{jq} - \bar u_j)$$

由 $\dfrac{\partial \Phi}{\partial A_k} = 0$ 和 $\dfrac{\partial \Phi}{\partial \lambda} = 0$, 得

$$\left.\begin{array}{c}\rho_k L_k + \lambda \dfrac{\partial u_{jq}}{\partial A_k} = 0 \\[2mm] u_{jq} - \bar{u}_j = 0\end{array}\right\} \tag{3-10}$$

将上列第一式乘以 A_k 并求和,可得

$$W + \lambda \sum_{k=1}^{n} A_k \quad \frac{\partial u_{jq}}{\partial A_k} = 0 \tag{3-11}$$

式中

$$\sum_{k=1}^{n} A_k \quad \frac{\partial u_{jq}}{\partial A_k} = - u_{jq} \tag{3-12}$$

证明如下:结构分析的基本方程为

$$[K]\{u\}_q = \{P\}_q$$

求导:

$$[K]\left\{\frac{\partial u}{\partial A_k}\right\}_q = -\left[\frac{\partial K}{\partial A_K}\right]\{u\}_q \tag{3-13}$$

乘以 A_k 并求和:

$$[K]\sum_{k=1}^{n} A_k \quad \left\{\frac{\partial u}{\partial A_k}\right\}_q = - \sum_{k=1}^{n} A_k \quad \left[\frac{\partial K}{\partial A_K}\right]\{u\}_q$$

由杆件刚度与 A_k 之间的线性关系,有 $\sum_{k=1}^{n} A_k\left[\dfrac{\partial K}{\partial A_k}\right] = [K]$,于是上式给出:

$$\sum_{k=1}^{n} A_k \quad \left\{\frac{\partial u}{\partial A_k}\right\}_q = - \{u\}_q$$

取其 j 行分量,便得式(3-12),证毕。

将式(3-12)代入式(3-11),并考虑到式(3-10)的第二式,便得拉格朗日乘子:

$$\lambda = \frac{W}{\bar{u}_j} \tag{3-14}$$

将它代回到式(3-10)的第一式中,便得

$$\frac{W}{\bar{u}_j} \frac{1}{\rho_k L_k}\left(-\frac{\partial u_{jq}}{\partial A_k}\right) = 1 \quad (k = 1, 2, \cdots, n) \tag{3-15}$$

这便是最优解必须满足的单变位准则。将它的左右端各乘上 A_k,再将一边 A_k 作为修改后的 $A_k \Longrightarrow A_k + \delta A_k$,便得变位准则步的截面修改公式:

$$\delta A_k = \left\{\left[\frac{W}{\bar{u}_j} \frac{1}{\rho_k L_k}\left(-\frac{\partial u_{jq}}{\partial A_k}\right)\right]^{\eta} - 1\right\} A_k$$

$$(k = 1, 2, \cdots, n) \tag{3-16}$$

其中,η 是一个控制修改步长的阻尼指数。欲速则不达,步长不应过大,所以取 $\eta \leqslant 1$,经验表明取 $\eta = 0.2$ 的效果较好。在优化过程中还可按收敛情况让它自动变化。

式(3-16)的 $\dfrac{\partial u_{jq}}{\partial A_k}$ 是相应于最严变位约束的工况 q 作用下,j 号变位对 $A_k(k = 1, 2, \cdots, n)$ 的一阶导数,它可由下式给出:

$$\frac{\partial u_{jq}}{\partial A_k} = \frac{\partial}{\partial A_k} \sum_{k'=1}^{n} \frac{S_{k'}^q S_{k'}^j L_{k'}}{A_{k'} E_{k'}}$$

$$= -\frac{S_k^q S_k^j L_k}{A_k^2 E_k} + \sum_{k'=1}^{n} \left[\left(\frac{\partial S_{k'}^q}{\partial A_k} \right) \left(\frac{S_{k'}^j L_{k'}}{A_{k'} E_{k'}} \right) \right. \quad (3\text{-}17)$$

$$\left. + \left(\frac{\partial S_{k'}^j}{\partial A_k} \right) \left(\frac{S_{k'}^q L_{k'}}{A_{k'} E_{k'}} \right) \right]$$

$$= -\frac{S_k^q S_k^j L_k}{A_k^2 E_k} + 0$$

上式右端的第二项为零,是因为 $\left\{ \dfrac{\partial S}{\partial A_k} \right\}$ 是一组自平衡力系,而 $\left\{ \dfrac{SL}{AE} \right\}$ 可以看做是一组虚位移,根据虚功原理两者的乘积之和为零。把式(3-17)代入式(3-16)得

$$\delta A_k = \left[\left(\frac{W}{\bar{u}_j} \cdot \frac{1}{\rho_k} \cdot \frac{S_k^q S_k^j}{A_k^2 E_k} \right)^\eta - 1 \right] A_k \quad (k = 1, 2, \cdots, n) \quad (3\text{-}18)$$

这里 S_k^q 和 S_k^j 为工况 q 和相应于 j 号变位的虚荷载在 k 杆中产生的内力。

为了减少完整分析的次数,还可采用近似的重分析方法。这可以用图 3-2 来示意说明。在点①做了一次结构完整的分析之后,可以用公式(3-6)和式(3-7)把最严约束面上点②的 $[K]$,$\{\sigma\}_q$ 和

$$[K] \left\{ \frac{\partial u}{\partial A_k} \right\}_q = - \left[\frac{\partial K}{\partial A_k} \right] \{u\}_q$$

$\{u\}_q$ 确定下来。然后利用公式(3-13)解出 $\left\{ \dfrac{\partial u}{\partial A_k} \right\}_q$,由于总刚度阵 $[K]$ 在完整分析时已三角化,所以可把右端看做拟荷载,用回代求解就能把变位的一阶导数求出,其结果应和式(3-17)给出的一致。再对式(3-13)作一次偏导,并注意到刚度对 A 的二次偏导为零;可得

$$[K] \left\{ \frac{\partial^2 u}{\partial A_k \partial A_l} \right\}_q = - \left[\frac{\partial K}{\partial A_k} \right] \left\{ \frac{\partial u}{\partial A_l} \right\}_q - \left[\frac{\partial K}{\partial A_l} \right] \left\{ \frac{\partial u}{\partial A_k} \right\}_q \quad (3\text{-}19)$$

同样,把上式的右端看做拟荷载用回代求解也可以求出 u 的二阶导数。应该注意的是 $\left[\dfrac{\partial K}{\partial A_k} \right]$ 与 $[K]$ 的拓扑构造是一样的,令 $A_k = 1, A_l = 0 (l \neq k)$,即可用形成总刚度阵的办法得到 $\left[\dfrac{\partial K}{\partial A_k} \right]$,然后得到方程式(3-13)和式(3-19)的拟荷载。但是由于矩阵 $\left[\dfrac{\partial K}{\partial A_k} \right]$ 中有大量的零元素,所以不应把这矩阵完全形成后再去跟 $\{u\}$ 或 $\left\{ \dfrac{\partial u}{\partial A_l} \right\}$ 相乘,这样将浪费许多零元素的存储和乘法。应该只形成 k 杆的单元刚度阵,此时令 $A_k = 1$,便和有关节点在全局坐标中的 u 分量或 $\dfrac{\partial u}{\partial A_l}$ 分量相乘,再对号形成拟荷载向量就可以了。对于方程式(3-19)可先用拟荷载的一半求解

$$[K]\left\{\frac{\partial^2 u}{\partial A_k \partial A_l}\right\}_q = -\left[\frac{\partial K}{\partial A_k}\right]\left\{\frac{\partial u}{\partial A_l}\right\}_q \tag{3-20}$$

然后利用对称性便可以知道另一半的解,叠加起来便得变位的二阶偏导数。

我们以点②为基地,在这基地上求出正确的 $\{u\}$,$\left\{\dfrac{\partial u}{\partial A_k}\right\}$ 和 $\left\{\dfrac{\partial^2 u}{\partial A_k \partial A_l}\right\}$($k,l=$ $1,2,\cdots,n$),这是基地上的基本建设。利用它可以用摄动和迭代的方法求得附近点的变位和它的一阶导数。本来要在点①′,①″等做重分析,现在只要用下列公式得到这些附近点的近似摄动解:

$$\left.\begin{aligned} u &= u^0 + \sum_{k=1}^{n}\frac{\partial u^0}{\partial A_k}\delta A_k \\ \frac{\partial u}{\partial A_k} &= \frac{\partial u^0}{\partial A_k} + \sum_{l=1}^{n}\frac{\partial^2 u^0}{\partial A_k \partial A_l}\delta A_l \end{aligned}\right\} \tag{3-21}$$

上式带上标 0 的量是基地的量,δA_k 是附近点与基地设计变量的差值。式(3-21)是泰勒(Taylor)展开式的一级近似,当步长 δA_k 较大时,精度就不够了。为了提高精度,可以用这摄动解再进行迭代分析。附近点的总刚度阵可以写为:

$$[K] = [K^0] + [\Delta K]$$

$[K^0]$ 为基地的总刚,$[\Delta K]$ 是由 $\{\delta A\}$ 引起的总刚的变化,$[\Delta K]$ 和 $[K^0]$ 的拓扑构造是一样的,只需将 $\{A\}$ 代以 $\{\delta A\}$ 就可把 $[K^0]$ 变成 $[\Delta K]$。于是便有迭代分析的方程:

$$[K^0]\{u\}^{(v+1)} = \{P\} - [\Delta K]\{u\}^{(v)} \tag{3-22}$$

式中,上标 (v) 表示迭代次数,由于 $[K^0]$ 早已三角化,将摄动解作为第一次迭代 $(v=1)$ 的 $\{u\}^v$,便很容易从方程式(3-22)得到更精确的 $\{u\}^{v+1}$,如有必要,可迭代几次,精度就可提高到要求的程度。得到足够精确的变位 $\{u\}$ 之后,便可以按常规求出应力 $\{\sigma\}$。如果问题只有应力约束,数值实验表明,往往只要在开始时做一次完整的重分析,以后就可以用上述摄动和迭代结合的近似重分析,直至最后获得最优解(见后面的例题)。但是如果问题还有变位约束,走变位准则步时需要变位的一阶导数,用式(3-21)的摄动解精度不够时,再补做迭代分析就比较困难,所以检查设计变量的平均变化幅度:

$$\sqrt{\sum_{k=1}^{n}(\delta A_k/A_k)^2/n} \leqslant C \tag{3-23}$$

如果上式被满足,便可用摄动解,否则就需要进行完整的重分析,也就是重建一个新的基地。式中 C 是一个控制常数,在"结构优化设计齿行法"一文中取 $C=0.3\sim$ 0.4,效果比较好。对于只有应力约束的问题,可以不检查式(3-23),而用摄动解加迭代分析来代替完整重分析。在本章的最后一节,我们将介绍一个效率更高的方法来作摄动解求附近点的 $\{u\}$ 和 $\left\{\dfrac{\partial u}{\partial A}\right\}$。

"结构优化设计齿行法"一文采用的算法可叙述如下：

(1) 选择初始方案，给定阻尼指数 η（公式（3-8）和式（3-16）用）、控制重分析需要的常数 C（公式（3-23）用）以及收敛精度 epsv 和迭代精度 epsi；

(2) 进行各工况作用下的结构分析，计算 $\{u\}$，$\{\partial u/\partial A_k\}$，$\left\{\dfrac{\partial^2 u}{\partial A_k \partial A_l}\right\}$；

(3) 射线步，把初始设计点移到最严约束面上；

(4) 计算结构自重 W；

(5) 若是结构分析后的第一次迭代，则 $W \Longrightarrow W_1$；转（8），否则转（6）；

(6) 比较两次射线步后的 W，若 $\left|\dfrac{W_1}{W} - 1\right| \leqslant$ epsv，则结束，否则 $W \Longrightarrow W_1 (W < W_1)$；

(7) 若最严约束为变位约束，则用摄动公式（3-21）计算 $\dfrac{\partial u}{\partial A_k}(k = 1,2,\cdots,n)$；

(8) 若最严约束为变位约束，则用变位准则步公式（3-16）计算$\{\delta A\}$，若最严约束为应力约束，则用满应力准则步公式（3-8）计算$\{\delta A\}$；

(9) 计算新设计变量$\{A\}+\{\delta A\} \Longrightarrow \{A\}$；

(10) 检查尺寸约束 $A_k \geqslant \underline{A_k}$，若某 A_k 不满足，则 $\underline{A_k} \Longrightarrow A_k$；

(11) $\sqrt{\sum\limits_{k=1}^{n}(\delta A_k/A_k)^2/n} \leqslant C$。满足，转（12）；不满足，如果是满应力步，也转（12），如果是变位准则步，则转（2）。

(12) 进行摄动分析公式（3-21）和迭代分析公式（3-22），转（3）。

该算法用 ALGOL-60 编制了程序，在 TQ-16 机上计算了六个考题。下面是结果和其他文献的比较（为了便于比较，保留了英制单位）。可以看出，如果只有应力约束，都只需做一次完整的结构分析，而有位移约束的问题，则需要做 1 到 7 次，一般是 3、4 次完整的结构分析。在解题过程中，当接近最优解时，有时出现目标函数的振荡现象，它来自设计点在不同的最严约束面之间的跳跃，这时应该变化阻尼指数 η 来减小修改设计变量的步长。由于振荡是出现在快要收敛到约束面交点的时候，所以在发现振荡后，就可以停止迭代，或是用 0.618 法在前后两个解之间找一个最优解，或是简单地取一个平均解，也能满足工程上的要求。最后要做一次检验性的完整重分析，以检查力学平衡和约束条件是否都满足。

例题（3-1）　三杆平面桁架（图 3-3）。

这是一个常用来检验最优化方法收敛性

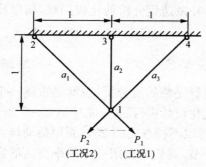

图 3-3　三杆平面桁架

的考题。材料的容重 $\rho=1$，各杆的许用应力均为 $\bar{\sigma}^+=20, \bar{\sigma}^-=-15$。节点1在铅垂方向的允许位移为 $10/E$（E 为材料的弹性模量）。两个荷载工况：1）$P_1=20, P_2=0$；2）$P_1=0, P_2=20$。截面积的下限为 0.1。

由于结构和荷载的对称性，令 $a_1=a_3$，且只需考虑一个荷载工况。计算结果列入表3-1。优化计算中用了 $\eta=0.15, C=0.5, \mathrm{epsv}=10^{-4}$。初始设计为 $a_1=a_2=a_3=2$。

表 3-1　三杆平面桁架的优化结果

	精确解	文献[B-5]法	本法
a_1	0.66667	0.6678	0.66665
a_2	0.9428	0.9420	0.94293
结构质量	2.82842	2.8309	2.8285
分析次数		4	1

例题(3-2)　六杆静定平面桁架（图3-4）。

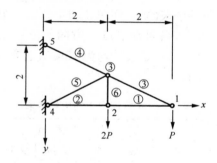

图 3-4　六杆静定平面桁架

许用应力为 ± 1，容重 $\rho=1$，单荷载工况 $P=1$。位移约束是节点1的 y 方向位移不超过 $4/E$，节点2的 y 方向位移不超过 $2/E$，截面积的下限值为零。计算结果列入表3-2，计算中取 $\eta=0.15, C=0.3, \mathrm{epsv}=10^{-4}$，初始设计选为 $Ea_1=Ea_2=10, Ea_3=11.6, Ea_4=16, Ea_5=7, Ea_6=6$（$E$ 为材料的弹性模量）。

表 3-2　六杆静定平面桁架的优化结果

	文献[A-15]	文献[B-5]法	本法
结构质量	119.629	119.203	119.693
分析次数		4	1

例题(3-3)　十杆平面桁架(图 3-5)。

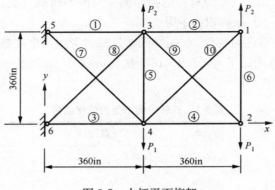

图 3-5　十杆平面桁架

此例有 6 个节点,10 个设计变量。材料是铝,$E = 10^7$ psi, $\rho = 0.1$lb/in^3,全部杆件的许用应力均为 ±25000psi。研究了两个单工况情况:1)$p_1 = 100K$,$p_2 = 0$; 2)$p_1 = 150K$,$p_2 = 50K$。一共计算了四个问题:问题 1 和 3 分别是第 1)种荷载情况下没有位移约束和有位移约束的解,问题 2 和 4 分别是第 2)种荷载情况下没有位移约束和有位移约束的解。各可动节点 y 方向的位移允许值均为 ±0.2in。各杆截面积的下限值均为 0.1in^2,初始设计均为 10in^2。计算结果列入表 3-3,计算中取 $\eta = 0.15$,$c = 0.3$,epsv$= 10^{-4}$。

表 3-3a　十杆问题 1 的优化结果

杆件号	杆件截面积/in²				
	文献[A-10]法	文献[A-7]法	文献[A-25]法	文献[A-26]法	本法
1	7.938	7.938	7.9379	8.141	7.9383
2	0.100	0.100	0.1000	0.100	0.1000
3	8.062	8.062	8.0621	8.343	8.0622
4	3.938	3.938	3.9379	3.951	3.9380
5	0.100	0.100	0.1000	0.100	0.1000
6	0.100	0.100	0.1000	0.100	0.1000
7	5.745	5.745	5.7447	5.768	5.7446
8	5.569	5.569	5.5690	5.760	5.5695
9	5.569	5.569	5.5690	5.570	5.5692
10	0.100	0.100	0.1000	0.100	0.1000
结构质量/lbs	1593.23	1593.2	1593.18	1622	1593.23
分析次数	16	20	15	11	1

表 3-3b　十杆问题 2 的优化结果

杆件号	杆件截面积/in²			
	文献[A-10]法	文献[A-7]法	文献[A-25]法	本法
1	5.946	5.948	5.9478	5.9501
2	0.100	0.100	0.1000	0.1000
3	10.05	10.052	10.052	10.0502
4	3.948	3.948	3.9478	3.9473
5	0.100	0.100	0.1000	0.1000
6	2.052	2.052	2.0522	2.0510
7	8.559	8.559	8.5592	8.5561
8	2.755	2.754	2.7545	2.7580
9	5.583	5.583	5.5830	5.5830
10	0.100	0.100	0.1000	0.1000
结构自重/lbs	1664.55	1664.5	1664.53	1664.51
分析次数	11	20	12	1

表 3-3c　十杆问题 3 的优化结果

杆件号	杆件截面积/in²						
	文献[A-10]法	文献[A-7]法	文献[A-15]法	文献[A-26]法	文献[A-25]法	文献[A-24]法	本法
1	30.670	33.432	31.350	30.500	30.731	30.980	30.9662
2	0.100	0.100	0.100	0.100	0.100	0.100	0.1000
3	23.760	24.260	20.030	23.290	23.934	24.169	23.7568
4	14.590	14.260	15.600	15.428	14.733	14.805	14.9362
5	0.100	0.100	0.140	0.100	0.100	0.100	0.1000
6	0.100	0.100	0.240	0.210	0.100	0.406	0.3063
7	8.578	8.338	8.350	7.649	8.542	7.547	7.4698
8	21.070	20.740	22.210	20.980	20.954	21.046	21.2322
9	20.960	19.690	22.060	21.818	20.836	20.937	21.1226
10	0.100	0.100	0.100	0.100	0.100	0.100	0.1000
结构质量/lbs	5076.85	5089.0	5112.0	5080.0	5076.66	5066.98	5067.71
分析次数	13	23	19	15	11	18	7

表 3-3d　十杆问题 4 的优化结果

杆件号	杆件截面积/in²					
	文献[A-10]法	文献[A-7]法	文献[A-26]法	文献[A-25]法	文献[A-24]法	本法
1	23.550	24.289	25.813	23.533	24.716	24.2469
2	0.100	0.100	0.100	0.100	0.100	0.2803
3	25.290	23.346	27.233	25.291	26.541	25.6625
4	14.360	13.654	16.653	14.374	13.219	13.7727
5	0.100	0.100	0.100	0.100	0.108	0.1013
6	1.970	1.969	2.024	1.9697	4.835	5.5691
7	12.390	12.670	12.776	12.389	12.664	12.7622
8	12.810	12.544	14.218	12.825	13.775	14.0730
9	20.340	21.971	22.137	20.828	18.438	18.7716
10	0.100	0.100	0.100	0.100	0.100	0.3393
结构质量/lbs	4676.96	4691.84	5059.7	4676.92	4792.52	4845.98
分析次数	11	22	12	12	9	4

例题(3-4)　四杆空间桁架(图 3-6)。

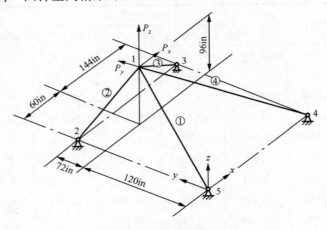

图 3-6　四杆空间桁架

　　此例有 5 个节点 4 个设计变量,材料及许用应力同例题(3-3)。分别研究了两种单工况情况:1)$P_x = 10K, P_y = 20K, P_z = -60K$;2)$P_x = 40K, P_y = 100K, P_z = -30K$。各杆截面积的下限为零,初始设计均为 $100in^2$,计算了四种情况:1a 和 2a 只有应力约束,1b 和 2b 同时有应力约束和位移约束。1b 的位移约束是节点 1 的 z 方向位移不超过 $\pm 0.3in$,2b 的位移约束是节点 1 的 x 方向位移不超过 $\pm 0.3in$,y 方向不超过 $\pm 0.5in$,z 方向不超过 $\pm 0.4in$。计算结果列入表 3-4,计算

中取 $\eta=0.2, C=0.4, \text{epsv}=10^{-4} \sim 10^{-5}$。

表 3-4a　四杆桁架 1a 和 2a 的优化结果

杆件号	杆件截面积/in²			
	1a		2a	
	文献[A-7]法	本法	文献[A-7]法	本法
1	0.858	0.3452	2.663	2.6636
2	1.406	1.8238	2.298	2.2978
3	1.745	1.1617	2.159	2.1593
4	0.000	0.6562	0.00	0.0000
结构质量/lbs	65.76	65.76	115.26	115.246
分析次数	13	1	14	1

表 3-4b　四杆桁架 1b 和 2b 的优化结果

杆件号	杆件截面积/in²					
	1b			2b		
	文献[A-7]法	文献[A-24]法	本法	文献[A-7]法	文献[A-24]法	本法
1	0.000	0.000	0.1908	3.210	3.419	3.1217
2	3.765	3.651	4.0987	2.614	2.511	2.7091
3	0.769	0.769	0.7289	2.159	2.159	2.1665
4	2.514	2.759	2.4528	0.000	0.000	0.1088
结构质量/lbs	117.89	121.50	123.455	128.53	130.625	130.749
分析次数	16	6	3	14	7	3

例题(3-5)　二十五杆输电塔架(图 3-7)。

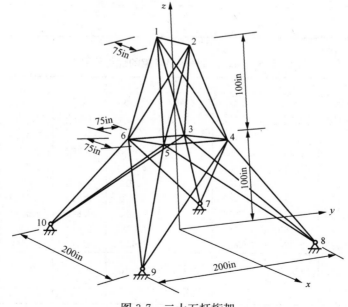

图 3-7　二十五杆桁架

此例有 10 个节点 25 根杆，$E = 10^7$ psi，$\rho = 0.1$ lb/in³。由对称性，将 25 根杆分为 8 类，即有 8 个设计变量。表 3-5 给出了杆件分组情况和许用应力。位移约束是节点 1 和 2 在 x,y 方向的位移均不超过 ± 0.35 in。两个荷载工况见表 3-6。各杆截面积的下限均为 0.01 in²，初始设计均为 100 in²。计算结果列入表 3-7，计算中取 $\eta = 0.15, c = 0.4, \text{epsv} = 10^{-4}$。

表 3-5　二十五杆杆件分组

杆类	杆号	许用应力/psi	
		σ^-	σ^+
1	1—2	−35092	40000
2	1—4,2—3,1—5,2—6	−11590	
3	2—5,2—4,1—3,1—6	−17305	
4	3—6,4—5	−35092	
5	3—4,5—6	−35092	
6	3—10,6—7,4—9,5—8	−6759	
7	3—8,4—7,6—9,5—10	−6959	
8	3—7,4—8,5—9,6—10	−11082	40000

表 3-6　二十五杆荷载工况

荷载工况	节点	P_x	P_y	P_z
1	1	1K	10K	−5K
	2	0	10K	−5K
	3	0.5K	0	0
	6	0.5K	0	0
2	1	0	20K	−5K
	2	0	−20K	−5K

表 3-7　二十五杆输电塔架的优化结果

杆类	杆件截面积/in²							
	文献 [A-10]法	文献 [A-7]法	文献 [A-15]法	文献 [A-26]法	文献 [A-25]法	文献 [A-24]法	文献 [B-5]法	本法
1	0.010	0.010	0.0100	—	0.01	0.01	0.0100	0.0104
2	1.985	1.964	2.0069		1.9884	1.755	2.031	1.7627
3	2.996	3.033	2.9631		2.9914	2.869	2.933	3.1247
4	0.010	0.010	0.0100		0.010	0.010	0.0100	0.0104
5	0.010	0.010	0.0100		0.010	0.010	0.0410	0.0104
6	0.684	0.670	0.6876		0.684	0.845	0.6788	0.9567
7	1.677	1.680	1.6784	—	1.6767	2.011	1.6680	1.8172
8	2.662	2.670	2.6638	—	2.6627	2.478	2.6857	2.3668
结构质量/lbs	545.172	545.225	545.38	553.4	545.163	553.94	545.6	553.243
分析次数	10	16	7	10	10	9	4	3

例题(3-6)　七十二杆空间桁架(图 3-8)。

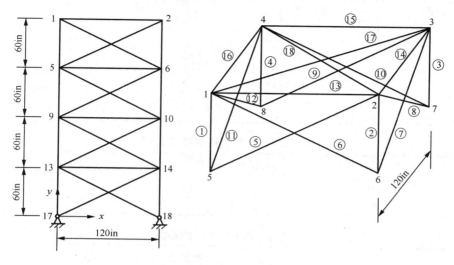

图 3-8　七十二杆空间桁架

这是一个四层塔架,共有 20 个节点 72 根杆,材料及许用应力同例题(3-3)。由对称性,把 72 根杆划分为 16 类,所以有 16 个设计变量。表 3-8 给出了杆件分组情况。位移约束是塔顶四个节点在三个坐标方向的位移均不超过±0.25in。各杆的截面积下限均为 0.1in²。两个荷载工况见表 3-9。计算结果列入表 3-10 和表 3-11,其中表 3-10 是没有位移约束的优化结果。计算中取 $\eta=0.15, c=0.3, \text{epsv}=0.00012$。

表 3-8　七十二杆杆件分组

杆类	杆号
1	1,2,3,4,
2	5,6,7,8,9,10,11,12,
3	13,14,15,16,
4	17,18,
5	19,20,21,22,
6	23,24,25,26,27,28,29,30,
7	31,32,33,34,
8	35,36,
9	37,38,39,40,
10	41,42,43,44,45,46,47,48,
11	49,50,51,52,
12	53,54,
13	55,56,57,58,
14	59,60,61,62,63,64,65,66,
15	67,68,69,70,
16	71,72

表 3-9　七十二杆荷载工况

荷载工况	节点	P_x	P_y	P_z
1	1	5K	5K	−5K
2	1	0	0	−5K
	2	0	0	−5K
	3	0	0	−5K
	4	0	0	−5K

表 3-10　七十二杆的优化结果(无位移约束)

	文献[A-27]法	本法
结构质量/lbs	96.64	96.638
分析次数	4	1

表 3-11　七十二杆的优化结果

杆类	杆件截面积/in²						
	文献[A-8]法	文献[A-7]法	文献[A-15]法	文献[A-14]法	文献[A-26]法	文献[A-24]法	本法
1	0.1565	0.1585	0.1492	0.1571	0.1564	0.1494	0.1438
2	0.5458	0.5936	0.7733	0.5385	0.5464	0.5698	0.5655
3	0.4105	0.3414	0.4534	0.4156	0.4110	0.4434	0.4497
4	0.5699	0.6076	0.3417	0.5510	0.5712	0.5192	0.5075
5	0.5233	0.2643	0.5521	0.5082	0.5263	0.6234	0.5870
6	0.5173	0.5480	0.6084	0.5196	0.5178	0.5231	0.5168
7	0.1000	0.1000	0.1000	0.1000	0.1000	0.1000	0.1629
8	0.1000	0.1509	0.1000	0.1000	0.1000	0.1963	0.2869
9	1.2670	1.1067	1.0235	1.2793	1.2702	1.2076	1.1729
10	0.5118	0.5792	0.5421	0.5149	0.5124	0.5208	0.5062
11	0.1000	0.1000	0.1000	0.1000	0.1000	0.1000	0.1683
12	0.1000	0.1000	0.1000	0.1000	0.1000	0.1000	0.1151
13	1.8850	2.0784	1.4636	1.8931	1.8656	1.7927	1.7583
14	0.5125	0.5034	0.5207	0.5171	0.5131	0.5223	0.5067
15	0.1000	0.1000	0.1000	0.1000	0.1000	0.1000	0.1539
16	0.1000	0.1000	0.1000	0.1000	0.1000	0.1000	0.1151
结构质量/lbs	379.640	388.63	395.97	379.62	379.62	386.718	392.417
分析次数	9	22	8	5	12	13	3

讨论:以上诸例的优化计算结果表明,"结构优化设计的齿行法"对于给定外形的弹性桁架结构在多种荷载工况和多种类型约束条件下的最轻质量设计问题是有效和收敛的。它的结构重分析次数比通常的优化准则法或非线性规划法有了显著减少。本方法克服了选择和确定"有效约束"的麻烦,同时也避免了优化准则法中

区分主动变量和被动变量的困难。

这里介绍的方法可以推广应用于膜单元(例如拉压杆单元(B-AR),常应变三角元(CST),对称剪切元(SSP)等组成的弹性结构的最轻质量设计问题。

三、受弯构件的设计变量和相应的刚度阵与质量阵

上节叙述的方法是针对由轴力构件组成的桁架结构。在那里,构件刚度阵和设计变量(截面积)呈线性关系,如果构件质量阵也和设计变量呈线性关系,于是在计算结构反应如应力、变位和自振频率等,都比较容易,而且可以充分利用射线步(比例步)做可行性调整。在利用库-塔克条件推导优化准则时要用到刚度阵和质量阵对设计变量的一阶导数,由于存在这种线性关系,所以所得优化准则也比较简单。这些性质在薄壁组合结构中也存在,这时设计变量将是薄壁单元的厚度,而单元的受力情况将是平面应力。这种组合结构的优化将在下一章中充分叙述。

但是在工程结构的构件中,大量存在受弯曲作用的构件如梁和受弯板,这时构件刚度阵不再和截面尺寸成正比。为适应这种情况,必须在设计变量的选择、刚度阵的表达和对它的求导以及优化准则的推导方面作必要的探讨。

1. 设计变量的选择

对于一根受弯曲梁的优化,需要知道它的主惯性矩和截面积的关系,在第二章里曾把这关系写成:

$$I = aA^b \tag{3-24}$$

其中,a 和 b 为常数,随各种情况而异。

当 $b = 1$,惯性矩和截面积成正比,这相当于厚度一定的夹心梁或板和直径一定的薄壁管梁等,这时可任意取 I 和 A 作设计变量,在变量空间中可以用射线步作可行性调整(图 3-9(a),(b))。

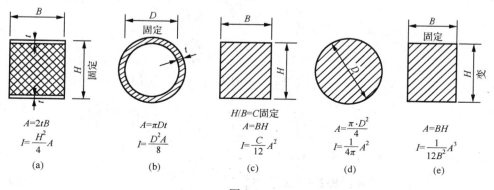

$$A=2tB$$
$$I=\frac{H^2}{4}A$$
(a)

$$A=\pi Dt$$
$$I=\frac{D^2A}{8}$$
(b)

$$H/B=C 固定$$
$$A=BH$$
$$I=\frac{C}{12}A^2$$
(c)

$$A=\frac{\pi \cdot D^2}{4}$$
$$I=\frac{1}{4\pi}A^2$$
(d)

$$A=BH$$
$$I=\frac{1}{12B^2}A^3$$
(e)

图 3-9

当 $b=2$，惯性矩和截面积的平方成正比，这相当于形状不变，但可作均匀膨胀和缩小的实心截面(图 3-9(c)，(d))。

当 $b=3$，惯性矩和截面积的立方成正比，这相当于宽度不变而高度可变的矩形截面(图 3-9(e))，还有受弯板的截面也属于这种情况。

当截面比较复杂，例如各种型钢截面，系数 b 将不是整数，应由统计和拟合来确定近似的 b 值，例如在第二章中关于截面回转半径公式(2-12)所用的那样。

当有了 $I=aA^b$ 的显式之后，设计变量的选择就不那么重要了。在以质量为目标的目标函数中，自然用截面积 A 最为方便，但是结构刚度主要跟惯性矩有关，所以在结构性能约束的近似显式中，最好取惯性矩的倒数 $(1/I)$ 作设计变量可以得到比较好的精度。所以在有了 I 和 A 的显式关系之后，可以按具体需要取其一作为独立变量。

在梁结构中，弯曲刚度正比于截面惯性矩，所以在有限元法中，结构刚度可由以截面积 A 表达的显式表达：

$$[K] = \sum_{i=1}^{n} [\overline{K_i}] A_i^b \tag{3-25}$$

其中每个 $[\overline{K_i}]$ 是 $A_i=1$ 时的构件刚度阵，都是常量阵，与设计变量 A_i 无关。

2. 受轴力与弯曲力矩联合作用的构件

当构件同时承受轴力与弯曲力矩，并且两者的作用为同一量级时，用只考虑弯曲的刚度阵(式(3-25))就不够正确了。以矩形梁为例，如果同时考虑抗拉压和抗弯曲的作用，它的刚度阵是

$$[K] = \begin{bmatrix} \dfrac{EA}{l} & & & & & \\ 0 & \dfrac{12EI}{l^3} & & & & \\ 0 & \dfrac{6EI}{l^2} & \dfrac{4EI}{l} & \text{对称} & & \\ -\dfrac{EA}{l} & 0 & 0 & \dfrac{EA}{l} & & \\ 0 & -\dfrac{12EI}{l^3} & -\dfrac{6EI}{l^2} & 0 & \dfrac{12EI}{l^3} & \\ 0 & \dfrac{6EI}{l^2} & \dfrac{2EI}{l} & 0 & -\dfrac{6EI}{l^2} & \dfrac{4EI}{l} \end{bmatrix}$$

$$= [\overline{K_A}]A + [\overline{K_I}]I$$

$$= [\overline{K_A}]BH + [\overline{K_I}]\dfrac{BH^3}{12} \tag{3-26}$$

式中，$[\overline{K}_A]$和$[\overline{K}_I]$是和设计变量无关的常量矩阵：

$$[\overline{K}_A] = \frac{E}{l} \begin{bmatrix} 1 & 0 & 0 & -1 & 0 & 0 \\ 0 & 0 & 0 & 0 & 0 & 0 \\ 0 & 0 & 0 & 0 & 0 & 0 \\ -1 & 0 & 0 & 1 & 0 & 0 \\ 0 & 0 & 0 & 0 & 0 & 0 \\ 0 & 0 & 0 & 0 & 0 & 0 \end{bmatrix},$$

$$[\overline{K}_I] = \frac{E}{l^3} \begin{bmatrix} 0 & 0 & 0 & 0 & 0 & 0 \\ 0 & 12 & 6l & 0 & -12 & 6l \\ 0 & 6l & 4l^2 & 0 & -6l & 2l^2 \\ 0 & 0 & 0 & 0 & 0 & 0 \\ 0 & -12 & -6l & 0 & 12 & -6l \\ 0 & 6l & 2l^2 & 0 & -6l & 4l^2 \end{bmatrix}$$

该梁的质量阵$[M]$则为

$$[M] = [\overline{M}_L]BH \tag{3-27}$$

式中，$[\overline{M}_L]$是和设计变量无关的常量矩阵：

$$[\overline{M}_L] = \frac{\rho l}{2g} \begin{bmatrix} 1 & & & & & \\ 0 & 1 & & 对称 & & \\ 0 & 0 & 1 & & & \\ 0 & 0 & 0 & 1 & & \\ 0 & 0 & 0 & 0 & 1 & \\ 0 & 0 & 0 & 0 & 0 & 1 \end{bmatrix}$$

或

$$\frac{\rho l}{420g} \begin{bmatrix} 140 & & & & & \\ 0 & 156 & & & 对称 & \\ 0 & 22l & 4l^2 & & & \\ 70 & 0 & 0 & 140 & & \\ 0 & 54 & 13l & 0 & 156 & \\ 0 & -13l & -3l^2 & 0 & -22l & 4l^2 \end{bmatrix} \tag{3-28}$$

上式左端第一个$[\overline{M}_L]$是忽略截面转动的动能的集中质量阵，第二个是考虑转动能量的所谓协调质量阵。

构件i的刚度阵和质量阵可以取下列的一般形式：

$$\left.\begin{array}{l} [K_i] = \sum_{r=0}^{r_K} [K_i^{(r)}] A_i^r \\[4mm] [M_i] = \sum_{r=0}^{r_M} [M_i^{(r)}] A_i^r \end{array}\right\} \quad (3\text{-}29)$$

用于矩形截面梁,若取梁高 H 为设计变量,则根据公式(3-27)和公式(3-28),可知在这一般公式(3-29)中,应取:

$$\left.\begin{array}{l} A_i = H, \quad r_K = 3, \quad r_M = 1 \\[2mm] [K_i^{(0)}] = [K_i^{(2)}] = [M_i^{(0)}] = 0 \\[2mm] [K_i^{(1)}] = B \cdot [\overline{K}_A], \quad [K_i^{(3)}] = \dfrac{B}{12}[\overline{K}_I] \\[2mm] [M_i^{(1)}] = B \cdot [\overline{M}_L] \end{array}\right\} \quad (3\text{-}30)$$

若取截面积 $A = BH$ 为设计变量而 $B/H = C$(常数),则应取(图 3-9(c)):

$$\left.\begin{array}{l} A_i = A, \quad r_K = 2, \quad r_M = 1 \\[2mm] [K_i^{(0)}] = [M_i^{(0)}] = 0 \\[2mm] [K_i^{(1)}] = [\overline{K}_A], \quad [K_i^{(2)}] = \dfrac{C}{12}[\overline{K}_I], \quad [M_i^{(1)}] = [\overline{M}_L] \end{array}\right\} \quad (3\text{-}31)$$

用于圆截面梁,因

$$[K] = [\overline{K}_A]\frac{\pi D^2}{4} + [\overline{K}_I]\frac{\pi D^4}{64}, \quad [M] = [\overline{M}_L]\frac{\pi D^2}{4} \quad (3\text{-}32)$$

其中,$[\overline{K}_A]$ 和 $[\overline{K}_I]$ 跟公式(3-26)中的一样,$[\overline{M}_L]$ 跟式(3-27)中的一样。若以直径 D 为设计变量,则在一般公式(3-29)中,应取:

$$\left.\begin{array}{l} A_i = D, \quad r_K = 4, \quad r_M = 2 \\[2mm] [K_i^{(0)}] = [K_i^{(1)}] = [K_i^{(3)}] = [M_i^{(0)}] = [M_i^{(1)}] = 0 \\[2mm] [K_i^{(2)}] = [\overline{K}_A]\dfrac{\pi}{4}, \quad [K_i^{(4)}] = [\overline{K}_I]\dfrac{\pi}{64}, \quad [M_i^{(2)}] = [\overline{M}_L]\dfrac{\pi}{4} \end{array}\right\} \quad (3\text{-}33)$$

若以截面 A 为设计变量,则应取

$$\left.\begin{array}{l} A_i = A, \quad r_K = 2, \quad r_M = 1 \\[2mm] [K_i^{(0)}] = [M_i^{(0)}] = 0 \\[2mm] [K_i^{(1)}] = [\overline{K}_A], \quad [K_i^{(2)}] = [\overline{K}_I]\dfrac{1}{4\pi}, \quad [M_i^{(1)}] = [\overline{M}_L] \end{array}\right\} \quad (3\text{-}34)$$

再举一个厚壁圆筒梁的例子:

$$\left.\begin{array}{l} [K] = [\overline{K}_A]\dfrac{\pi}{4}(D^2 - d^2) + [\overline{K}_I]\dfrac{\pi}{64}(D^4 - d^4) \\[3mm] [M] = [\overline{M}_L]\dfrac{\pi}{4}(D^2 - d^2) \end{array}\right\} \quad (3\text{-}35)$$

其中,D 为外径;d 为内径;$[\overline{K}_A]$,$[\overline{K}_I]$ 和 $[\overline{M}_L]$ 仍与前面的一样。若内径 d 不变,以外径 D 为设计变量,则一般在式(3-29)中应取:

$$A_i = D, \quad r_K = 4, \quad r_M = 2$$

$$[K_i^{(0)}] = \left(-[\overline{K}_A]\frac{\pi}{4}d^2 - [\overline{K}_I]\frac{\pi}{64}d^4\right)$$

$$[K_i^{(1)}] = [K_i^{(3)}] = [M_i^{(1)}] = 0$$

$$[K_i^{(2)}] = [\overline{K}_A]\frac{\pi}{4}, \quad [M_i^{(4)}] = [\overline{K}_I]\frac{\pi}{64}$$

$$[M_i^{(0)}] = -[\overline{M}_L]\frac{\pi}{4}d^2$$

$$[M_i^{(2)}] = -[\overline{M}_L]\frac{\pi}{4} \tag{3-36}$$

若外径 D 不变,以内径 d 为变量,则只要把上面各式中的 d 和 D 对调位置并令各矩阵公式的右端正负异号就可以了。

对其他形状断面的构件,只要用所选设计变量写出 A 和 I 的表达式,也就可以写出公式(3-29)中的 $[K_i^{(r)}]$ 和 $[M_i^{(r)}]$。

对式(3-29)的刚度阵和质量阵求偏导数,可得

$$\frac{\partial[K_i]}{\partial A_i} = \sum_{r=1}^{r_K}[K_i^{(r)}]rA_i^{r-1}$$

$$\frac{\partial[M_i]}{\partial A_i} = \sum_{r=1}^{r_M}[M_i^{(r)}]rA_i^{r-1} \tag{3-37}$$

四、带频率禁区的结构动力优化设计[B-8]
——截面优化

这里将介绍文献[B-8]关于带频率禁区的结构动力优化设计。首先是给定结构布局和几何,只以构件截面的尺寸为设计变量,例如拉压杆的截面、梁的截面尺寸,轴的直径、受弯板的厚度等。从上节的推导,可以写出各单元的刚度阵和质量阵跟设计变量的线性或非线性关系式。约束主要是结构的自振频率不落在某个禁区之内,即给定自振频率的上下限:$\overline{\omega}_{\pm}$ 和 $\overline{\omega}_{\text{下}}$。至于应力约束则像第二节那样化为截面尺寸的上下限:$\overline{A}_i$ 和 $\underline{A}_i$。优化目标是结构的质量最轻。优化方法是利用数学规划中的库-塔克条件推导出有频率禁区约束的动力优化准则,再从准则演出修改设计的递推公式,通过迭代找到局部最优解。在数值实验中有一点经验是应该着重说明的,那就是因为问题的非线性程度很高,而库—塔克条件只用到一阶导数,所以由它给出优化准则步的步长切不可过大,否则就可能发生不收敛或剧烈振荡。文献[B-8]用了两个松弛因子 α 和 β 来控制步长,得到相当好的效果。

在结构动力分析中,自振频率应由下列特征方程给出:

$$[K]\{u\} - \omega^2[M]\{u\} = 0 \tag{3-38}$$

其中,ω 为自振圆频率;$\{u\}$ 是自振振型;$[K]$ 和 $[M]$ 分别是结构的总刚度阵和总质量阵,它们是由上节的构件刚度阵 $[K_i]$ 和构件质量阵 $[M_i]$(公式(3-29))以及非结构质量阵 $[M_0]$ 组装起来的。如果有若干单元的截面应由同一设计变量来控制,即所谓变量连接,则将属于相同设计变量 A_n 的所有单元的刚度阵和质量阵先分别组装起来,得到:

$$\left.\begin{aligned}[K_n] &= \sum_{r=0}^{r_K}[K_n^{(r)}]A_n^r \\ [M_n] &= \sum_{r=0}^{r_M}[M_n^{(r)}]A_n^r\end{aligned}\right\} \tag{3-39}$$

式中

$$\left.\begin{aligned}[K_n^{(r)}] &= \sum_{i\in n}[K_i^{(r)}] \\ [M_n^{(r)}] &= \sum_{i\in n}[M_i^{(r)}]\end{aligned}\right\} \tag{3-40}$$

其中,$i\in n$ 的意思是指第 i 个单元与第 n 个设计变量连接。这时,结构的质量即目标函数为:

$$W = \sum_{n=1}^{BM}W_n = \sum_{n=1}^{BM}\sum_{r=1}^{r_M}L_n^{(r)}A_n^r \tag{3-41}$$

其中,BM 为设计变量的数目,$L_n^{(r)}$ 为 $A_n^r=1$ 时的第 n 组单元的质量。

由结构动力分析,解特征方程式(3-38),可得按上升次序排列的 m 个特征值:

$$\omega_1^2 \leqslant \omega_2^2 \leqslant \omega_3^2 \leqslant \cdots \leqslant \omega_m^2 \tag{3-42}$$

m 为方程式(3-38)的阶数。

设给定的频率禁区为 $(\overline{\omega}_{\text{下}}, \overline{\omega}_{\text{上}})$,应使体系任意的两个相邻的特征值 ω_i^2 和 ω_j^2 满足约束条件:

$$\omega_i^2 \leqslant \overline{\omega}_{\text{下}}^2, \quad \omega_j^2 \geqslant \overline{\omega}_{\text{上}}^2 \quad (j=i+1) \tag{3-43}$$

这两个频率 ω_i 和 ω_j 称为关切频率。如果通过工程判断能估定这两个关切频率,当然最好。如果做不到这点,就要设法在频率序列中寻找关切频率。为此,先按具体情况大致估定一个初始设计 $\{A_n^{(0)}\}$,用它进行动力分析,算出各阶频率如公式(3-42)。实际上并不须算出全部 m 个频率,只要算到某阶 ω_j 略大于 $\overline{\omega}_{\text{上}}^2$ 就够了。然后计算:

$$\left.\begin{aligned}\overline{\omega}_i &= \overline{\omega}_{\text{下}} + 0.4(\overline{\omega}_{\text{上}} - \overline{\omega}_{\text{下}}) \\ \overline{\omega}_j &= \overline{\omega}_{\text{下}} + 0.8(\overline{\omega}_{\text{上}} - \overline{\omega}_{\text{下}})\end{aligned}\right\} \tag{3-44}$$

得到一个亚禁区 $(\overline{\omega}_i, \overline{\omega}_j)$ 如图 3-10。试取大于 $\overline{\omega}_j$ 的最小频率作为约束式 3-43 的 ω_j,这时若 $\omega_i(i=j-1)\leqslant\overline{\omega}_{\text{下}}$,或略为大一些如图 3-10(a),则这样选出来的关切频率应该说是相当合适的。但是如果 ω_i 落在亚禁区内如图 3-10(b),则将来通过优化要把 ω_i 和 ω_j 都排在禁区之外就比较困难了。这时可以用 ω_i 和 ω_j 当做关切频率姑且先试一下,然后再用 ω_{i-1} 和 ω_i 再试一下,可能其中有一个情况是收敛的,这就是最优解；也可能两个情况都收敛，则取其小者为最优解；也很有可能两种情况都不收敛，则说明频率禁区约束过于苛刻，因此无解。这时应考虑修改关于禁区的要求，或是修改结构方案的其他措施。

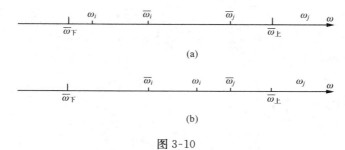

图 3-10

待关切频率 ω_i 和 ω_j 的 i 和 j 估定以后，便可写出问题的数学表达式：求 $\{A_n\}$ ？

$$
\left.
\begin{aligned}
\text{使目标函数} \quad & W = \sum_{n=1}^{BM} \sum_{r=0}^{r_M} L_n^{(r)} A_n^r \text{ 最小} \\
\text{约束：} \quad & \omega_i^2 \leqslant \omega_{\text{下}}^2 \\
& \omega_j^2 \geqslant \omega_{\text{上}}^2 \\
& \underline{A}_n \leqslant A_n \leqslant \overline{A}_n \, (n = 1, 2, \cdots, BM)
\end{aligned}
\right\}
\tag{3-45}
$$

这里 $\underline{A}_n$ 和 $\overline{A}_n$ 分别为设计变量的下限和上限，它们来自工艺、构造或材料供应方面的要求，其下限也可来自强度方面的要求，即由满应力设计确定的下限。

构造问题(3-45)的拉格朗日函数：

$$
\overline{W} = \sum_{n=1}^{BM} \sum_{r=0}^{r_M} L_n^{(r)} A_n^r + \mu_1 (\omega_i^2 - \overline{\omega}_{\text{下}}^2) - \mu_2 (\omega_j^2 - \overline{\omega}_{\text{上}}^2)
\tag{3-46}
$$

应用库-塔克条件，最优解的必要条件为

$$
\begin{cases}
\dfrac{\partial \overline{W}}{\partial A_n} = \displaystyle\sum_{r=1}^{r_M} r L_n^{(r)} A_n^{r-1} + \mu_1 \dfrac{\partial \omega_i^2}{\partial A_n} - \mu_2 \dfrac{\partial \omega_j^2}{\partial A_n} \\[3mm]
\quad \times
\begin{cases}
= 0, & \text{当 } \underline{A}_n < A_n < \overline{A}_n \\
\geqslant 0, & \text{当 } A_n = \underline{A}_n \\
\leqslant 0, & \text{当 } A_n = \overline{A}_n
\end{cases} \\[3mm]
\quad (n = 1, 2, \cdots, BM)
\end{cases}
\tag{3-47}
$$

$$
\begin{cases}
\mu_1 (\omega_i^2 - \overline{\omega}_{\text{下}}^2) = 0 \\[1mm]
\mu_2 (\omega_j^2 - \overline{\omega}_{\text{上}}^2) = 0 \\[1mm]
\omega_i^2 - \overline{\omega}_{\text{下}}^2 \leqslant 0 \\[1mm]
\omega_j^2 - \overline{\omega}_{\text{上}}^2 \geqslant 0 \\[1mm]
\mu_1 \geqslant 0, \quad \mu_2 \geqslant 0
\end{cases}
\tag{3-48}
$$

这就是优化的准则，如果$\{A_n\}$是局部最优解就必须满足这准则。现在要研究一个算法，怎样使一个初始方案$\{A_n^0\}$通过逐步修改和迭代来满足这个准则以逼近最优解。为此，先把式（3-47）写成

$$\frac{1}{\sum\limits_{r=1}^{r_M} rL_n^{(r)}A_n^{r-1}}\left(-\mu_1\frac{\partial\omega_i^2}{\partial A_n}+\mu_2\frac{\partial\omega_j^2}{\partial A_n}\right)\begin{cases}=1, & \text{当}\ \underline{A}_n<A_n<\overline{A}_n\\ \leqslant 1, & \text{当}\ A_n=\underline{A}_n\\ \geqslant 1, & \text{当}\ A_n=\overline{A}_n\end{cases}$$

$$(n=1,2,\cdots,BM)\qquad(3\text{-}49)$$

然后把上式乘以A_n，并令

$$f_n'=\frac{1}{\sum\limits_{r=1}^{r_M} rL_n^{(r)}A_n^{r-1}}\left(-\mu_1\frac{\partial\omega_i^2}{\partial A_n}+\mu_2\frac{\partial\omega_j^2}{\partial A_n}\right)\qquad(3\text{-}50)$$

便得

$$A_n\begin{cases}=f_n'A_n, & \text{当}\ \underline{A}_n<A_n<\overline{A}_n\\ \geqslant f_n'A_n, & \text{当}\ A_n=\underline{A}_n\\ \leqslant f_n'A_n, & \text{当}\ A_n=\overline{A}_n\end{cases}\qquad(3\text{-}51)$$

在最优解处，上式必须得到满足。在迭代过程中，可由上式给出修改设计的递推公式：

$$A_n'=\begin{cases}f_n'A_n, & \text{当}\ \underline{A}_n<f_n'A_n<\overline{A}_n\\ \underline{A}_n, & \text{当}\ f_n'A_n\leqslant\underline{A}_n\\ \underline{A}_n, & \text{当}\ f_n'A_n\geqslant\overline{A}_n\end{cases}\qquad(3\text{-}52)$$

但是直接用式（3-52）来修改设计进行迭代是经常失败的，因为这公式只有在最优点处才正确。注意到它是由拉格朗日函数一阶求导得来的，如果离开最优点较远，要通过它来逐步走向最优点，必须控制它的步长才有可能收敛，也就是$\{A_n'\}$与$\{A_n\}$的变化幅度相当小才行。为此应引入一个松弛因子$\alpha(0<\alpha<1)$，使A_n'取值在A_n与$f_n'A_n$之间，即

$$A_n'=[\alpha+(1-\alpha)f_n']\cdot A_n\qquad(3\text{-}53)$$

现在记

$$f_n=\alpha+\frac{1-\alpha}{\dfrac{\partial W}{\partial A_n}}\left(-\mu_1\frac{\partial\omega_i^2}{\partial A_n}+\mu_2\frac{\partial\omega_j^2}{\partial A_n}\right)\qquad(3\text{-}54)$$

于是得实际的修改设计用的递推公式：

$$A_n'=\begin{cases}f_nA_n, & \text{当}\ \underline{A}_n<f_nA_n<\overline{A}_n\\ \underline{A}_n, & \text{当}\ f_nA_n\leqslant\underline{A}_n\\ \overline{A}_n, & \text{当}\ f_nA_n\geqslant\overline{A}_n\end{cases}\qquad(3\text{-}55)$$

上式说明,当 $f_n A_n$ 在给定的设计变量的上下限之间时,用第一式修改变量,否则就要按后两式让变量取下限或上限。用第一式修改的变量叫做主动变量,由上限或下限决定的变量叫做被动变量。

使用公式(3-55),需要先对每个 n 用公式(3-54)计算 f_n,而用公式(3-54)时要求先确定 $\dfrac{\partial \omega_i^2}{\partial A_n}$, $\dfrac{\partial \omega_j^2}{\partial A_n}$, μ_1 和 μ_2。

为计算频率梯度,先由基本方程(3-38)得:

$$\omega^2 = \frac{\{u\}^{\mathrm{T}}[K]\{u\}}{\{u\}^{\mathrm{T}}[M]\{u\}} \tag{3-56}$$

然后求导:

$$\frac{\partial \omega^2}{\partial A_n} = \frac{\{u\}^{\mathrm{T}}\dfrac{\partial [K]}{\partial A_n}\{u\} - \omega^2\{u\}^{\mathrm{T}}\dfrac{\partial [M]}{\partial A_n}\{u\}}{\{u\}^{\mathrm{T}}[M]\{u\}} \tag{3-57}$$

其中 $\dfrac{\partial [K]}{\partial A_n}$ 和 $\dfrac{\partial [M]}{\partial A_n}$ 由前节的公式(3-37)给出,而振形 $\{u\}$ 应取相应于所考虑频率 $\omega(\omega_i$ 或 $\omega_j)$ 的振形。

为确定拉格朗日乘子 μ_1 和 μ_2,就必须考虑优化准则中的式(3-48)五个式子。它们可以改写成:

$$\left.\begin{array}{ll} \mu_1 = 0, & 当 \omega_i^2 - \overline{\omega}_{下}^2 < 0 \\ \mu_2 = 0, & 当 \omega_j^2 - \overline{\omega}_{上}^2 > 0 \\ \mu_1 > 0, & 当 \omega_i^2 - \overline{\omega}_{下}^2 = 0 \\ \mu_2 > 0, & 当 \omega_j^2 - \overline{\omega}_{上}^2 = 0 \end{array}\right\} \tag{3-58}$$

可见当频率 ω_i 和 ω_j 都在禁区之外时,由上列前两式,μ_1 和 μ_2 都取 0 值;当 ω_i 和 ω_j 都在禁区之内时,则为了将 ω_i 和 ω_j 驱逐至禁区边境,μ_1 和 μ_2 应由公式(3-58)的最后两式,即解下列联立方程来决定:

$$\left.\begin{array}{l} \omega_i^2 - \overline{\omega}_{下}^2 = 0 \\ \omega_j^2 - \overline{\omega}_{上}^2 = 0 \end{array}\right\} \tag{3-59}$$

而且解出的 μ_1 和 μ_2 都应为正值。如果其中之一为负值,例如解得 $\mu_1 < 0$,则应令 $\mu_1 = 0$,取消相应的第一个方程,单独由第二个方程重新求解 μ_2。当 ω_i 和 ω_j 中只有一个在禁区之内,例如只有 ω_i 在禁区之内,即 $\omega_i^2 - \overline{\omega}_{下}^2 > 0$,则 μ_1 应由式(3-59)的第一个方程来决定,而 μ_2 取 0 值。这时 ω_i 的约束叫做有效约束,而 ω_j 的约束叫做无效约束。但是如果 ω_j 虽在禁区之外,但相当靠近 $\overline{\omega}_{上}$,则也应把它看做有效约束,而用式(3-59)两个方程来决定 μ_1 和 μ_2,因为在修改设计后它很可能成为有效。总之要用试凑求解方程式(3-59)的方式,最后来满足优化准则的要求式(3-58)。

方程式(3-59)中的 ω_i 和 ω_j 是修改设计后的频率,即相应于设计 $\{A_n'\}$ 的频率,而目前 $\{A_n'\}$ 还未算出,只知道它们将由递推公式(3-55)来决定。关于频率,我们只知道相应于当前设计 $\{A_n\}$ 的 ω_0 和 $\left(\dfrac{\partial \omega}{\partial A_n}\right)_0$，我们可用泰勒展开的一阶近似来估计修改设计后 ω_i 和 ω_j：

$$\left.\begin{aligned}\omega_i^2 &= (\omega_i^2)_0 + \sum_n \left(\frac{\partial \omega_i^2}{\partial A_n}\right)_0 (A_n' - A_n)\\\omega_j^2 &= (\omega_j^2)_0 + \sum_n \left(\frac{\partial \omega_j^2}{\partial A_n}\right)_0 (A_n' - A_n)\end{aligned}\right\} \tag{3-60}$$

由于 n 个设计变量中有主动和被动之分，所以上两式中的 $\sum_n$ 也应分成两项：

$$\left.\begin{aligned}\sum_n \left(\frac{\partial \omega_i^2}{\partial A_n}\right)_0 (A_n' - A_n) &= \sum_{n_主} \left(\frac{\partial \omega_i^2}{\partial A_n}\right)_0 (f_n - 1) A_n + (\Delta \omega_i^2)_被\\\sum_n \left(\frac{\partial \omega_j^2}{\partial A_n}\right)_0 (A_n' - A_n) &= \sum_{n_主} \left(\frac{\partial \omega_j^2}{\partial A_n}\right)_0 (f_n - 1) A_n + (\Delta \omega_j^2)_被\end{aligned}\right\} \tag{3-61}$$

其中

$$(\Delta \omega_{i,j})_被 = \sum_{n_被} \left(\frac{\partial \omega_{i,j}^2}{\partial A_n}\right)_0 (A_n' - A_n) \tag{3-62}$$

此处 A_n' 为 A_n 的下界 $\underline{A_n}$ 或上界 $\overline{A_n}$。

将式(3-61)、式(3-62)和式(3-54)代入方程式(3-59)，得

$$\left.\begin{aligned}a_{11}\mu_1 + a_{12}\mu_2 &= b_1\\a_{21}\mu_1 + a_{22}\mu_2 &= b_2\end{aligned}\right\} \tag{3-63}$$

式中

$$\left.\begin{aligned}a_{11} &= \sum_{n_主} \frac{A_n}{\sum\limits_{r=1}^{r_M} r L_n^{(r)} A_n^{r-1}} \left(\frac{\partial \omega_i^2}{\partial A_n}\right)_0^2\\a_{22} &= \sum_{n_主} \frac{A_n}{\sum\limits_{r=1}^{r_M} r L_n^{(r)} A_n^{r-1}} \left(\frac{\partial \omega_j^2}{\partial A_n}\right)_0^2\\a_{12} = a_{21} &= -\sum_n \frac{A_n}{\sum\limits_{r=1}^{r_M} r L_n^{(r)} A_n^{r-1}} \left(\frac{\partial \omega_i^2}{\partial A_n}\right)_0 \left(\frac{\partial \omega_j^2}{\partial A_n}\right)_0\\b_1 &= -\sum_{n_主} \left(\frac{\partial \omega_i^2}{\partial A_n}\right)_0 A_n - \frac{\beta(\overline{\omega}_下^2 - \omega_{i0}^2) - (\Delta \omega_i^2)_被}{1 - \alpha}\\b_2 &= -\sum_{n_主} \left(\frac{\partial \omega_j^2}{\partial A_n}\right)_0 A_n + \frac{\beta(\overline{\omega}_上^2 - \omega_{j0}^2) - (\Delta \omega_j^2)_被}{1 - \alpha}\end{aligned}\right\} \tag{3-64}$$

在 b_1 和 b_2 的公式中有个系数 $\beta(0 < \beta < 1)$，这是后加的一个频率松弛因子。方程组(3-63)是利用了泰勒展开的线性近似得到的，如果频率修改量很小，则是比较

准确的,但从初始设计逐步修正的迭代过程中,频率修改量一般不是很小的,如果不加修改量的限制,迭代过程可能出现振荡甚至不收敛,为此有必要用这个频率松弛因子来控制频率的修改量,一般可取 0.4～0.6,文献[B-8]中对十几个结构和几百个考题的数值实验证明,联合使用几何松弛因子 α 和频率松弛因子 β,即所谓双松弛因子法,效果很好,可以使迭代过程以比较快的速度稳步地收敛。关于几何松弛因子 α,它是控制每次迭代对设计变量修改的幅度,α 越大表示保留未修改前的成分越多,即修改幅度越小。这个 α 值在迭代过程开始阶段取 0.7～0.8,以后接近最优解时应加大到 0.8～0.9,甚至更接近于 1,以便稳定地逼近最优解。

至此可以简要地总结一下带频率禁区的结构优化设计的算法步骤:

1) 选择设计变量;

2) 选择初始方案 $\{A_n\}$,形成结构总刚度阵和总质量阵;

3) 作静力分析,按满应力设计修改构件截面,并把修改后的截面作为以下动力优化的下限值;

4) 作动力分析(方程式(3-38)),求得各阶自振频率,根据频率禁区确定关切频率 ω_i^2 和 ω_j^2 $(j = i + 1)$ 以及相应的振型 $\{u_i\}$ 和 $\{u_j\}$,并计算频率梯度 $\left\{\dfrac{\partial \omega_i^2}{\partial A_n}\right\}$,$\left\{\dfrac{\partial \omega_j^2}{\partial A_n}\right\}$;

5) 根据 ω_i 和 ω_j 所处位置,由线性方程(3-63)计算拉格朗日乘子 μ_1 和 μ_2。这里要从试作区分主动变量与被动变量和区分有效约束与无效约束开始试算和修正,直至有效约束与无效约束的区分合乎实际并满足优化准则(式(3-58))的要求为止;

6) 用所得 μ_1 和 μ_2 代入递推公式(3-55)求出修改的设计变量 $\{A_n'\}$,检查所假设的主动变量被动变量的区分是否合适。如果不合适,以所得新的区分回到 5)重复计算,直至合适。于是结束了一次迭代,回到 3)开始第二次迭代;

7) 每次迭代结束时检验收敛准则,即迭代前后的两个设计是否足够接近。满足收敛要求时便得最后的优化解。

在文献[B-8]中用上述方法考核了十几个例题,都获得了良好的优化结果。这里选出有代表性的三个阶梯形梁、轴例题,其设计变量分别是钢薄壁轴的壁厚,钢实心轴的直径,以及钢筋混凝土矩形截面梁的梁高。梁或轴全长为 10 米,等分为 10 段,共有 10 个独立的设计变量。跨中点有非结构附加质量,为初始方案的结构总质量的 1/10。质量矩阵取为协调的带状形式。表 3-12～表 3-14 及图 3-11～图 3-13 给出了每一步迭代的中间结果,以及作为优化结果的设计变量值。不难看出,约经五次迭代就得到了满意的结果。这里多给出几次迭代的数字结果,表明了本方法收敛的稳定性;也说明在工程上宜满足于"迭代大体收敛",因为之后再作迭代便收不到多少好处了。

图、表中所示质量值皆为相对质量值,须乘以 $g = 9.8 \text{m/s}^2$ 才是实际质量(t)。

例题(3-7) 钢薄壁轴两端简支,全长 10m,等分 10 段。取每段壁厚为设计变量,初始壁厚全为 0.05m,设计变量上界全为 0.1m,下界全为 0.01m,轴壁中心线的直径是 1m。杨氏模量 $E=2×10^7 t/m^2$,比重 $\gamma=7.84t/m^3$。要求二阶临界转速小于 $\overline{\omega}_F=1000s^{-1}$,三阶临界转速大于 $\overline{\omega}_上=1800s^{-1}$。

计算过程与结果由图 3-11 及表 3-12a,b 表示。

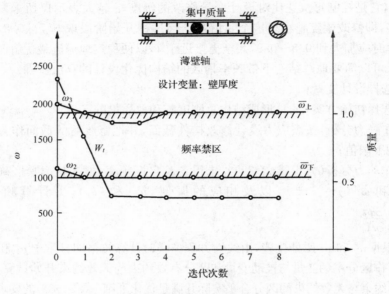

图 3-11

表 3-12a　钢薄壁轴迭代过程

迭代次数	α	β	质　量	ω_2	ω_3
(初始)			1.257	1091	1984
1	0.7	0.4	0.880	986	1808
2	0.7	0.4	0.403	1001	1748
3	0.7	0.4	0.405	992	1748
4	0.8	0.4	0.361	998	1797
5	0.8	0.4	0.356	999	1798
6	0.8	0.4	0.351	1000	1799
7	0.85	0.4	0.348	1000	1799
12	0.9	0.4	0.346	1000	1800

表 3-12b 设计变量值（各段壁厚）

初始值	0.0500	0.0500	0.0500	0.0500	0.0500	0.0500	0.0500	0.0500	0.0500	0.0500
优化值	0.0100	0.0100	0.0193	0.0100	0.0196	0.0196	0.0100	0.0193	0.0100	0.0100

例题(3-8) 钢实心圆轴两端不允许有横向转角$\left(\dfrac{\partial u}{\partial x}=0\right)$，全长 10m，等分 10 段，取每段直径为设计变量，初始直径 1m。每段轴径的上界全是 2m，下界全为 0.5m，E,γ 值同例题(3-7)。要求基频小于 $\overline{\omega}_下=200\mathrm{s}^{-1}$，二阶频率大于 $\overline{\omega}_上=600\mathrm{s}^{-1}$。

计算过程与结果由图 3-12 及表 3-13a,b 表示。这里 $r_K=4, r_M=2$，刚度阵与质量阵关于设计变量的非线性程度较高，且目标函数关于设计变量也是非线性的。但收敛效果仍然良好。

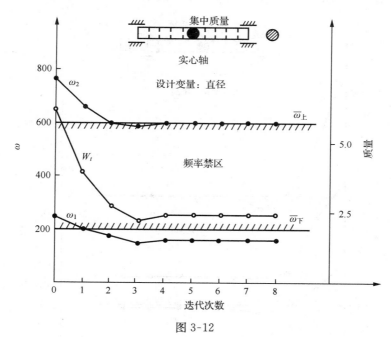

图 3-12

表 3-13a 钢实心圆轴迭代过程

迭代次数	α	β	质 量	ω_1	ω_2
（初始）			6.28	250	771
1	0.75	0.4	3.94	209	659
2	0.75	0.4	2.72	178	596
3	0.8	0.4	2.42	153	581
4	0.8	0.4	2.50	160	595
5	0.85	0.4	2.52	161	598
6	0.85	0.4	2.52	162	600
12	0.9	0.4	2.53	162	600

表 3-13b　设计变量值(各段直径)

初始值	1	1	1	1	1	1	1	1	1	1
优化值	0.923	0.638	0.500	0.501	0.500	0.500	0.501	0.500	0.638	0.923

例题(3-9)　　钢筋混凝土矩形截面梁的两端不允许有横向转角$\left(\dfrac{\partial u}{\partial x}=0\right)$，全长

10m，等分 10 段。梁宽为 0.5m 不变，取每段梁高为设计变量，初始高度全为 1m。各段梁高度的上界全为 2m，下界全为 0.5m，$\gamma=2.45\text{t/m}^3$，$E=2.4\times10^6\text{t/m}^2$。要求基频小于 $\overline{\omega}_下=100\text{s}^{-1}$，二阶频率大于 $\overline{\omega}_上=300\text{s}^{-1}$。

计算过程与结果由图 3-13 及表 3-14a，b 表示。

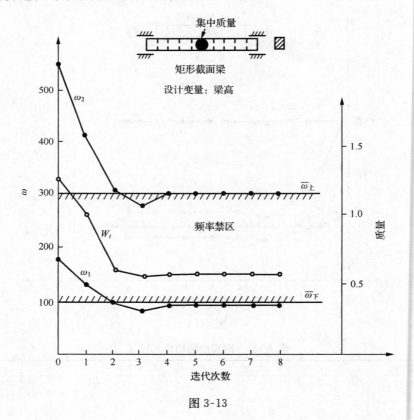

图 3-13

表 3-14a　钢筋混凝土矩形截面梁迭代过程

迭代次数	α	β	质　量	ω_1	ω_2
（初始）			1.250	179	552
1	0.75	0.4	0.938	130	414
2	0.75	0.4	0.671	95	308
3	0.8	0.4	0.625	81	276
4	0.8	0.4	0.648	91	301
5	0.85	0.4	0.651	92	304
6	0.85	0.4	0.648	91	301
7,8,9	0.9	0.4	0.647	90	300

表 3-14b　设计变量值（各段梁高）

初始值	1	1	1	1	1	1	1	1	1	1
优化值	0.587	0.500	0.500	0.500	0.500	0.500	0.500	0.500	0.500	0.587

　　现对计算方法作一讨论。文献［B-8］中给出的方法，是通过迭代手段达到优化的目的。每次迭代须作一次结构重分析，包括重新组成刚度、质量阵，并求出 i,j 阶特征对。用这方法只需迭代一两次，便可使设计获得显著的改善；约经五次重分析可达到最优解附近。收敛快慢与许多因素有关，例如：1）若初始设计距最优解较近，则所需迭代次数就少；2）若频率禁区约束过于严厉，甚至根本不能实现，则经过多次迭代也不收敛；3）松弛因子 α 及 β 要合理选择，这在很大程度上借助于经验，一般取 $\alpha=0.8$，$\beta=0.5$ 便可。如依判断，认为频率约束较难满足，则可略为增大 α 值，减小 β 值。

　　有时会出现全部设计变量达到尺寸约束边界的情况，这时式（3-63）左端的系数矩阵变为［0］将无法求出 μ_1,μ_2。之所以出现这种情况，大致有两种可能：1）所给频率约束很松，以至全部设计变量达到下界时，就是满足全部约束条件的最轻设计；2）如果 α,β 值选取不当，例如 $\beta=1$（即未引入频率松弛），α 值又较小时，设计变量大幅度地跳动，以至于有时全部"跳"到尺寸约束边界上，但只要 α,β 值选得不是太不合理，这现象是可以避免的。

　　每次重分析的主要工作量是广义特征值方程的求解；按不同情况有多种方法可以选用。需注意：利用上一次分析所得振型作为本次分析的出发点，可以有效地节省计算机时间。

五、带频率禁区的结构动力优化设计
——几何优化

目前对结构作构件截面尺寸优化的设计逐渐成熟，自然要进一步研究对结构的几何形状进行优化，也就是在给定结构布局的情况下，让各节点的位置变化，使结构的质量（或价格）最小。这时结构的设计变量 $\{A\}$ 将包括两类：一类是构件的截面尺寸 $\{F\}$，另一类是节点的坐标 $\{X\}$。目标函数和约束函数将都是这两类设计变量的函数。从本章第二节关于结构静力优化和第四节关于动力优化的方法中，可以观察到从一个现行设计出发，如果能把当前的目标函数和约束函数的数值和它们对设计变量的一阶偏导数计算出来，就可以按一定的步骤修改设计变量，找出一下个改进的设计，这样一步一步迭代下去，就可以找到一个局部最优解。现在要对结构作几何优化，那就要研究以截面尺寸和节点坐标为变量的目标函数和约束函数以及它们对这些变量的导数。这比之只有一类变量的问题更为复杂。已有人就空间桁架和平面刚架作了带频率禁区的优化设计，包括截面尺寸和节点位置的优化，显然他们的方法和推导出来的一些公式也可以用于静力优化问题，介绍如下。

1. 空间桁架的杆件截面优化和节点位置优化[C-5]

设空间桁架有 M 根杆件，N 个节点。杆件分为 B_m 组，每组的杆件截面都相同。每个节点有三个坐标值，设 $3N$ 个坐标值中有 N_n 个坐标是可变的。于是总的设计变量数为 $R = B_m + N_n$，设计变量统一表示为 $A_k(k=1,2,\cdots,R)$。

图 3-14 表示在全局坐标系中的一根杆件 AB。此杆的方向余弦为

$$\cos\alpha_i = \frac{x_b - x_a}{l_i}$$

$$\cos\beta_i = \frac{y_b - y_a}{l_i} \tag{3-65}$$

$$\cos\gamma_i = \frac{z_b - z_a}{l_i}$$

杆长：

$$l_i = \sqrt{(x_b - x_a)^2 + (y_b - y_a)^2 + (z_b - z_a)^2} \tag{3-66}$$

（1）目标函数 W 及其导数　取结构总质量为目标函数：

$$W = \sum_{m=1}^{B_m} \sum_{i \in m} \rho_i l_i F_m \tag{3-67}$$

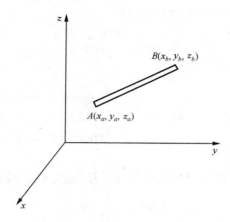

图 3-14

这里，F_m 为第 m 组杆件的截面；l_i 为属于第 m 组的杆件 i 的长度，而 l_i 是该杆两端坐标的函数，ρ_i 是该杆的比重。

目标函数的导数 $\dfrac{\partial W}{\partial A_k}$ ：

1) 若设计变量为杆截面 $A_k = F_1 , F_2 , \cdots , F_m$ 则

$$\frac{\partial W}{\partial A_k} = \frac{\partial W}{\partial F_m} = \sum_{i \in m} \rho_i l_i \tag{3-68}$$

2) 若设计变量为节点坐标 $A_k = x_q , y_q , z_q \cdots$ 。则当 $q = a$ 和 b 时：

$$\frac{\partial W}{\partial A_k} = \frac{\partial W}{\partial X_q} = \sum_{j \in q} \frac{\partial W_j}{\partial x_q} = \mp \sum_{j \in q} \rho_j F_j \cos\alpha_j$$

$$\frac{\partial W}{\partial A_k} = \frac{\partial W}{\partial Y_q} = \sum_{j \in q} \frac{\partial W_j}{\partial Y_q} = \mp \sum_{j \in q} \rho_j F_j \cos\beta_j \tag{3-69}$$

$$\frac{\partial W}{\partial A_k} = \frac{\partial W}{\partial z_q} = \sum_{j \in q} \frac{\partial W_j}{\partial z_q} = \mp \sum_{j \in q} \rho_j F_j \cos\gamma_j$$

此处 $\displaystyle\sum_{j \in q}$ 表示所有跟节点 q 相连接的杆件之和。

（2）约束函数（频率）ω^2 及其导数由上节，可知

$$\omega^2 = \frac{\{u\}^{\mathrm{T}} [K] \{u\}}{\{u\}^{\mathrm{T}} [M] \{u\}} \tag{3-70}$$

$$\frac{\partial \omega^2}{\partial A_k} = \frac{\{u\}^{\mathrm{T}} \dfrac{\partial [K]}{\partial A_k} \{u\} - \omega^2 \{u\}^{\mathrm{T}} \dfrac{\partial [M]}{\partial A_k} \{u\}}{\{u\}^{\mathrm{T}} [M] \{u\}}$$

频率 ω^2 和振形是通过结构动力分析（解方程（3-38））得到的。频率的导数可由公式（3-70）的第二式给出，关键在计算刚度阵 $[K]$ 和质量阵 $[M]$ 对变量的导数。

先写出杆件 j 在全局坐标中的刚度阵：

$$[K_j]_{(6\times6)} = \begin{bmatrix} C_{aa} & C_{ab} \\ C_{ba} & C_{bb} \end{bmatrix} \tag{3-71}$$

式中

$$C_{aa} = C_{bb} = -C_{ab} = -C_{ba} = \frac{E_j F_j}{l_j} \begin{bmatrix} \cos^2\alpha & \cos\alpha\cos\beta & \cos\alpha\cos\gamma \\ \cos\alpha\cos\beta & \cos^2\beta & \cos\beta\cos\gamma \\ \cos\alpha\cos\gamma & \cos\beta\cos\gamma & \cos^2\gamma \end{bmatrix}_j$$

$$\tag{3-72}$$

结构的总刚度阵 $[K]$ 由 M 个 (6×6) 的 $[K_i]$ 对号组装而成：

$$[K] = \sum_{j=1}^{M} [K_j] \tag{3-73}$$

现在要计算它对设计变量 A_k 的一阶偏导数。

1) 若设计变量为杆截面 $A_k = F_1, F_2, \cdots, F_m$，则：

$$\frac{\partial[K]}{\partial A_k} = \frac{\partial[K]}{\partial F_m} = \sum_{j\in m} \frac{[K_j]}{F_m} \tag{3-74}$$

此处 $\sum\limits_{j\in m}$ 表示属于第 m 类杆件之和，其阶应扩大到跟 $[K]$ 相同。

2) 若设计变量为节点坐标 $A_k = x_q, y_q, z_q \cdots$ 则

$$\frac{\partial[K]}{\partial x_q} = \sum_{j\in q} \frac{\partial[K_j]}{\partial x_q}$$

$$\frac{\partial[K]}{\partial Y_q} = \sum_{j\in q} \frac{\partial[K_j]}{\partial Y_q} \tag{3-75}$$

$$\frac{\partial[K]}{\partial Z_q} = \sum_{j\in q} \frac{\partial[K_j]}{\partial Z_q}$$

此处，$\sum\limits_{j\in q}$ 表示所有跟节点 q 相连接的杆件之和。以其中求和项之一为例，设 q 为 j 杆的左端 a，则

$$\frac{\partial[K_j]}{\partial x_q} = \frac{\partial[K_j]}{\partial x_a} = \begin{bmatrix} \dfrac{\partial C_{aa}}{\partial x_a} & \dfrac{\partial C_{ab}}{\partial x_a} \\ \dfrac{\partial C_{ba}}{\partial x_a} & \dfrac{\partial C_{bb}}{\partial x_a} \end{bmatrix} \tag{3-76}$$

式中

$$\frac{\partial C_{aa}}{\partial x_a} = \frac{\partial C_{bb}}{\partial x_a} = -\frac{\partial C_{ab}}{\partial x_a} = -\frac{\partial C_{ba}}{\partial x_a} = \frac{E_j F_j}{l_j^2} \begin{bmatrix} C_{11} & C_{12} & C_{13} \\ C_{21} & C_{22} & C_{23} \\ C_{31} & C_{32} & C_{33} \end{bmatrix} \tag{3-77}$$

$$
\left.
\begin{aligned}
C_{11} &= (C-1)\cos\alpha \\
C_{22} &= 3\cos\alpha\cos^2\beta \\
C_{33} &= 3\cos\alpha\cos^2\gamma \\
C_{12} &= C_{21} = C\cos\beta \\
C_{13} &= C_{31} = C\cos\gamma \\
C_{23} &= C_{32} = 3\cos\alpha\cos\beta\cos\gamma \\
C &= 3\cos^2\alpha - 1
\end{aligned}
\right\}
\tag{3-78}
$$

举例说明式(3-78)中第一式的推导,它由式(3-72)矩阵中的第一行第一列的元素对 x_a 求导数得到的。

由于有

$$
\frac{\partial l_j}{\partial x_a} = -\frac{2(x_b - x_a)}{2l_j} = -\cos\alpha_j
$$

$$
\frac{\partial \cos\alpha_i}{\partial x_a} = \frac{\partial}{\partial x_a}\left(\frac{x_b - x_a}{l_j}\right) = \frac{-l_j - (x_b - x_a)\dfrac{\partial l_j}{\partial x_a}}{l_j^2}
$$

$$
= -\frac{1 + \cos\alpha_j \dfrac{\partial l_j}{\partial x_a}}{l_j} = \frac{\cos^2\alpha_j - 1}{l_j}
$$

因此

$$
\frac{E_i F_j}{l_j^2} C_{11} = \frac{\partial}{\partial x_a}\left(\frac{E_j F_j}{l_j}\cos^2\alpha_j\right) = E_j F_j \frac{\partial}{\partial x_a}\left(\frac{\cos^2\alpha_j}{l_j}\right)
$$

$$
= \frac{E_j F_j}{l_j^2}\left(l_j \cdot 2\cos\alpha_j \frac{\partial \cos\alpha_j}{\partial x_a} - \cos^2\alpha_j \frac{\partial l_j}{\partial x_a}\right)
$$

$$
= \frac{E_j F_j}{l_j^2}(3\cos^2\alpha_j - 2)\cos\alpha_j
\tag{3-79}
$$

便得　　　　　$C_{11} = (3\cos^2\alpha - 2)\cos\alpha = (C-1)\cos\alpha$

其他各项的推导也类似。若 q 为 j 杆的右端 b,则有

$$
\frac{\partial [K_j]}{\partial x_q} = \frac{\partial [K_j]}{\partial x_b} = -\frac{\partial [K_j]}{\partial x_a}
\tag{3-80}
$$

它跟式(3-76)只相差一个正负号。把单元刚度阵对 x_q 的导数式(3-76)和式(3-80)组装求和,由式 3-75 便得总刚度阵对 x_q 的导数。其他对 y_q 和 z_q 的导数讨论也类似。表 3-15 示出求导所需要的各项系数。

表 3-15a

求导数的节点 可变坐标	x_a x_b	y_a y_b	z_a z_b
C	$3\cos^2\alpha-1$	$3\cos^2\beta-1$	$3\cos^2\gamma-1$
C_{11}	$\pm(C-1)\cos\alpha$	$\pm3\cos\beta\cos^2\alpha$	$\pm3\cos\gamma\cos^2\alpha$
$C_{12}\quad C_{21}$	$\pm C\cos\beta$	$\pm C\cos\alpha$	$\pm3\cos\alpha\cos\beta\cos\gamma$
$C_{13}\quad C_{31}$	$\pm C\cos\gamma$	$\pm3\cos\alpha\cos\beta\cos\gamma$	$\pm C\cos\alpha$
C_{22}	$\pm3\cos\alpha\cos^2\beta$	$\pm(C-1)\cos\beta$	$\pm3\cos\gamma\cos^2\beta$
$C_{23}\quad C_{32}$	$\pm3\cos\alpha\cos\beta\cos\gamma$	$\pm C\cos\gamma$	$\pm C\cos\beta$
C_{33}	$\pm3\cos\alpha\cos^2\gamma$	$\pm3\cos\beta\cos^2\gamma$	$\pm(C-1)\cos\gamma$

表 3-15b　杆件分类

杆类号	包括杆件		杆类号	包括杆件	
1	G-I		11	C-D	J-M
2	F-H		12	B-D	J-L
3	F-I	G-H	13	C-E	K-M
4	F-G	H-I	14	B-C	L-M
5	D-G	I-J	15	C-P	M-O
6	E-F	H-K	16	A-B	L-N
7	E-G	I-K	17	A-C	M-N
8	D-F	H-J	18	B-P	L-O
9	D-E	J-K	19	A-P	N-O
10	B-E	K-L	20	所有的支杆	

现在还要计算总质量阵 $[M]$ 和它对设计变量的一阶偏导数。杆件 j 在全局坐标中的质量阵为

$$[M_j](6\times6)=\frac{\varrho_j l_j F_j}{2g}[I] \qquad (3-81)$$

此处，$[I]$ 为 (6×6) 单位阵。结构总质量阵为

$$[M]=\sum_{j=1}^{M}[M_j]+[M^o] \qquad (3-82)$$

这里，$[M^o]$ 为附加的非结构质量阵。

1）若设计变量为杆件截面 $A_k = F_1, F_2, \cdots$，则

$$\frac{\partial [M]}{\partial A_k} = \frac{\partial [M]}{\partial F_m} = \frac{1}{F_m} \sum_{j \in m} [M_j] \qquad (3\text{-}83)$$

2）若设计变量为节点坐标 $A_k = x_q, y_q, z_q \cdots$ 则当 $q = a$ 和 b 时：

$$\frac{\partial [M]}{\partial x_q} = \sum_{j \in q} \frac{\partial [M_j]}{\partial x_q} = \mp \sum_{j \in q} \frac{\rho_j F_j \cos\alpha}{2g} [I]$$

$$\frac{\partial [M]}{\partial y_q} = \sum_{j \in q} \frac{\partial [M_j]}{\partial y_q} = \mp \sum_{j \in q} \frac{\rho_j F_j \cos\beta}{2g} [I]$$

$$\frac{\partial [M]}{\partial z_q} = \sum_{j \in q} \frac{\partial [M_j]}{\partial z_q} = \mp \sum_{j \in q} \frac{\rho_j F_j \cos\gamma}{2g} [I] \qquad (3\text{-}84)$$

至此，已得刚度阵和质量阵对两类设计变量的导数公式（3-74），式（3-75），式（3-83）和式（3-84），便可由公式（3-70）的第二式计算频率导数。

有了目标函数和约束函数的导数公式，便可按本章之四的办法和步骤作优化设计。下面给出文献[C-5]所作的几个例题。该文除了按公式（3-55）修改设计变量 $\{A_k\}$ 使质量得以降低之外，迭代中还增加了频率修改步，那就是在质量减轻步之后，如果发现设计点位于非可行域时，就沿着梯度方向将设计引向频率禁区的边界的步子。

设关切频率 ω_i 和 ω_j，其梯度为

$$\vec{N}_i = \left\{ \frac{\partial \omega_i^2}{\partial A_k} \right\}, \vec{N}_j = \left\{ \frac{\partial \omega_j^2}{\partial A_k} \right\} \qquad (3\text{-}85)$$

为使设计点走向两个频率约束面的相交处，设计变量 A_k 的修改应为：

$$\{\Delta A_k\} = \lambda_1 \left\{ \frac{\partial \omega_i^2}{\partial A_k} \right\} + \lambda_2 \left\{ \frac{\partial \omega_j^2}{\partial A_k} \right\} \qquad (3\text{-}86)$$

其中线性组合系数 λ_1 和 λ_2 由下列方程组确定：

$$\left. \begin{array}{l} a_{11}\lambda_1 + a_{12}\lambda_2 = b_1 \\ a_{21}\lambda_1 + a_{22}\lambda_2 = b_2 \end{array} \right\} \qquad (3\text{-}87)$$

式中

$$a_{11} = \sum_{k_{\pm}} \left(\frac{\partial \omega_i^2}{\partial A_k} \right)^2$$

$$a_{22} = \sum_{k_{\pm}} \left(\frac{\partial \omega_j^2}{\partial A_k} \right)^2$$

$$a_{12} = a_{21} = \sum_{k_{\pm}} \left(\frac{\partial \omega_i^2}{\partial A_k} \cdot \frac{\partial \omega_j^2}{\partial A_k} \right) \qquad (3\text{-}88)$$

$$b_1 = \beta(\omega_{\mathrm{F}}^2 - \omega_i^2) - \sum_{k_{\overline{\mathrm{被}}}} \left(\frac{\partial \omega_i^2}{\partial A_k} \right)(\underline{A}_k - A_k) - \sum_{k_{\overline{\mathrm{被}}}} \left(\frac{\partial \omega_i^2}{\partial A_k} \right) \times (\overline{A}_k - A_k)$$

$$b_2 = \beta(\omega_{\pm}^2 - \omega_j^2) - \sum_{k\text{被}} \left(\frac{\partial \omega_j^2}{\partial A_k}\right)(\underline{A_k} - A_k) - \sum_{k\text{被}} \left(\frac{\partial \omega_j^2}{\partial A_k}\right) \times (\overline{A_k} - A_k)$$

这里 $\underline{A_k}$ 和 $\overline{A_k}$ 为设计变量的下界和上界，β 是一个修改频率的松弛因子，和第四节公式中的 β 作用相同。但有时只有一个频率在禁区之内，这时只需修改 ω_i 和 ω_j 中的一个，这时可按下面两式中的一个确定 λ_1 和 λ_2：

$$\left.\begin{matrix}\lambda_1 = 0 \\ \lambda_2 = \dfrac{b_2}{a_{22}}\end{matrix}\right\} \quad 或 \quad \left.\begin{matrix}\lambda_1 = \dfrac{b_1}{a_{11}} \\ \lambda_2 = 0\end{matrix}\right\} \tag{3-89}$$

于是频率修改步的计算公式为

$$A'_k = \begin{cases} A_k + \Delta A_k & 当 \underline{A_k} < A_k + \Delta A_k < \overline{A_k} \\ \underline{A_k} & 当 A_k + \Delta A_k \leqslant \underline{A_k} \\ \overline{A_k} & 当 A_k + \Delta A_k \geqslant \overline{A_k} \end{cases} \tag{3-90}$$

如果还有应力约束，则可按满应力准则来考虑。以桁架为例，先对结构按当前的设计变量作静力分析，算出其所有元件在各种工况下的最大内力。如果第 k 类杆的最大内力为 N_k，则其最小可行截面积为

$$A_k^* = \left|\frac{N_k}{[\sigma_k]}\right|$$

$[\sigma_k]$ 是资用应力。然后将 A_k^* 与 $\underline{A_k}$ 作比较，取大者作下一次迭代的上界。

例题(3-10)　40 杆平面桁架桥。结构几何初始尺寸如图 3-15 所示。材料的弹性模量均为 $2 \times 10^7 \text{t/m}^2$，比重均为 7.8t/m^3，许用拉压应力为 $\pm 16000 \text{t/m}^2$。结构要求其自振基频不大于 100s^{-1}，而二阶频率不小于 200s^{-1}。杆件分类见表 3-15，除支撑杆以外，各类杆件截面允许值均应在 0.0025m^2 和 0.05m^2 之间，支撑杆截面均为 0.05m^2 不变。桥的外形变化仅允许上弦的 8 个节点在铅直方向移动，下限是 3m，上限是 1m。桥下弦跨中 6 个节点分别作用有铅直向下的集中力 10t。

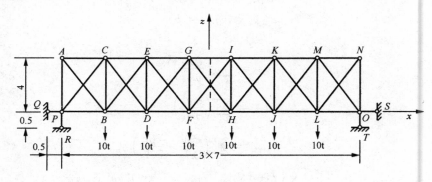

图 3-15

　　优化过程见表 3-16 和图 3-17,最后的外形如图 3-16,迭代 8～9 次收敛到最优点附近。结构的最轻质量是 2.553t。优化结果见表 3-17、表 3-18。可以看到,第一类和第七类杆件均达到了满应力状态。

表 3-16　迭代过程

n	w	ω_1	ω_2	α	β	备注
0	5.6210	129.208	255.484	—	—	初始值频率修改步
1	7.0875	88.398	225.112	—	1.0	
2	5.5798	67.894	200.978	0.85	—	
3	4.6462	55.284	195.979	0.85	—	
4	3.9776	49.227	196.716	0.85	—	
5	3.4787	48.910	199.199	0.85	—	
6	3.1219	51.242	199.518	0.85	—	
7	2.8809	54.006	199.462	0.85	—	
8	2.6982	57.229	199.354	0.85	—	
9	2.5972	60.756	199.583	0.85	—	
10	2.5683	63.842	199.657	0.85	—	
11	2.5552	65.229	199.928	0.85	—	
12	2.5536	65.701	199.991	0.85	—	
13	2.5528	65.506	199.999	0.90	—	
14	2.5530	65.479	200.000	0.90	—	

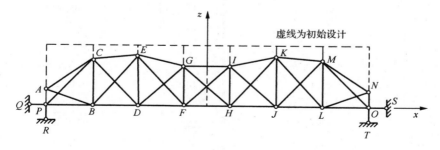

图 3-16

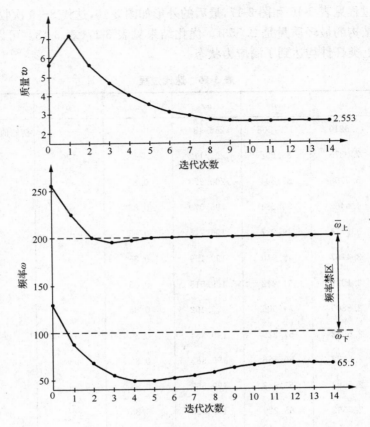

图 3-17

表 3-17　杆件应力

杆类号	应力值	杆类号	应力值
1	−16004.35	11	4312.48
2	10331.27	12	−1820.13
3	−971.50	13	−15066.36
4	1200.20	14	6402.20
5	−7240.56	15	−10849.55
6	4718.15	16	4713.20
7	−16002.11	17	−5463.34
8	6486.47	18	−9688.39
9	5889.41	19	−4663.34
10	−5116.88	20	

注: 支杆 P-Q 和 O-S 为 −861.27t/m², 支杆 P-R 和 O-T 为 −625.07t/m²。

表 3-18a　非固定节点 z 坐标

节点	初始值	优化值	节点	初始值	优化值
A	4.0000	1.0000	I	4.0000	2.7801
B	0.0000	0.0000	J	0.0000	0.0000
C	4.0000	3.1063	K	4.0000	3.3795
D	0.0000	0.0000	L	0.0000	0.0000
E	4.0000	3.3795	M	4.0000	3.1063
F	0.0000	0.0000	N	4.0000	1.0000
G	4.0000	2.7801	O	0.0000	0.0000
H	0.0000	0.0000	P	0.0000	0.0000

表 3-18b　杆件截面

杆类号	初始值	优化值	杆类号	初始值	优化值
1	0.005	0.0041	11	0.005	0.0025
2	0.005	0.0025	12	0.005	0.0025
3	0.005	0.0025	13	0.005	0.0025
4	0.005	0.0025	14	0.005	0.0025
5	0.005	0.0025	15	0.005	0.0025
6	0.005	0.0025	16	0.005	0.0025
7	0.005	0.0034	17	0.005	0.0025
8	0.005	0.0025	18	0.005	0.0025
9	0.005	0.0025	19	0.005	0.0025
10	0.005	0.0025	20	0.005	0.0500

例题(3-11)　五十二杆球面拱形桁架。结构几何初始设计尺寸如图(3-18)所示,即所有的节点都位于一个半径为 6 米球面上。每个非固定节点上均有附加质量 0.05t。结构材料的弹性模量均为 $2 \times 10^7 t/m^2$,比重均为 $7.8t/m^3$。结构要求其自振基频不大于 $100s^{-1}$,而二阶频率不小于 $180s^{-1}$。杆件分类见表 3-19a,各类杆件截面的允许值均应 $0.0001m^2$ 和 $0.001m^2$ 之间。非固定节点允许移动的范围在三个坐标方向上的上下界限均是 2m。

优化计算过程见表 3-19b 和图 3-20,优化结果见图 3-19 和表 3-20～表 3-22。迭代 5、6 次收敛到最优点附近。结构的最轻质量大约是 0.298t。

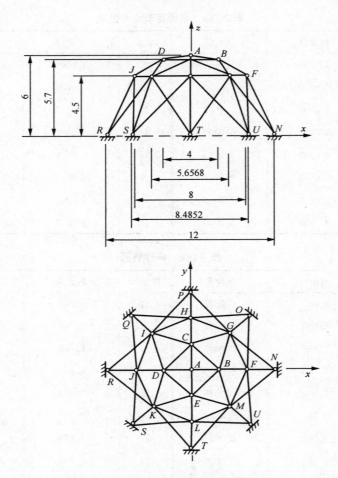

图 3-18　五十二杆球面拱形桁架初始设计

表 3-19a　杆件分类

杆类号	同类杆包括的杆件							
1	A-B	A-C	A-D	A-E				
2	B-F	C-H	D-J	E-L				
3	B-G	C-G	C-I	D-I	D-K	E-K	E-M	B-M
4	B-C	C-D	D-E	B-E				
5	F-G	G-H	H-I	I-J	J-K	K-L	L-M	F-M
6	F-N	G-O	H-P	I-G	J-R	K-S	L-T	M-U
7	F-O	H-O	H-Q	J-Q	J-S	L-S	L-U	F-U
8	G-N	G-P	I-P	I-R	K-R	K-T	M-T	M-N

表 3-19b　迭代过程

n	w	ω_1	ω_2	α	β	备注
0	0.3387	135.90	150.59	—	—	初始值频率修改步
1	0.4768	104.18	174.61	—	1.0	
2	0.3710	96.56	176.12	0.85		
3	0.3196	100.19	179.14	0.90	—	
4	0.2981	99.88	178.85	0.95	—	
5	0.2980	99.99	179.43	0.999	—	
6	0.2978	100.00	179.69	0.999	—	

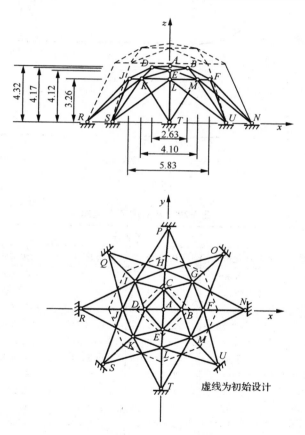

图 3-19　五十二杆球面拱形桁架优化结果

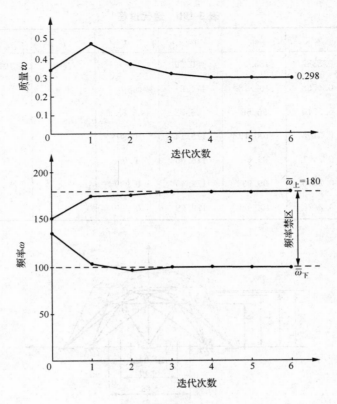

图 3-20

表 3-20　非固定节点坐标

节点	X 坐标		Y 坐标		Z 坐标	
	初始值	优化值	初始值	优化值	初始值	优化值
A	0.0000	0.0000	0.0000	0.0000	6.0000	4.3201
B	2.0000	1.3153	0.0000	0.0000	5.7000	4.1740
C	0.0000	0.0000	2.0000	1.4937	5.7000	4.1206
D	−2.0000	−1.3153	0.0000	0.0000	5.7000	4.1740
E	0.0000	0.0000	−2.0000	−1.4937	5.7000	4.1206
F	4.0000	2.9169	0.0000	0.0000	4.5000	3.2676
G	2.8284	2.0503	2.8284	2.0524	4.5000	2.2656
H	0.0000	0.0000	4.0000	2.9129	4.5000	3.2667
I	−2.8284	−2.0474	2.8284	2.0496	4.5000	3.2615
J	−4.0000	−2.9169	0.0000	0.0000	4.5000	3.2676
K	−2.8284	−2.0503	−2.8284	−2.0524	4.5000	3.2656
L	0.0000	0.0000	−4.0000	−2.9129	4.5000	3.2667
M	2.8284	2.0474	−2.8284	−2.0496	4.5000	3.2615

表 3-21 杆件截面

杆类号	初始值	优化值	杆类号	初始值	优化值
1	0.0002	0.000100	5	0.0002	0.000171
2	0.0002	0.000133	6	0.0002	0.000154
3	0.0002	0.000158	7	0.0002	0.000265
4	0.0002	0.000100	8	0.0002	0.000287

表 3-22 杆件应力

杆件	应力值	杆件	应力值	杆件	应力值	杆件	应力值
A-B	−1080	E-K	−233	L-M	32.07	J-Q	−220
A-C	−1070	E-M	−234	F-M	25.34	J-S	−220
A-D	−1080	B-M	−259	F-N	−321	L-S	−229
A-E	−1070	B-C	125	G-O	−314	L-U	−228
B-F	−562	C-D	127	H-P	−338	F-U	−220
C-H	−605	D-E	125	I-Q	−315	G-N	−192
D-J	−552	B-E	127	J-R	−321	G-P	−193
E-L	−605	F-G	25.90	K-S	−314	I-P	−194
B-G	−258	G-H	32.63	L-T	−338	I-R	−193
C-G	−233	H-I	32.07	M-U	−315	K-R	192
C-I	−234	I-J	25.34	F-O	−220	K-T	−193
D-I	−259	J-K	25.90	H-O	−229	M-T	−194
D-K	−258	K-L	32.63	H-Q	−228	M-N	−193

表 3-23

截面形状	设计变量 A_k	截面积 F_m	惯性矩 I_m	质量 W_m	$T_{yp}F_m$	$T_{yp}I_m$
矩形	高 B	BH	$BH^3/12$	ρBHl	1	1
	高 H	BH	$BH^3/12$	ρBHl	1	3
	面积 F	F	$CF^2/12$	ρFl	1	2
圆形	直径 D	$\pi D^2/4$	$\pi D^4/64$	$\rho \pi D^2 l/4$	2	4
	面积 F	F	$F^2/4\pi$	ρFl	1	2

2. 平面框架的构件截面优化和节点坐标优化

要同时考虑平面框架的构件截面优化和节点坐标优化,设计变量将有两类:一类是截面尺寸,一类是节点坐标。截面尺寸变量视截面形状根据设计要求来选取。

以矩形截面和圆形截面为例,表 3-23 列出几种可能的变量选取。表 3-23 中的 $(T_{Yp}E_m)$ 和 $(T_{Yp}I_m)$ 分别为 E_m 和 I_m 中变量的方次数,也就是本章第三节的 r_M 和 r_K。

目标函数(质量)W 及其导数:

$$W = \sum_{m=1}^{B_m} \sum_{i \in m} W_m \tag{3-91}$$

$\sum_{i \in m}$ 表示所有属于第 m 类截面相同的构件之和,W_m 见表 3-23。

1) 若设计变量为杆件截面尺寸,即 $A_k = B$,或 H,或 F,或 D 等:

$$\frac{\partial W}{\partial A_k} = \frac{\partial}{\partial A_k} \sum_{i \in m} W_m = \frac{1}{A_k}(T_{yp}F_m) \sum_{i \in m} W_m \tag{3-92}$$

2) 若设计变量为节点坐标,即 $A_k = x_q, y_q \cdots$ 则当 $q = a$ 和 b 时:

$$\frac{\partial W}{\partial A_k} = \frac{\partial W}{\partial x_q} = \sum_{j \in q} \frac{\partial W_j}{\partial x_q} = \mp \sum_{j \in q} \rho_j F_j \cos\alpha_j$$

$$\frac{\partial W}{\partial A_k} = \frac{\partial W}{\partial y_q} = \sum_{j \in q} \frac{\partial W_j}{\partial y_q} = \mp \sum_{j \in q} \rho_j F_j \cos\beta_j \tag{3-93}$$

这和公式(3-69)相同,其中 x, y 为全局变量,而方向余弦的公式为式(3-65)。

约束函数(频率)ω^2 及其导数:

需要先计算刚度阵和质量阵的导数,然后用公式(3-70)便可计算频率的导数。

平面框架构件同时受轴力和弯矩,它们在局部坐标系中的单元刚度阵和单元质量阵在本章第三节中由公式(3-26)和(3-27)给出,把它们变换到全局坐标系中成为

$$\left.\begin{array}{l} [K_i] = [K_{iF}]F_i + [K_{iI}]I_i \\ [M_i] = [M_{iF}]F_i + [M_{iI}]F_i \end{array}\right\} \tag{3-94}$$

式中

$$[K_{iF}] = \begin{bmatrix} \overline{C}^2/l & & & & & \\ \overline{CS}/l & \overline{S}^2/l & \text{对} & & & \\ 0 & 0 & 0 & & & \\ 0 & 0 & 0 & \overline{C}^2/l & \text{称} & \\ 0 & 0 & 0 & \overline{CS}/l & \overline{S}^2/l & \\ 0 & 0 & 0 & 0 & 0 & 0 \end{bmatrix} \times E \tag{3-95}$$

$$[K_{iI}] = \begin{bmatrix} 12\overline{S}^2/l & & & & & \\ -12\overline{SC}/l^3 & 12\overline{C}^2/l^3 & \text{对} & & & \\ -6\overline{S}/l^2 & 6\overline{C}/l^2 & 4/l & & & \\ -12\overline{S}^2/l^2 & 12\overline{SC}/l^3 & 6\overline{S}/l & 12\overline{S}^2/l^3 & \text{称} & \\ 12\overline{SC}/l^3 & -12\overline{SC}/l^3 & -6\overline{C}/l^2 & -12\overline{SC}/l^3 & 12\overline{C}^2/l^3 & \\ -6\overline{S}/l^3 & -6\overline{C}/l^2 & 2/l & 6\overline{S}/l^2 & -6\overline{C}/l^2 & 4/l \end{bmatrix} \times E$$

$$\tag{3-96}$$

$$[M_{iF}] = \begin{bmatrix} 2\overline{C}^2 l & & & & & \\ 2\overline{S}\,\overline{C}l & 2\overline{S}^2 l & 对 & & & \\ 0 & 0 & 0 & & & \\ \overline{C}^2 l & \overline{S}\,\overline{C}l & 0 & 2\overline{C}^2 l & 称 & \\ \overline{S}\,\overline{C}l & \overline{S}^2 l & 0 & 2\overline{S}\,\overline{C}l & 2\overline{S}^2 l & \\ 0 & 0 & 0 & 0 & 0 & 0 \end{bmatrix} \times \frac{\rho}{6g} \qquad (3\text{-}97)$$

$$[M_{il}] = \begin{bmatrix} 156\overline{S}^2 l & & & & & \\ -156\overline{S}\,\overline{C}l & 156\overline{C}^2 l & 对 & & & \\ -22\overline{S}l^2 & 22\overline{C}l^2 & 4l^3 & & & \\ 54\overline{S}^2 l & -54\overline{S}\,\overline{C}l & -13\overline{S}l^2 & 156\overline{S}^2 l & 称 & \\ -54\overline{S}\,\overline{C}l & 54\overline{C}^2 l & 13\overline{C}l^2 & -156\overline{S}\,\overline{C}l & 156\overline{C}^2 l & \\ 13\overline{S}l^2 & -13\overline{C}l^2 & -3l^3 & 22\overline{S}l^2 & -22\overline{C}l^2 & 4l^3 \end{bmatrix} \times \frac{\rho}{420g}$$

$$(3\text{-}98)$$

其中

$$l = \sqrt{(x_b - x_a)^2 + (y_b - y_a)^2}$$
$$\overline{C} = \cos\alpha = (x_b - x_a)/l \qquad (3\text{-}99)$$
$$\overline{S} = \sin\alpha = (y_b - y_a)/l$$

结构的总刚度阵和总质量阵由单元阵按熟知的方式对号组装而成：

$$[K] = \sum_{i=1}^{M} [K_i]$$

$$(3\text{-}100)$$

$$[K] = \sum_{i=1}^{M} [M_i]$$

现在来计算刚度阵和质量阵对设计变量 A_k 的导数。

(1) 若设计变量为第 m 类构件的截面尺寸，即 $A_k = B_m$，或 H_m 或 F_m 或 D_m 时，

$$\frac{\partial [K]}{\partial A_k} = \sum_{i \in m} \frac{\partial [K_i]}{\partial A_k}, \quad \frac{\partial [M]}{\partial A_k} = \sum_{i \in m} \frac{\partial [M_i]}{\partial A_k} \qquad (3\text{-}101)$$

此时式(3-94)中两个公式右端的四个矩阵都是常量阵，所以：

$$\left. \begin{aligned} \frac{\partial [K_i]}{\partial A_k} &= [K_{iF}] \frac{\partial F_m}{\partial A_k} + [K_{il}] \frac{\partial I_m}{\partial A_k} \\ \frac{\partial [M_i]}{\partial A_k} &= ([M_{iF}] + [M_{il}]) \frac{\partial F_m}{\partial A_k} \end{aligned} \right\} \qquad (3\text{-}102)$$

式中

$$\left.\begin{array}{l} \dfrac{\partial F_m}{\partial A_k} = (T_{yp}F_m)\dfrac{F_m}{A_k} \\[3mm] \dfrac{\partial I_m}{\partial A_k} = (T_{yp}I_m)\dfrac{I_m}{A_k} \end{array}\right\} \qquad (3\text{-}103)$$

$(T_{yp}F_m)$ 和 $(T_{yp}I_m)$ 随截面形式和设计变量而异（表 2-23）。将式（3-103）代入式（3-102）得 $\dfrac{\partial[K_i]}{\partial A_k}$ 和 $\dfrac{\partial[M_i]}{\partial A_k}$，再代入式（3-101）得 $\dfrac{\partial[K]}{\partial A_k}$ 和 $\dfrac{\partial[M]}{\partial A_k}$，其阶应扩展成和 $[K]$ 或 $[M]$ 相同，最后由公式（3-70）的第二式便得 $\dfrac{\partial\omega^2}{\partial A_k}$。

（2）若设计变量为节点坐标，即 $A_k = x_q$ 或 y_q 时，以 $A_k = x_q$ 为例有：

$$\left.\begin{array}{l} \dfrac{\partial[K]}{\partial A_k} = \dfrac{\partial[K]}{\partial x_q} = \sum\limits_{j \in q}\dfrac{\partial[K_j]}{\partial x_q} \\[4mm] \dfrac{\partial[M]}{\partial A_k} = \dfrac{\partial[M]}{\partial x_q} = \sum\limits_{j \in q}\dfrac{\partial[M_j]}{\partial x_q} \end{array}\right\} \qquad (3\text{-}104)$$

此处 $\sum\limits_{j \in q}$ 表示所有跟节点相接的构件之和，其各分项：

$$\left.\begin{array}{l} \dfrac{\partial[K_j]}{\partial x_q} = \dfrac{\partial[K_{jF}]}{\partial x_q}F_j + \dfrac{\partial[K_{jI}]}{\partial x_q}I_j \\[4mm] \dfrac{\partial[M_j]}{\partial x_q} = \left(\dfrac{\partial[M_{jF}]}{\partial x_q} + \dfrac{\partial[M_{jI}]}{\partial x_q}\right)F_j \end{array}\right\} \qquad (3\text{-}105)$$

其中，$\dfrac{\partial[K_{jF}]}{\partial x_q}$、$\dfrac{\partial[K_{jI}]}{\partial x_q}$、$\dfrac{\partial[M_{jF}]}{\partial x_q}$、$\dfrac{\partial[M_{jI}]}{\partial x_q}$ 的计算，应将公式（3-95）～式（3-98）的各矩阵对 x_q 求导，在对矩阵各元素求导时应注意图 3-14 和式（3-99）。

$$I = \sqrt{(x_b - x_a)^2 + (y_b - y_a)^2}$$

$$\overline{C} = \cos\alpha = (x_b - x_a)/l$$

$$\overline{S} = \sin\alpha = (y_b - y_a)/l$$

还应注意式（3-95）～式（3-98）各阵中只有如表 3-24 第二列所示的各独立单项式。

若 $A_k = x_a$，则可用表 3-24 第三列所示各导数来计算这四个导数矩阵各元素，若 $A_k = x_b$，则只需把该列冠以负号就可以了。同样求对 $A_k = y_a$ 的导数时，则可以该表的第四列所示各导数来计算四个导数矩阵的诸元素。若 $A_k = y_b$ 则只要把第四列各值冠以负号就可以了。

至此已可以计算刚度阵与质量阵对两类设计变量的一阶偏导数：$\dfrac{\partial[K]}{\partial A_k}$，$\dfrac{\partial[M]}{\partial A_k}$，代入式（3-70）的第二式便可计算频率的导数 $\dfrac{\partial\omega^2}{\partial A_k}$。

表 3-24

	被求导各矩阵中的元素	导数矩阵中各元素 （当 $A_k=x_a$）	导数矩阵中各元素 （当 $A_k=y_a$）
$\dfrac{\partial[K_jF]}{\partial A_k}$	$\bar{C}^2 l^{-1}$	$(3\bar{C}^2-2)\bar{C}l^{-2}$	$3\bar{C}^2\bar{S}l^{-2}$
	$\bar{S}^2 l^{-1}$	$3\bar{S}^2\bar{C}l^{-2}$	$(3\bar{S}^2-2)\bar{S}l^{-2}$
	$\bar{S}\bar{C}l^{-1}$	$(3\bar{C}^2-1)\bar{S}l^{-2}$	$(3\bar{S}-1)\bar{C}l^{-2}$
$\dfrac{\partial[K_jI]}{\partial A_k}$	$\bar{S}^2 l^{-3}$	$5\bar{S}^2\bar{C}l^{-4}$	$(5\bar{S}^2-2)\bar{S}l^{-4}$
	$\bar{C}^2 l^{-3}$	$(5\bar{C}^2-2)\bar{C}l^{-4}$	$5\bar{C}^2\bar{S}l^{-4}$
	$\bar{S}\bar{C}l^{-3}$	$(5\bar{C}^2-1)\bar{S}l^{-4}$	$(5\bar{S}^2-1)\bar{C}l^{-4}$
	$\bar{S}l^{-2}$	$3\bar{S}\bar{C}l^{-3}$	$(3\bar{S}^2-1)l^{-3}$
	$\bar{C}l^{-2}$	$(3\bar{C}^2-1)l^{-3}$	$3\bar{S}\bar{C}l^{-3}$
	l^{-1}	$\bar{C}l^{-2}$	$\bar{S}l^{-2}$
$\dfrac{\partial[M_jF]}{\partial A_k}$	$\bar{C}^2 l$	$(\bar{C}^2-2)\bar{C}$	$\bar{C}^2\bar{S}$
	$\bar{S}\bar{C}l$	$-\bar{S}^3$	$-\bar{C}^3$
	$\bar{S}^2 l$	$\bar{S}^2\bar{C}$	$\bar{S}(\bar{S}^2-2)$
$\dfrac{\partial[M_jI]}{\partial A_k}$	$\bar{S}^2 l$	$\bar{S}^2\bar{C}$	$\bar{S}(\bar{S}^2-2)$
	$\bar{C}^2 l$	$(\bar{C}^2-2)\bar{C}$	$+\bar{C}^2\bar{S}$
	$\bar{S}\bar{C}l$	$-\bar{S}^3$	$-\bar{C}^3$
	$\bar{S}l^2$	$-\bar{S}\bar{C}l$	$-(\bar{S}^2+1)l$
	$\bar{C}l^2$	$-(\bar{C}^2+1)l$	$-\bar{S}\bar{C}l$
	l^3	$-3\bar{C}l^2$	$-3\bar{S}l^2$
注解	分别为被求导矩阵中的相异单项式	若 $A_k=x_b$，则将上列各值改变正负号	若 $A_k=y_b$ 则将上列各值改变正负号

　　有了可以计算的目标函数的导数和频率的导数公式，便可以按第四节的办法和步骤进行优化设计，下面给出文献[C-6]所作的几个例题，该文也添了做可行性调整的频率修改步，它在公式（3-88）中采用的一个独立的修改频率松弛因子 γ，γ 可不同于公式（3-64）和公式（3-88）中的 β。

　　例题（3-12）　五杆钢筋混凝土平面框架。图 3-21 所示一单跨门架，在点 6 带一附加质量。

　　以矩形截面面积 F 和节点坐标同时作设计变量，计五个单元（分三组）六个节点 x、y 坐标值共十二个（分七组），共十组设计变量（$BM=10$），$F_0=0.5(\text{m}^2)$，$F_{上}=1(\text{m}^2)$，$F_{下}=0.25(\text{m}^2)$，$x_{上、下}=x_i\pm1(\text{m})$，$y_{上、下}=y_i\pm1(\text{m})$，求基频 $\leqslant\bar{\omega}_{下}=50s^{-1}$，二阶频率 $\geqslant\bar{\omega}_{上}=200s^{-1}$ 的最优设计。

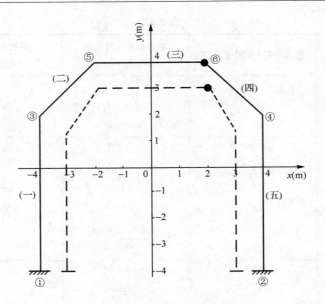

图 3-21　钢筋混凝土平面框架简图
— — — — 表示优化结果

五杆钢筋混凝土平面框架(带附加质量)。

表 3-26 列出设计变量的分类(杆截面 F 和节点坐标 x,y)和分组。矩形截面的高宽比,取为 $\dfrac{H}{B}=C=2.5$。表 3-25 和图 3-22 为优化计算的过程,迭代 5 次,即已收敛。

表 3-25　迭代过程表

NQ	0	1	2	3	4	5	6	7	8
α	—	0.8	0.85	0.85	0.90	0.90	0.90	0.90	0.90
β	—	0.4	0.85	0.85	0.90	0.90	0.90	0.90	0.90
γ	—	0.4	0.85	0.85	0.90	0.90	0.90	0.90	0.90
$W(T)$	27.07	22.15	14.5	11.96	11.43	11.60	11.54	11.55	11.55
ω_1	60	43	50	48	51	49	50	50	50
ω_2	189	210	220	207	193	202	200	201	201

表 3-26　设计变量变化表

杆号	（一）（五）		（二）（四）		（三）	
变量组别	1		2		3	
初始 F_0	0.5		0.5		0.5	
优化 F	0.25		0.25		0.25	
点号	①	②	③	④	⑤	⑥
初始 x	−4.0	4.0	−4.0	4.0	−2.0	2.0
变量分组	1	2	1	2	3	4
优化 x	−3.0	3.0	−3.0	3.0	−1.86	2.04
初始 y	−4.0	−4.0	2.0	2.0	4.0	4.0
变量分组	5	5	6	6	7	7
优化 y	−4.0	−4.0	1.25	1.25	3.0	3.0

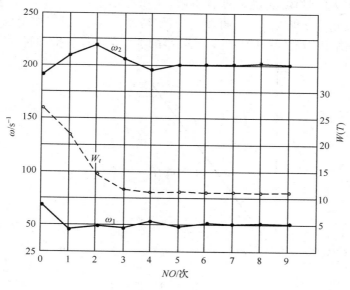

图 3-22　$\omega(W)\sim NO$ 次

六、结构的近似重分析方法

面向结构优化设计，这里将提供一个精度较高，但计算量较小的求结构变位 $\{u\}$ 及其梯度 $\left\{\dfrac{\partial u}{\partial A}\right\}$ 的近似重分析方法。求 $\{u\}$ 用的是改进了的摄动法，求 $\left\{\dfrac{\partial u}{\partial A}\right\}$ 用

的是跟前者配套的降维法。

结构优化设计的计算工作量大部分是对修改了的方案作重分析。所以一个可供实用的优化设计方法必须收敛快,以减少重分析的次数。此外,还应简化重分析的工作量。关于面向优化设计的近似重分析方法,前人做过许多研究,用它来代替严格的重分析。这工作对大型结构的优化特别有意义。

1. 改进摄动法求 $\{u\}$

本章之二的公式 3-21a 可写为

$$u_j^{(1)} = u_j^{(0)} + \sum_{k=1}^{BM} \left(\frac{\partial u_j}{\partial A_k} \right)^{(0)} (A_k^{(1)} - A_k^{(0)}) \tag{3-106}$$

这是一般的摄动法,它利用泰勒级数的一阶展开,已知(0)点的解 $u_j^{(0)}$ 和 $\left(\dfrac{\partial U}{\partial A_k} \right)^{(0)}$,便可计算(1)点的解 $u^{(1)}$(图 3-23),这是工作量最少的一种重分析方法,但是当变量 A_k 变化较大的时候,它的精度就不够,所以在本章第二节的方法把这摄动解 $u^{(1)}$ 通过迭代分析方程式(3-22)再加工一番,精度提高了,但工作量也增加了。文献[C-8]利用结构力学问题的特性以比较小的工作量来提高摄动解的精度。

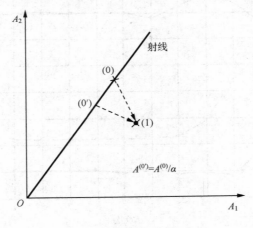

图 3-23

弹性结构有一特性:当结构各部刚度按同一比例作变化时,结构的变位将按反比例作变化,而变位的梯度则按二次方反比例作变化。这便是前面常提到的所谓射线步的根据,也就是前面的公式(3-6)和式(3-7)所表示的关系。

设在设计点(0),通过完整的结构分析:

$$[K]\{u\} = \{P\} \tag{3-107}$$

求得结构变位 $\{u\}^{(0)}$,再通过求解式(3-13):

$$[K]\left\{\frac{\partial u}{\partial A_k}\right\} = -\left[\frac{\partial K}{\partial A_k}\right]\{u\}^{(0)} \tag{3-108}$$

求得变位的梯度 $\left\{\dfrac{\partial u}{\partial A_k}\right\}^{(0)}$。根据上述结构特性,可以计算在射线 $\overline{O(0)}$ 上(图 3-23)任意设计点 $(0')$ 的

$$\{u\}^{(0')} = \alpha\{u\}^{(0)} \tag{3-109}$$

$$\left\{\frac{\partial u_j}{\partial A_k}\right\}^{(0')} = \alpha^2\left\{\frac{\partial u_j}{\partial A_k}\right\}^{(0)} \tag{3-110}$$

其中

$$\alpha = \frac{A_k^{(0)}}{A_k^{(0')}} \tag{3-111}$$

称为射线比例因子。

现在要从已知的 (0) 点的信息出发,用摄动的办法计算邻近点 (1) 的信息。一般采用公式(3-106),直接从 (0) 摄动到 (1)。但是也可以设想,先从 (0) 到射线上的某一点 $(0')$,然后再以 $(0')$ 摄动到 (1),也许可以提高摄动解的精度。从 (0) 到 $(0')$ 可用公式(3-109)和式(3-110)计算,从 $(0')$ 到 (1) 可用与式(3-106)相似的公式:

$$\begin{aligned}
\tilde{u}_j^{(1)} &= u_j^{(0')} + \sum_{k=1}^{BM}\left(\frac{\partial u_j}{\partial A_k}\right)^{(0')}(A_k^{(1)} - A_k^{(0')}) \\
&= \alpha_j u_j^{(0)} + \sum_{k=1}^{BM}\alpha_j^2\left(\frac{\partial u_j}{\partial A_k}\right)^{(0)}\left(A_k^{(1)} - \frac{A_k^{(0)}}{\alpha_j}\right)
\end{aligned} \tag{3-112}$$

为了提高摄动解 $\tilde{u}_j^{(1)}$ 的精度,应选择最有利 $(0')$ 点,也就是找最有利的射线比例因子 α_j,使 $(\tilde{u}_j^{(1)} - u_j^{(1)})$ 最小,为此 α_j 应由下式决定:

$$\frac{\partial}{\partial \alpha_j}\left(\alpha_j u_j^{(0)} + \alpha_j^2\sum_{k=1}^{BM}\left(\frac{\partial u_j}{\partial A_k}\right)^{(0)}A_k^{(1)} - \alpha_j\sum_{k=1}^{BM}\times\left(\frac{\partial u_j}{\partial A_k}\right)^{(0)}A_k^{(0)} - u_j^{(1)}\right) = 0$$

由此可得求摄动解 $u_j^{(1)}$ 的最有利 α_j 为

$$\alpha_j = \frac{f_j^{(0)} - u_j^{(0)}}{2f_j^{(1)}} \tag{3-113}$$

记

$$\left.\begin{aligned}
f_j^{(1)} &= \sum_{k=1}^{BM}\left(\frac{\partial u_j}{\partial A_k}\right)^{(0)}A_k^{(1)} \\
f_j^{(0)} &= \sum_{k=1}^{BM}\left(\frac{\partial u_j}{\partial A_k}\right)^{(0)}A_k^{(0)}
\end{aligned}\right\} \tag{3-114}$$

已知 (0) 点的 $u_j^{(0)}$ 和 $\left(\dfrac{\partial u_j}{\partial A_k}\right)^{(0)}$,便由式(3-114)计算 $f_j^{(1)}$ 和 $f_j^{(0)}$,再由式(3-113)计算 α_j,最后用公式(3-112)计算 (1) 点的摄动解 $u_j^{(1)}$:

$$\tilde{u}_j^{(1)} = \alpha_j(u_j^{(0)} - f_j^{(0)}) + \alpha_j^2 f_j^{(1)} \tag{3-115}$$

其精度要比一般摄动解如式(3-106)为高,而工作量增加很少。

还可以进一步提高精度,那就是在倒变量 $\left(X_k = \dfrac{1}{A_k}\right)$ 的空间中作摄动。注意到

$$u_j = \sum_{k=1}^{BM} \frac{S_k S_k^j l_k}{E_k A_k} = \sum_{k=1}^{BM} \frac{S_k S_k^j l_k}{E_k} X_k$$

当变量 A_k 或 X_k 作变化时,内力状态 S_k 和 S_k^j 是要变化的,但是如果变化不大,则由上式可以看出 u_j 跟变量的关系在倒变量 X_k 空间中比较接近线性,所以用泰勒一阶展开式作摄动的精度要比在 A_k 空间中为高。这时最有利的 α_j 仍如公式(3-113),但公式(3-115)变为

$$\tilde{u}_j^{(1)} = \alpha_j (u_j^{(0)} + f_j^{(0)}) - \overline{f}_j^{(1)} \tag{3-116}$$

式中

$$\overline{f}_j^{(1)} = \sum_{k=1}^{BM} \left(\frac{\partial u_j}{\partial A_k}\right)^{(0)} \frac{(A_k^{(0)})^2}{A_k^{(1)}} \tag{3-117}$$

2. 配套的降维法求 $\left\{\dfrac{\partial u}{\partial A}\right\}$

如果仍用摄动法求 $\left\{\dfrac{\partial u_j}{\partial A_k}\right\}^{(1)}$ 则需要计算初始点的 $\left(\dfrac{\partial^2 u_j}{\partial A_k \partial A_l}\right)^{(0)}$,需要相当多的计算量和机器存储量。如果像第二节中那样用拟荷载法的方程式(3-13)求解 $\left\{\dfrac{\partial u}{\partial A_k}\right\}$,就必须将修改设计后的刚度阵加以三角化或求逆。现在用了摄动法代替完整的重分析,不要对这个刚度阵三角化或求逆,因此就必须找一个与摄动法求 $\{u\}$ 配套的方法来计算 $\left\{\dfrac{\partial u}{\partial A_k}\right\}$,比较简单和精度好的方法是降维法。

在初始点(0),已经计算出 $\{u\}^{(0)}$ 和 $\left\{\dfrac{\partial u}{\partial A_k}\right\}^{(0)}$,因 $K=1,2,\cdots,BM$,故已知 $(BM+1)$ 个向量,我们把它们其中若干个 $r(r<m)$ 作为基向量:

$$[\psi] = \left[u^{(0)}, \frac{\partial u^{(0)}}{\partial A_1}, \frac{\partial u^{(0)}}{\partial A_2}, \cdots\right] \tag{3-118}$$

$[\psi]$ 是 $m \times r$ 阶矩阵,而令待求的向量为

$$\left\{\frac{\partial u}{\partial A_k}\right\} = [\psi]\{y\} \tag{3-119}$$

其中,$\{y\}$ 为新的未知向量(r 维),它的维数小于 $\left\{\dfrac{\partial u}{\partial A_k}\right\}$ 的维数。将式(3-119)代入求解 $\left\{\dfrac{\partial u}{\partial A_k}\right\}$ 的方程(即前面的方程式(3-13)):

$$[K]^{(1)} \left\{\frac{\partial u}{\partial A_k}\right\}^{(1)} = -\left[\frac{\partial K}{\partial A_k}\right]^{(1)} \{u\}^{(1)} \tag{3-120}$$

得

$$[K]^{(1)}[\phi]\{y\} = -\left[\frac{\partial K}{\partial A_k}\right]^{(1)}\{u\}^{(1)} \tag{3-121}$$

将上式前乘以$[\phi]^{\mathrm{T}}$：

$$([\phi]^{\mathrm{T}}[K]^{(1)}[\phi])\{y\} = -\left([\phi]^{\mathrm{T}}\left[\frac{\partial K}{\partial A_k}\right]\right)^{(1)}\{u\}^{(1)} \tag{3-122}$$

方程式(3-122)的维数为$(BM+1)$，比之原来的方程式(3-120)的维数n为小，所以称为降维法。这方法的精度取决于基向量的选择。方程中右端$\{u\}^{(1)}$就用改进的摄动解。

例题(3-13) 图 3-24 所示桁架。1,2,3,4 杆的截面相同，为 A_1；5,6 杆的截面相同，为 A_2。$E=20, P=20$，设：原点$\{A\}^{(0)} = \begin{Bmatrix} 0.6 \\ 0.7 \end{Bmatrix}$，摄动点 $A^{(1)} = \begin{Bmatrix} 0.3 \\ 0.5 \end{Bmatrix}$，设计

量变化率为$\dfrac{\Delta A}{A(0)} = \begin{Bmatrix} -50\% \\ -28.57\% \end{Bmatrix}$，通过结构正确的分析得(0)的：

$$\{u\}^{(0)} = \begin{Bmatrix} u_a \\ V_a \\ u_b \\ V_b \end{Bmatrix}^{(0)} = \begin{Bmatrix} 3.4010 \\ -0.9539 \\ 2.9376 \\ 0.8239 \end{Bmatrix}$$

$$\left[\frac{\partial u}{\partial A_1}, \frac{\partial u}{\partial A_2}\right]^{(0)} = \begin{bmatrix} -2.3438 & -2.8567 \\ 1.6526 & -0.0556 \\ 1.6068 & -2.8255 \\ -1.3103 & -0.0556 \end{bmatrix}$$

在(1)的各种结果如表 3-27。

表 3-27

u					$\left[\dfrac{\partial u}{\partial A_1} \quad \dfrac{\partial u}{\partial A_2}\right]$			
精确解	普通摄动解		改进摄动解		精确解		降维解	
	A_k 空间	$\dfrac{1}{A_k}$ 空间	A_k 空间	$\dfrac{1}{A_k}$ 空间				
5.6039	4.6755	5.6072	5.4346	5.6042	−9.3492	−5.5982	−9.3497	−5.5998
−1.9357	−1.4385	−1.9299	−1.9459	−1.9311	6.7110	−0.1539	6.7073	−0.1527
4.6924	3.9847	4.6930	4.5610	4.6920	−6.4559	−55113	−6.4549	−5.5128
1.6204	1.2281	1.6257	1.6151	1.6245	−5.1438	−0.1545	−5.1464	−0.1546
平均误差	20.39%	0.18%	1.47%	0.13%	平均误差		0.125%	

例题 (3-14) 同上例，只是摄动点改为 $\{A\}^{(1)} = \begin{Bmatrix} 0.3 \\ 1.0 \end{Bmatrix}$，于是 $\dfrac{\Delta A}{A^{(0)}} =$

$\begin{Bmatrix} -50\% \\ 42.86\% \end{Bmatrix}$,各种结果如表 3-28。

表 **3-28**

u					$\left[\dfrac{\partial u}{\partial A_1} \quad \dfrac{\partial u}{\partial A_2}\right]$			
精确解	普通摄动解		改进摄动解		精确解		降维解	
精确解	A_k 空间	$\dfrac{1}{A_k}$ 空间	A_k 空间	$\dfrac{1}{A_k}$ 空间				
4. 2006	3. 2472	4. 2074	3. 2540	4. 2076	−9. 2922	−1. 4080	−9. 3093	−1. 4087
−1. 9865	−1. 4664	−1. 9547	−2. 0644	−1. 9586	6. 8484	−0. 0681	6. 8486	−0. 0679
3. 3180	2. 5720	3. 3083	2. 6129	3. 3088	−6. 4940	−1. 3697	−6. 4947	−1. 3704
1. 5691	1. 2003	1. 5984	1. 5151	1. 5974	−5. 0034	−0. 0681	−5. 0037	−0. 0682
平均误差	47.43%	1%	12.79%	0.90%	0.09%			

　　从这两个例题来看,在 A_k 空间中,改进摄动法比之普通摄动法,有比较高的精确度。但是在倒变量 $1/A_k$ 的空间中,两种方法的精度差不多,并且都很高,这是因为在倒变量空间,变位函数本身相当接近于线性,不管用什么线性摄动方法,精度都会很高的。这个例题同时也说明一个问题,图 3-24 的结构属于所谓正常型(见本章引言),这类问题最好在倒变量空间中进行摄动分析,可以获得相当高的精度。

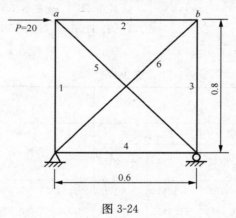

图 3-24

　　上二例中用降维法,仅将 4 维降为 3 维,这是为了做个手算题,在文献[C-8]中曾做了把 96 维自由度(124 杆)的空间桁架降为 5 维的例题,效果也很好。

第四章 统一的整体优化及 DDDU 程序系统

一、引 言

结构优化设计的发展，要从实地做起，我们首先根据文献[B-5]编制了一个 DDU-2 程序，用以对桁架进行优化设计，本章将专门介绍一个功能扩大了的程序系统-DDDU[B-6]（这是"多单元"、"多工况"、"多约束"、"优化"的汉语拼音缩写）。该程序系统是用文献[B-13]和[B-14]提供的结构化 FORTRAN 语言编写的，它由许多程序模块组成，便于今后不断地改进和扩充。

本章结合统一的整体优化设计，对 DDDU 的设计思想、编制和使用作扼要地叙述。

在轴力杆单元的基础上，增加了正交各向异性的等应变三角元（CST）和对称的平面剪切单元（SSP），使可以优化的结构系统由桁架这类杆系结构扩大到像机翼那种杆-膜结构，这是 DDDU 程序系统较之文献[B-5]和"结构优化设计的齿行法"所介绍的程序在功能上的扩大。从优化方法上看，DDDU 所采用的基本思想既不是第二章介绍的分部优化方法，又不是第三章介绍的分部优化与整体优化的结合法，而是统一的整体优化方法。

所谓统一的整体优化方法，是用统一的方法处理各种约束，包括变位约束这类"整体性约束"，又包括应力约束这类"局部性约束"，还包括尺寸约束这类实质上是限制变量区间的约束。将这三类不同种类的约束，采用力学和数学手段化成同一种形式，让它们同时进入优化过程；也就是不再像前两章那样，把约束分类，然后再分别处理。现在这样做，是为了更严格地处理问题。在建立了约束统一表达的优化模型后，用非线性规划的库-塔克条件建立起优化准则，又用二次规划的方法自动区分有效约束与无效约束（包括被动变量与主动变量）同时算出拉格朗日乘子，从而得出重设计公式。对于得到的新设计点，为了避免由于优化模型一系列近似带来的收敛的振荡，执行掺进力学概念的所谓带射线步的一维搜索。综上所述，从优化方法的分类上看，很难说 DDDU 采用的是准则方法还是非线性规划方法，应当说，这是一种通过力学概念将准则方法和非线性规划方法有机统一起来的整体性优化的混合方法。正如桑德（Sander）和富劳雷（Fleury）所指出的[A-12]，准则方法和非线性规划方法现在不仅在效率上而且在基本概念上已经很类似了。事实上，过去的两条途径，现在已走到一起来了。共同的难点是在迭代过程中如何区分被动变量与主动变量和有效约束与无效约束。文献[A-11]、[A-32]采用了对偶规划的手段,效果很好。DDDU 则采用二次规划来解决这个难点,似乎更为简明些。

二、优化数学模型和求解策略

　　DDDU 程序系统所考虑的结构是给定拓扑、几何外形和材料组成并且由前述三种单元组成的,其中轴力杆单元取其截面积作为设计变量,而 SSP 单元和 CST 单元分别取厚度为设计变量,于是在多种工况作用下,结构优化模型为下列 PO 规划:

$$\underline{PO} \begin{cases} \text{求 } A_i? \\[2mm] \text{使 } W = \sum_{i=1}^{N_m} \overline{W}_i A_i \text{ 最小} \\[2mm] \text{约束: } \sigma_{il} \leqslant \bar{\sigma}_i, \ u_{jl} \leqslant \overline{u}_j \\[2mm] \underline{A}_i \leqslant A_i \leqslant \overline{A}_i \\[2mm] \begin{cases} i = 1, 2, \cdots, N_m; \\ l = 1, 2, \cdots, L; \\ j = 1, 2, \cdots, N_d \text{。} \end{cases} \end{cases} \tag{4-1}$$

式中, A_i 为 i 单元的设计变量; $\overline{W}_i$ 为 $A_i = 1$ 时 i 单元的质量; σ_{il} 为 i 单元在 l 号荷载工况下的相当应力:

$$\sigma_{il} = \begin{cases} (\sigma_x)_{il} & \text{对于轴力杆单元} \\[2mm] (\sigma_x^2 + \sigma_y^2 - \sigma_x \sigma_y + 3\tau_{xy}^2)_{il}^{\frac{1}{2}} & \end{cases}$$

$$\text{对于 SSP 和 CST 单元}$$

u_{jl} 为在第 l 号荷载工况作用下第 j 号变位约束值; $\bar{\sigma}_i$、$\overline{u}_j$ 为分别为 σ_{il} 和 u_{jl} 的容许约束上限; $\underline{A}_i$、$\overline{A}_i$ 为分别为 A_i 设计变量的下限和上限; N_m, L, N_d 为分别为单元总数、荷载工况总数和变位约束总数。

　　求解 PO 规划的困难是很大的,其原因主要在于:

　　1) 设计变量的数目太多,重设计时区分被动设计变量与主动设计变量很困难;

　　2) 不等式约束的数目太多,重设计时区分有效约束与无效约束也很困难;

　　3) 约束函数是设计变量的隐函数,这不利于求解,而且不同种类的约束同时进入重设计中,也难于处理。

　　不仅有这些困难,而且从实用上要求重分析的次数越少越好。目前通常的要求是重分析次数不应超过 10 次就收敛。上述困难和要求使我们必须对 PO 规划进行一番优化的模型化处理,使之越过障碍,形成有效的优化算法。我们采取的措施是:

1）通过主设计变量控制从设计变量使设计变量空间降维化；

2）通过粗选"准有效约束"使约束有效化；

3）通过形成应力的相当虚荷载使约束形式归一化；

4）通过计算莫尔(Mohr)积分使约束近似显式化；

5）通过引入倒设计变量使约束准线性化；

6）通过射线步的使用使设计点可行化；

7）通过摄动分析代替一部分完整的结构重分析使结构重分析近似化。

这里的主设计变量对从设计变量的控制是：

$$F_i = A_{k(i)} F_i^0 \qquad 对于轴力杆单元$$

$$t_j = A_{k(j)} t_j^0 \qquad 对于 SSP 单元或 CST 单元 \qquad (4\text{-}2)$$

式中 F_i、t_j 分别为 i、j 单元有量纲的从设计变量，是具体的截面积或厚度；$k_{(i)}$、$k_{(j)}$ 分别为控制 i、j 单元的主设计变量编号；$A_{k(i)}$、$A_{k(j)}$ 分别是控制 i、j 单元的无量纲主设计变量值；F_i^0、t_j^0 分别是 $A_{k(i)} = 1$、$A_{k(j)} = 1$ 时的单元从设计变量值，称为设计变量模式。

显然，对于相同的 $k_{(i)} = k_{(j)}$，有 $A_{k(i)} = A_{k(j)}$，这表明同一"主设计变量"可以横跨不同种类的单元控制"从设计变量"；当设计规范或施工工艺要求不同种类的单元保持固定的比例（例如要求腹板和蒙皮各单元采用等厚的材料制作）时，就属于这种情况。而通常的设计变量连接[A-8～A-10]只能连接同种单元，不具备上述功能。本方法不仅可以减少设计变量数目和控制不同种类的单元，而且还可以在利用对称性取出结构若干分之一的子结构进行优化时，使对称面处的单元与非对称面处的同一主设计变量控制的单元保持固定的比例。

经过上述措施，设计变量空间的维数降为主设计变量的个数 M。由于有效约束是在最优点取等式的约束，因而线性无关的有效约束最多只能是 $(M-1)$ 个，否则设计自由度就不存在了。因此必须从大量约束中删除掉赘余的约束。这正是优化的一个难点，稍后介绍的二次规划可自动地区分有效约束与无效约束，但是正如先过粗筛然后过细筛会提高筛沙子的效率一样，我们先执行粗选约束将大大降低用二次规划精选有效约束的运算量。由于粗选前先执行了射线步使设计可行化（见第三章，下面还要讲），所以每个响应比 $\left(\dfrac{\sigma_i}{\bar{\sigma}_i}, \dfrac{u_j}{\bar{u}_j}, \dfrac{A_k}{\bar{A}_k} \right)$ 都不大 1。我们称响应比等于 1 的约束为"临界约束"，接近 1 的为"关切约束"或"潜临界约束"。粗选总的准则是：在重设计的每一点最多只保留 M 个临界约束和潜临界约束。最优点处的临界约束是有效约束，非最优点处按上述准则保留的约束未必是有效约束，因称之为"准有效约束"。除了这个总准则，还有三个细微一点的准则。一个是对于不同的种类按尺寸约束-应力约束-变位约束的优先序确定准有效约束，亦即，响应比接近的不同约束中，优先保留尺寸约束，其次是应力约束，最后是变位约束，这种处理是因为它们对设计变量摄动的反应是不一样的,尺寸约束最敏感,应力约束次之,变位约束最迟钝。第二个准则是随着设计迭代的进程,对准有效约束的选择要逐渐严格,亦即删除赘余约束的响应比截断线在[0,1]区间内单调递增。第三个是避免线性相关约束进入准有效约束的准则:对于应力约束,由某个工况,某个主设计变量控制的所有单元中,各类单元只允许有一个应力响应比最大的单元参与准有效约束的选择;对于变位约束,凡对称的变位只能取一个参与准有效约束的选择。经过粗选,我们得到的准有效约束数 $N \leqslant M$。

第三章介绍的桁架结构优化程序中,采用了单位虚荷载法表达了各轴力杆单元对变位的贡献,DDDU 程序系统继续运用这一方法,为此,我们补充推导出 CST 单元和 SSP 单元对变位贡献的莫尔积分表达式(详见本章之三),其中已显含设计变量,如果把表达式中的内力看做常量,那么这就是约束的近似显式化。应力约束是否也有同样的表达式呢? 为此,我们采用虚功原理推导出应力相当虚荷载公式(详见本章第三节)。如果某个应力经粗选被确定为准有效约束,那么就首先算出它的相当虚荷载,某应力的相当虚荷载是这样定义的:相当虚荷载作用下的虚内力在实际荷载作用下的虚功就恰等于该应力值。由此看来,应力约束也像变位约束一样,可用莫尔积分表达式达到近似显式化的目的,而且约束表达式都取一样的形式如第二章的公式(3-2)。如果引入倒设计变量 $\alpha_k = \dfrac{1}{A_k}$,那么应力约束和变位约束形式上就变成了线性约束,实际内力与设计变量隐式相关,因而称之为约束准线性化。又因尺寸上下限约束本来就是准确的线性约束,所以应力、变位和尺寸约束就在形式上归一化为显式线性函数了。不难看出,应力约束和变位约束这种显式准线性化是以结构分析为代价的,然而它与算偏导数是同一量级的工作量。为了节省这种运算量,一定要在约束粗选之后执行。

经过约束粗选和约束归一化,每个准有效约束都对应于两个信息:

约束号	1	2	3	⋯	N
信息 1	R(1)	R(2)	R(3)	⋯	R(N)
信息 2	V(1)	V(2)	V(3)	⋯	V(N)

上表中,信息 1、2 对不同的约束的含义是:

约束种类	尺寸下限	尺寸上限	应　　力	变　　位
信息 1	主设计变量号	主设计变量号	实工况号	实工况号
信息 2	0	−1	应力的相当虚荷载号	变位的虚工况号

CST 单元和 SSP 单元像轴力杆单元一样,单元刚度阵与设计变量成正比,所以执行射线步不改变内力分布,因而可以按比例改变位移和应力,使设计点落在可

行域的边界上。DDDU 程序系统中采用的射线步与第三章所述是一致的,只是射线步系数互为倒数,这并无本质的不同。

采用的第七个措施摄动分析,我们稍后一点再作介绍。

采用了上述第 1～5 条措施之后,<u>PO</u> 规划就可以化为下述 <u>P1</u> 规划了:

$$\underline{P1}:\begin{cases} 求\ a_k\ 使\ W = \sum_{k=1}^{M} \dfrac{L_k}{a_k} \qquad 最小 \\[3mm] 约束:G_r = \sum_{k=1}^{M} \tau_{rk} a_k - \overline{\Delta}_r \leqslant 0 \end{cases} \tag{4-3}$$

式中,$a_k = \dfrac{1}{A_k}$ 为倒的主设计变量;L_k 为当 $a_k = 1$ 时,第 K 号变量集元(即第 K 号主设计变量控制的所有单元)的质量;τ_{rk} 为当 $a_k = 1$ 时第 k 号变量集元对第 r 号准有效约束所提供的贡献;$\overline{\Delta}_r$ 为第 r 号准有效约束的容许限值;M、N 为分别为主设计变量个数和准有效约束个数。

上式中 τ_{rk} 的详细表达式下面将予介绍。对于应力和变位约束,τ_{rk} 由虚、实工况下的内力乘积之和组成,因而是设计变量的隐函数。如果把 τ_{rk} 看做不变,在这种近似线性化下,<u>P1</u> 规划就便于求解了。由于准确的显式约束不能一次求出,就只能用一系列具有某些静定特性的带线性约束的问题逼近原问题 <u>PO</u>。既然以迭代为手段,在这个问题中,与其求 a_k,不如求 δa_k 来得方便些,而

$$a_k = a_k^0 + \delta a_k \tag{4-4}$$

式中,a_k^0 是当前设计点,这就是说,从当前设计点出发找 δa_k,而当前就是上一次迭代的结束,下一次迭代的开始。它是非线性规划中"尊重历史"这个平凡而重要的思想。因此,我们将 <u>P1</u> 规划在 a_k^0 的邻域按 Taylor 公式展开保留有关阶得到 <u>P2</u> 规划:

$$\underline{P2}:\begin{cases} 求\ \delta a_k\ 使\left[W(\{\delta a\}) = W^0 + \sum_{k=1}^{M} \left(\dfrac{-L_k}{(a_k^0)^2} \delta a_k \right.\right. \\[3mm] \qquad \left.\left. + \dfrac{L_k}{(a_k^0)^3}(\delta a_k)^2 \right] 最小 \right. \\[3mm] 约束:G_r(\{\delta a\}) = G_r^0 + \sum_{k=1}^{M} \tau_{rk}^0 \delta a_k \leqslant 0 \end{cases} \tag{4-5}$$

$$(r = 1,2,\cdots,N;\ k = 1,2,\cdots,M)$$

式中,$W^0 = \sum_{k=1}^{M} \dfrac{L_k}{a_k^0}$ 为当前设计 $a_k^0(k = 1,2,\cdots,M)$ 处的结构质量;$G_r^0 = \sum_{k=1}^{M} \tau_{rk}^0 a_k^0 - \overline{\Delta}_r$ 为当前设计 $a_k^0(k = 1,2,\cdots,M)$ 处的约束亏量或负的约束余量。

由 <u>P1</u> 规划形成 <u>P2</u> 规划时,目标函数保留了二阶项,约束函数保留了一阶项。为什么要这样处理呢?原因有三:1) 为了把复杂的问题化为一系列简单的问题,约束按一阶近似既可以节省约束近似显式化的计算量,又可以使优化算法变得简

捷。2) 由于倒设计变量的引入,约束超曲面很接近超平面了,这一点在第二章末的一个例题中明显地证实了这一点。目标函数则由超平面变成了倒设计变量空间中一个曲率很大的超曲面,因而约束函数按一阶近似,目标函数自然要取高阶近似了,至于取二阶近似当然还是为了使优化的算法简捷。3) 如果在一次重分析中假定内力不变,亦即从静定的意义上视 τ_{rk} 为常数,则约束的二阶以上偏导数皆为零,可见在倒变量空间中约束只取一阶近似是很自然的。

　　还须说明约束的一阶展开式中为什么不含有 τ_{rk} 对设计变量的梯度的有关项 $\sum_{k=1}^{M} a_k \delta \tau_{rk}$?对于应力约束或变位约束,$\tau_{rk}$ 为虚、实工况下内力乘积之和,如果从内力在一次重设计中假定是不变的意义上看,τ_{rk} 对设计变量的各阶偏导数全为零,一阶亦不例外;退一步讲,不引用内力不变的假定也可得出 $\sum_{k=1}^{M} a_k \delta \tau_{rk} = 0$ 的结论(见公式(3-17) 的说明)。所以 τ_{rk} 对设计变量的梯度不在式(4-5)的约束中出现。

　　上面两种论述的意义是不同的,后一种不需内力不变的假定,这对我们算法的可靠性更为有利,它表明约束是在超静定意义下的一阶近似,如果从静定意义上看,约束则是无穷阶近似,亦即准确的了。这正是 DDDU 算法稳定高效的原因之一。

　　$P2$规划是一个带有不等式约束的二次规划。为了使优化的算法更为有效和节省,我们并不直接求解$P2$规划,而是进行如下处理。

　　首先引进$P2$规划的拉格朗日函数:

$$\Phi(\{\delta a\}, \{\mu\}) = W(\{\delta a\}) + \sum_{r=1}^{N} \mu_r G_r(\{\delta a\}) \tag{4-6}$$

式中,$\{\mu\}$ 为 μ_r 组成的拉格朗日乘子向量。

库-塔克条件给出最优解的必要条件:

$$\frac{\partial \Phi}{\partial (\delta a_k)} = 0, \ \mu_r G_r = 0, \ G_r \leqslant 0, \ \mu_r \geqslant 0 \tag{4-7}$$

据式(4-5)、式(4-6),则式(4-7)可以化为以下各式:

$$\delta a_k = \frac{a_k^0}{2} \left[1 - \frac{(a_k^0)^2}{L_k} \sum_{r=1}^{N} \mu_r \tau_{rk}^0 \right] \tag{4-8}$$

$$G_r(\{\delta a\}) = 0 \quad \text{若} \ \mu_r > 0 \ (\text{有效约束}) \tag{4-9}$$

$$G_r(\{\delta a\}) \leqslant 0 \quad \text{若} \ \mu_r = 0 \ (\text{无效约束}) \tag{4-10}$$

式中

$$G_r(\{\delta a\}) = G_r^0 + \sum_{k=1}^{M} \tau_{rk}^0 \delta a_k \tag{4-11}$$

　　式(4-8)表达的重设计公式是简洁的,它归于求$\{\mu\}$。为此,将式(4-8)代入式

（4-9）、式（4-10），得到：

$$-\sum_{\rho=1}^{N} T_{r\rho}\mu_{\rho} + b_r \begin{cases} = 0, & \text{若 } \mu_r > 0; \\ \leqslant 0, & \text{若 } \mu_r = 0。 \end{cases} \tag{4-12}$$

其中

$$T_{r\rho} = \sum_{k=1}^{M} \frac{(a_k^0)^3}{2L_k}\tau_{rk}^0\tau_{\rho k}^0 \tag{4-13}$$

$$b_r = \sum_{k=1}^{M} \frac{a_k^0}{2}\tau_{rk}^0 + G_r^0 \tag{4-14}$$

$$(r,\rho = 1,2,\cdots,N)$$

可以证明，满足式（4-12）的 $\{\mu\}$ 是下列 $\underline{P\mu}$ 二次规划的最优解：

$$\underline{\underline{P\mu}}: \begin{cases} \text{求} \{\mu\} \text{ 使} \left(\frac{1}{2}\{\mu\}^{\mathrm{T}}[T]\{\mu\} - \{b\}^{\mathrm{T}}\{\mu\}\right) \text{最小} \\ \text{约束} \{\mu\} \geqslant 0 \end{cases} \tag{4-15}$$

式中，$[T]$ 为是以式（4-13）为元素的 $N \times N$ 矩阵；$\{b\}$ 为是以式（4-14）为元素的 N 阶向量。

式（4-12）与式（4-15）解的等价性取决于 $[T]$ 阵的正定对称性和以下定理。

定理：

对于 $\{X\} \in E_M$

$$\begin{cases} \min\left(Q(X) = \frac{1}{2}\{X\}^{\mathrm{T}}[A]\{X\} - \{B\}^{\mathrm{T}}\{X\}\right) \\ \text{约束：} \{X\} \geqslant 0 \end{cases} \tag{4-16}$$

如果 $[A]$ 为半正定对称矩阵，那么 $\{X^*\}$ 为上述二次规划最优解的充要条件为 $\{X^*\}$ 满足下式：

$$X_i^* > 0 \text{ 时} \sum_{j=1}^{M} A_{ij}X_j^* - B_i = 0 \tag{4-17}$$

$$X_i^* = 0 \text{ 时} \sum_{j=1}^{M} A_{ij}X_j^* - B_i \geqslant 0 \tag{4-18}$$

证明：

先证必要性，引进 $\{\lambda\} \in E_M$，则式（4-16）的拉格朗日函数为

$$L = \frac{1}{2}\{X\}^{\mathrm{T}}[A]\{X\} - \{B\}^{\mathrm{T}}\{X\} - \{\lambda\}^{\mathrm{T}}\{X\} \tag{4-19}$$

由库-塔克条件

$$\frac{\partial L}{\partial X_i} = 0, \quad X_i \geqslant 0, \quad \lambda_i X_i = 0, \quad \lambda_i \geqslant 0 \tag{4-20}$$

亦即

$$\sum_{j=1}^{M} A_{ij}X_j - B_i - \lambda_i = 0, \quad X_i \geqslant 0, \quad \lambda_i X_i = 0, \quad \lambda_i \geqslant 0 \tag{4-21}$$

由此得

$$若 X_i = 0，则 \lambda_i \geqslant 0，于是 \sum_{j=1}^{M} A_{ij}X_j - B_i \geqslant 0 \qquad (4\text{-}22)$$

$$若 X_i > 0，则 \lambda_i = 0，于是 \sum_{j=1}^{M} A_{ij}X_j - B_i = 0 \qquad (4\text{-}23)$$

必要性证毕。

再证充分性。设 $\{X^*\}$ 为满足式(4-17)、式(4-18)的一组解，只要证 $\{X^*\}$ 为式(4-16)的最优解就行了。

任取 $\{X\} \geqslant 0$

$$
\begin{aligned}
Q(X) - Q(X^*) &= \frac{1}{2}\{X\}^{\mathrm{T}}[A]\{X\} - \{B\}^{\mathrm{T}}\{X\} \\
&\quad - \frac{1}{2}\{X^*\}^{\mathrm{T}}[A]\{X^*\} + \{B\}^{\mathrm{T}}\{X^*\} \\
&= \frac{1}{2}\{X\}^{\mathrm{T}}[A]\{X\} - \frac{1}{2}\{X^*\}^{\mathrm{T}}[A]\{X\} \\
&\quad + \frac{1}{2}\{X\}^{\mathrm{T}}[A]\{X^*\} \\
&\quad - \frac{1}{2}\{X^*\}^{\mathrm{T}}[A]\{X^*\} + \{B\}^{\mathrm{T}}(\{X^*\} - \{x\}) \\
&= \frac{1}{2}(\{X\} - \{X^*\})^{\mathrm{T}}[A]\{X\} \\
&\quad + \frac{1}{2}(\{X\} - \{X^*\})^{\mathrm{T}}[A]\{X^*\} \\
&\quad - \{B\}^{\mathrm{T}}(\{X\} - \{X^*\}) \\
&= \frac{1}{2}(\{X\} - \{X^*\})^{\mathrm{T}}[A](\{X\} - \{X^*\}) \\
&\quad + (\{X\} - \{X^*\})^{\mathrm{T}}([A]\{X^*\} - \{B\}) \qquad (4\text{-}24)
\end{aligned}
$$

由 $[A]$ 阵的半正定对称性，上式第一项 $\geqslant 0$，由于 $\{X\} \geqslant 0$，由式(4-17)，当 $X_i^* > 0$ 时，有

$$(X_i - X_i^*)(\sum_{j=1}^{M} A_{ij}X_j^* - B_i) = 0；由式(4\text{-}18)，当 X_i^* = 0 时，(X_i - X_i^*) \cdot$$

$(\sum_{j=1}^{M} A_{ij}X_j^* - B_i) \geqslant 0$；于是 $\sum_{i=1}^{M}\big[(X_i - X_i^*) \times (\sum_{j=1}^{M} A_{ij}X_j^* - B_i)\big] \geqslant 0$，亦即上式第二项 $\geqslant 0$。故式(4-24) $\geqslant 0$ 即 $Q(X) - Q(X^*) \geqslant 0$，即 $\{X^*\}$ 为最优解。

充分性证毕。

对照这个定理，不难看出，只要 $[T]$ 阵是对称半正定的，式(4-12)中 $\{\mu\}$ 的求解与 $\underline{P\mu}$ 规划最优解的求解是等价的。

下面我们来证$[T]$阵是正定对称的。

由式(4-13)，$T_{rp} = T_{\rho r}$，即$[T]$为对称阵。

任给非零的$\{y\} \in E_N$则

$$
\begin{aligned}
\{y\}^{\mathrm{T}}[T]\{y\} &= \sum_{\rho=1}^{N}\sum_{r=1}^{N} y_\rho \Big[\sum_{k=1}^{M} \frac{(a_k^0)^3}{2L_k} \tau_{rk}^0 \tau_{\rho k}^0 \Big] y_r \\
&= \sum_{k=1}^{M} \frac{(a_k^0)^3}{2L_k} \Big(\sum_{\rho=1}^{N} y_\rho \tau_{\rho k}^0 \Big) \Big(\sum_{r=1}^{N} y_r \tau_{rk}^0 \Big) \\
&= \sum_{k=1}^{M} \frac{(a_k^0)^3}{2L_k} \Big(\sum_{r=1}^{N} y_r \tau_{rk}^0 \Big)^2
\end{aligned}
\tag{4-25}
$$

式中，τ_{rk}^0 为矩阵 $\begin{bmatrix} \tau_{11}^0 & \tau_{12}^0 & \cdots & \tau_{1M}^0 \\ \vdots & & & \vdots \\ \tau_{N1}^0 & \tau_{N2}^0 & \cdots & \tau_{NM}^0 \end{bmatrix}$ 中的第 r 行行向量 $\{\tau^0\}_r^{\mathrm{T}} = [\tau_{r1}^0, \tau_{r2}^0, \cdots, \tau_{rM}^0]$

的元素，而这个行向量是各个设计变量对第 r 号约束（共 N 个约束）的贡献。由于粗选准有效约束时已保证 N 个行向量是线性独立的，即找不到任意非零的 $\{y\} \in E_N$，使 $\sum\limits_{r=1}^{N} y_r \{\tau^0\}_r^{\mathrm{T}} = [0, \cdots, 0]$，换句话说，对任意非零的 $\{y\}$，$\sum\limits_{r=1}^{N} y_r \{\tau^0\}_r^{\mathrm{T}} = \Big[\sum\limits_{r=1}^{N} y_r \tau_{r1}^0, \cdots, \sum\limits_{r=1}^{N} y_r \tau_{rM}^0 \Big] \neq [0, \cdots, 0]$ 即行向量中至少存在一个非零元素，不妨设其为 $\sum\limits_{r=1}^{N} y_r \tau_{r1}^0 \neq 0$ 亦即 $\sum\limits_{r=1}^{N} (y_r \tau_{r1}^0)^2 > 0$，而其余 $\Big(\sum\limits_{r=1}^{N} y_r \tau_{rk}^0 \Big)^2 \geqslant 0 (k = 1, 2, \cdots, M \wedge k \neq 1)$，又因 $\dfrac{(a_k^0)^3}{2L_k} > 0$，故可得

$$
\sum_{k=1}^{M} \frac{(a_k^0)^3}{2L_k} \Big(\sum_{r=1}^{N} y_r \tau_{rk}^0 \Big)^2 > 0 \quad 即 \{y\}^{\mathrm{T}}[T]\{y\} > 0
$$

由$\{y\}$的任意性，可知$[T]$是正定的。

至此，我们已证明了 $\underline{P2}$ 规划的拉格朗日乘子的求解与$\underline{P\mu}$规划的等价性，其实还有更进一步的等价性，即$\underline{P2}$规划 $\Longleftrightarrow P\mu$ 规划及式(4-8)，这是因为$\underline{P2}$规划乃是凸规划，因而满足库－塔克条件的可行解是最优解。

可以看出，解$\underline{P\mu}$规划比解$\underline{P2}$规划要有利得多，这是因此$\underline{P2}$规划本来有 M 个变量加上由不等式约束引进的 N 个松弛因子，共 $M+N$ 个设计变量，而$\underline{P\mu}$规划只有 N 个非负设计变量，只有非负性约束，是为二次规划中最简单者，有成熟的算法可供使用[A-33]。

我们已叙述了 $\underline{P0}$、$\underline{P1}$、$\underline{P2}$、$\underline{P\mu}$ 四个规划。为了下面的讨论避免含混，我们称下列条件下的$\underline{P1}$规划为我们要求解决的原问题：式(4-3)中的约束没有漏掉真正的有效约束，而且 τ_{rk} 不是常数，而是设计变量的隐函数。

本来是求原问题的解,但由于我们作了两点重要的简化:1) $P1$ 规划按泰勒展开变成 $P2$ 规划;2) τ_{rk} 在每次重设计中视为常数。因此,我们按 $P\mu$ 规划解出 $\{\mu\}$ 代入式(4-8)得到的 $\{\delta a\}$ 并不就是原问题的解,最优解要靠反复迭代去逼近。

图 4-1 所示 A 点是当前设计的 $\{a^0\}$,两个有效约束 G_1、G_2 的线性近似为 $\bar{G}_1$、$\bar{G}_2$,由 $P\mu$ 规划解得 P 点,而实际最优点为 0,这是由于约束线性化造成的误差(出了可行域),这种误差如果过大,往往带来迭代过程的振荡,导致不收敛。因此,对每次 $P2$ 规划的最优点并不简单地作为下一轮的起点,而是以此为依据进行加工,用较少的运算量再加工得到更好的点,这主要是克服上述两点近似造成的不足:1) 用真正的目标函数而不是用其二阶近似来判断解的优劣;2) 考虑约束曲率的影响,不再当成超平面了。

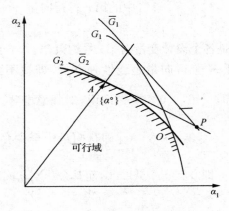

图 4-1

为了方便,这一工作在正设计变量空间中进行,初始点为 $A_k^0 = 1/a_k^0$,变量增量为 $\delta A_k = -\delta a_k/(a_k^0)^2$,把 $\{\delta A\}$ 当成一个好方向,在射线 $\{A^{(t)}\} = \{A^0\} + t\{\delta A\}$ 上寻找最优步长 t,但这条射线上的点并非都是可行点,可通过射线步使之可行化,因此适当地选择 γ,总可使 $\{A^{(t,\gamma)}\} = \gamma(\{A^0\} + t\{\delta A\})$ 成为可行点,而且如图 4-2 所示,只要把 γ 选成 t 的一个适当的函数 $\gamma = \gamma(t)$,曲线 $\{A^{(t,\gamma)}\}$ 总可以落在约束曲面的包络面上。

不难看出,曲线 $\{A^{(t,\gamma)}\}$ 上任一点的结构总质量均可以表示为 t 与 γ 的二元函数:

$$W(t,\gamma) = \sum_{k=1}^{M} L_k(A_k^0 + t\delta A_k)\gamma$$

$$= \gamma[W(\{A^0\}) + tW(\{\delta A\})] \tag{4-26}$$

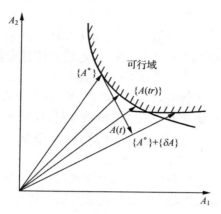

图 4-2

于是我们对解的再加工工作可以归结为下列 PL 规划

$$PL\begin{cases} \text{求 } t,\gamma, \text{使} [W(t,\gamma) = \gamma(W(\{A^0\}) + tW(\{\delta A\}))] \text{ 最小} & (4\text{-}27) \\ \text{约束}: \sigma_{il} \leqslant \bar{\sigma}_i (i = 1,2,\cdots,N_m; l = 1,2,\cdots,L) & (4\text{-}28) \\ u_r \leqslant \bar{u}_r (r = 1,2,\cdots,N_D) & (4\text{-}29) \\ \gamma(A_k^0 + t\delta A_k) \geqslant \underline{A}_k (k = 1,2,\cdots,M) & (4\text{-}30) \\ \underline{t} \leqslant t \leqslant \bar{t}, \ \gamma > 0 & (4\text{-}31) \end{cases}$$

式中，$W(t,\gamma)$ 为设计点 $\{A^{(t,\gamma)}\} = \gamma(\{A^0\} + t\{\delta A\})$ 的结构质量，是 t、γ 的函数；σ_{il} 为 $\{A^{(t,\gamma)}\}$ 点在 l 工况下 i 单元的相当应力；u_r 为 $\{A^{(t,\gamma)}\}$ 点的第 r 号准有效变位约束；N_D 为准有效变位约束的总数；$\underline{t}$、$\bar{t}$ 为分别为变量 t 的上下限，在 DDDU 中，我们取 $\underline{t} = 0, \bar{t} = 2$。

当 t 取定时，γ 越小，$w(t,\gamma)$ 越轻，但 γ 的变小要有限度，即不能使 $\{A^{(t,\gamma)}\}$ 跑出可行域，要取使解落在可行域边界上的 γ，这就是射线步系数 $\gamma = \gamma(t)$；又 $P2$ 规划解得的 $W(\{\delta A\}) < 0$ 而 $W(\{A^0\}) > 0$，故 t 越大，$W(\{A^0\}) + tW(\{\delta A\})$ 越小，但 t 若超过某个"度"，则 $\gamma = \gamma(t)$ 迅速增大，从而 $W(t,\gamma)$ 变大，故有一个最适宜的 $t^*, \gamma(t^*)$ 使 $W(t^*, \gamma^*)$ 最小，问题的关键是求 $\gamma = \gamma(t)$，而这要以结构分析为代价，为了尽量减少工作量，我们采用变量摄动的结构摄动分析。

为此，令 $\{A^0\}$ 处结构总刚度阵为 $[k]$，$\{\delta A\}$ 引起的总刚增量为 $\delta[k]$，由于刚度阵与设计变量的线性关系，可知 $t\{\delta A\}$ 引起的总刚增量为 $t\delta[k]$，于是 $\{A^{(t)}\}$ 点的总刚方程为

$$([k] + t\delta[k])(\{u^0\} + \{\delta u^{(t)}\}) = \{P\} \tag{4-32}$$

展开此式，注意到 $[k]\{u^0\} = \{P\}$ 且略去高阶项，使得

$$\frac{1}{t}[k]\{\delta u^{(t)}\} = -\delta[k]\{u\} \tag{4-33}$$

当 $t=1$ 时，上式为

$$[k]\{\delta u\} = -\delta[k]\{u\} \qquad (4\text{-}34)$$

$\{\delta u\}$ 系 $\{A\}=\{A^0\}+\{\delta A\}$ 时，由于 $\{\delta A\}$ 引起的总位移增量，故有

$$\{\delta u^{(t)}\} = t\{\delta u\} \qquad (4\text{-}35)$$

可见只要对式(4-34)求解一次，就可按式(4-35)算出直线 $\{A^{(t)}\}$ 上任一点的变位。称式(4-34)为设计变量摄动的结构摄动方程，其中 $-\delta[k]\{u\}$ 称为摄动分析的拟荷载右端项，第(三)节将介绍它的计算公式。根据式(4-35)，$\{A^{(t)}\}$ 点的变位为：

$$\{u^{(t)}\} = \{u^0\} + t\{\delta u\} \qquad (4\text{-}36)$$

由对号转换关系，单元节点位移向量也有类似关系：

$$\{D_p^{(t)}\}_i = \{D_p^0\}_i + t\{\delta D_p\}_i \qquad (4\text{-}37)$$

$\{A^t\}$ 点的单元内力向量为：

$$\{N\}_i = (A_{k(i)}^0 + t\delta A_{k(i)})[S]_i(\{D_p^0\}_i + t\{\delta D_p\}_i) \qquad (4\text{-}38)$$

其中，$k(i)$ 为控制 i 单元的第 k 号主设计变量号；$[S]_i$ 为设计变量 $A_{k(i)}=1$ 时的单元内力阵。展开式(4-38)并略去高阶项得

$$\{N\}_i = \{N^0\}_i + t\left(\{N^0\}_i \frac{\delta A_{k(i)}}{A_{k(i)}} + \delta_D\{N\}_i\right) \qquad (4\text{-}39)$$

其中

$$\delta_D\{N\}_i = A_{k(i)}[S]_i\{\delta D_p\}_i \qquad (4\text{-}40)$$

与式(4-37)类似，第 r 号准有效变位为

$$u_r = u_r^0 + t\delta u_r \qquad (4\text{-}41)$$

式中

$$u_r^0 = \sum_{k=1}^{M} \tau_{rk}^0 a_k^0 = \sum_{k=1}^{M} \frac{\tau_{rk}^0}{A_k^0} \qquad (4\text{-}42)$$

$$\delta u_r = \sum_{k=1}^{M} \tau_{rk}^0 \delta a_k + \sum_{k=1}^{M} a_k^0 \delta \tau_{rk} = -\sum_{k=1}^{M} \frac{\tau_{rk}^0 \delta A_k}{(A_k^0)^2} \qquad (4\text{-}43)$$

上式 $\sum_k a_k^0 \delta \tau_{rk} = 0$ 的道理前面已叙述过了。将式(4-42)、式(4-43)代入式(4-41)，得

$$u_r = \sum_{k=1}^{M} \tau_{rk}^0 \left(\frac{1}{A_k^0} - \frac{t\delta A_k}{(A_k^0)^2}\right) \qquad (4\text{-}44)$$

可见变位的摄动解只取决于 $\{A^0\}$ 点的情况，与式(4-39)比较，再次证实了变位约束不如应力约束灵敏的结论。

摄动解式(4-39)与式(4-44)表明 $\{A^{(t)}\}$ 直线上任一点的响应皆可表示为 $\{A^0\}$ 点结构分析与 $\{A^0\}+\{\delta A\}$ 点摄动分析的线性组合，这就提供了不必逐点进行结构分析去考虑约束曲率的办法。而约束曲率的影响则体现在射线步系数 γ 上。这正是求解 _PL_ 规划的关键。原则上可以把 $\gamma=\gamma(t),t\in[\underline{t},\bar{t}]$ 求出来，但是正如图

4-3 所示，$\gamma = \gamma(t)$ 系由多个临界约束的片段函数组成，而且不难推出每个片段的 $\gamma(t)$ 是 t 的线性函数或拟线性函数，求出片段函数的交点是耗费运算量的，这就不如换一条路径求解 $\underline{PL}$ 规划。

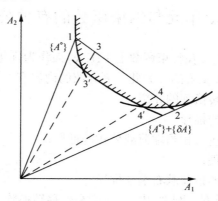

图 4-3

　　既然 γ 也是 t 的函数，于是目标函数 $W = W(t, \gamma(t))$ 实质上为 t 的单变量函数，故可以采用一维搜索技术，但通常的一维搜索是无约束的，而这里有约束；通常的一维搜索是在超直线上进行的，而这里则要在$\{A^{(t)}\}$ 这个超曲线上进行。不过这两点不同是可以克服的，我们将其化为通常一维搜索的办法是：给定 $t \to$ 算出 $\{A^{(t)}\}$ 的结构响应量 $\to$ 算出射线步系数 $\gamma \to$ 执行通常的一维搜索。

　　采用何种搜索技术为好呢？由于 $\gamma = \gamma(t)$ 是 t 的线性或拟线性函数的片段组成，所以目标函数是 t 的二次函数和拟二次函数的片段组成，采用抛物线法似乎比较理想，其实不然，问题就出在片段函数不可微上，因此抛物线法并不合适。我们采用了黄金分割法中的 0.618 法。该方法是众所周知的，无须赘述。需要指出一点：对于每个 t 求出的 γ，在比较目标函数时起作用。因此称之为带射线步的一维搜索，这是对 $\underline{PL}$ 规划的求解，所得最优解 t^*、γ^* 使得：

$$W(\gamma^*(\{A^0\} + t^* \{\delta A\})) \leqslant W(\{A^0\} + \{\delta A\})$$

综上所述，DDDU 程序系统的优化原理可用图 4-4 表示为：

图 4-4 并不是求解框图，它只是从逻辑上表示了优化原理，实际求解时，则是

图 4-4

直接形成 P_μ 规划，用二次规划求解，一维带射线步搜索对解精加工，优化过程是这三部分与结构重分析结合的循环迭代。

三、单元与约束函数的有关公式

优化模型的处理主要在约束函数上下工夫，而作为优化的基础的结构分析，单元的有关性质则是十分重要的。为此下面介绍的内容有：

1）对单元和四个转换阵的介绍；

2）变位约束公式的推导；

3）应力约束及其应力相当虚荷载公式的推导；

4）尺寸约束的处理；

5）设计变量摄动的拟荷载右端项推导。

单元的四个转换阵是：刚度、内力、应变和位移转换阵。

$$\{F_e\} = A[K_e]\{u_e\} \quad \text{或} \quad U_e = \frac{A}{2}\{u_e\}^{\mathrm{T}}[K_e]\{u_e\} \tag{4-45}$$

$$\{N_e\} = A[S]\{u_e\} \tag{4-46}$$

$$\{\varepsilon_e\} = [S_A]\{u_e\} \tag{4-47}$$

$$\{u_e\} = [T]\{u_e\}_G \tag{4-48}$$

式中，$[K_e]$、$[S]$、$[S_A]$、$[T]$ 依次为上述转换阵；A 为控制单元的主设计变量；$\{F_e\}$、U_e 为单元的节点力向量和单元应变能；$\{u_e\}$、$\{u_e\}_G$ 为分别为单元在局部坐标系和全局坐标系中的节点位移向量；$\{N_e\}$ 为单元内力向量；对于轴力杆单元，定义为轴力；对于 SSP 单元，定义为高斯(Gauss)积分点处的内力；对于 CST 单元，定义为任一点的内力(因为它是平面等应变单元)；$\{\varepsilon_e\}$ 为单元的广义应变向量；对于轴力杆，定义为轴向变形 Δl；对于 SSP 单元，定义为高斯积分点处的已乘了单元面积的应变向量；对于 CST 单元，定义为任一点的已乘了单元面积的应变向量。

首先介绍轴力杆单元。它的单元局部坐标系与结构全局坐标系的角度可以是任意的，相应的四个阵分别表示为

$$[K] = \frac{EF^0}{l}\begin{bmatrix} 1 & -1 \\ -1 & 1 \end{bmatrix} \tag{4-49}$$

$$[S] = \frac{EF^0}{l}[-1 \quad 1] \tag{4-50}$$

$$[S_A] = [-1 \quad 1] \tag{4-51}$$

$$[T] = \begin{bmatrix} l'_x & m'_x & n'_x & 0 & 0 & 0 \\ 0 & 0 & 0 & l'_x & m'_x & n'_x \end{bmatrix} \tag{4-52}$$

式中，l'_x、m'_x、n'_x 为杆 x' 轴在全局坐标系中的方向余弦。

SSP 单元与 CST 单元适用于各向同性或正交各向异性材料：

$$\begin{Bmatrix} N_x \\ N_y \\ N_{xy} \end{Bmatrix} = A \begin{bmatrix} D_1 & D_2 & 0 \\ D_2 & D_3 & 0 \\ 0 & 0 & D_4 \end{bmatrix} \begin{Bmatrix} \varepsilon_x \\ \varepsilon_y \\ \gamma_{xy} \end{Bmatrix} \tag{4-53}$$

式中，$\{N\}^{\mathrm{T}} = [N_x N_y N_{xy}]$ 为单元某一点的内力向量；$\{\varepsilon\}^{\mathrm{T}} = [\varepsilon_x \varepsilon_y \gamma_{xy}]$ 为同一点的应变向量，A 为控制单元的无量纲主设计变量。

上式还可以简写为

$$\{N\} = A[D]\{\varepsilon\} \text{ 或 } \{\varepsilon\} = \frac{1}{A}[D]^{-1}\{N\} \tag{4-54}$$

式中

$$[D]^{-1} = \begin{bmatrix} f_1 & f_2 & 0 \\ f_2 & f_3 & 0 \\ 0 & 0 & f_4 \end{bmatrix}$$

$$f_1 = \frac{D_3}{D_1 D_3 - D_2^2}, \; f_2 = \frac{-D_2}{D_1 D_3 - D_2^2},$$

$$f_3 = \frac{D_1}{D_1 D_3 - D_2^2}, \; f_4 = \frac{1}{D_4} \tag{4-55}$$

内力与应力的关系为

$$\{N\} = At^0\{\sigma\} \tag{4-56}$$

SSP 单元(图 4-5)的厚度均匀，为 At^0，外形是矩形或由平均高度为 $2h$ 的梯形化成的相当矩形，矩形中部有沿厚度方向与高垂直的对称面(图 4-5 中 $x'o'z'$ 平面)，应力分布为：$\sigma_{x'} = c_1 y'$，$\sigma_{y'} = 0$，$\tau_{x'y'} = c_2$，c_1,c_2 为常数。程序中约定对称面取为局部坐标系中的 $x'o'z'$ 平面且与全局坐标系中 xoy 平面重合，y' 轴与 z 轴平行。

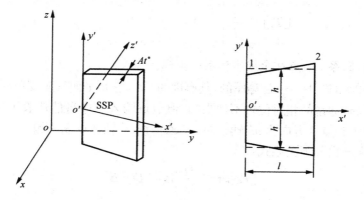

图 4-5

我们推导出下列关系式：

$$[K_e] = t^0 \begin{bmatrix} \left(\dfrac{h}{3f_1 l} + \dfrac{D_4 l}{4h}\right) & \dfrac{-D_4}{2} & \left(\dfrac{-h}{3f_1 l} + \dfrac{D_4 l}{4h}\right) & \dfrac{D_4}{2} \\ \dfrac{-D_4}{2} & \dfrac{hD_4}{l} & \dfrac{-D_4}{2} & \dfrac{-hD_4}{l} \\ \left(\dfrac{-h}{3f_1 l} + \dfrac{D_4 l}{4h}\right) & -\dfrac{D_4}{2} & \left(\dfrac{h}{3f_1 l} + \dfrac{D_4 l}{4h}\right) & \dfrac{D_4}{2} \\ \dfrac{D_4}{2} & \dfrac{-hD_4}{l} & \dfrac{D_4}{2} & \dfrac{hD_4}{l} \end{bmatrix} \tag{4-57}$$

$$[S] = \begin{bmatrix} \dfrac{-1}{f_1 \sqrt{3} l} & 0 & \dfrac{1}{f_1 \sqrt{3} l} & 0 \\ 0 & 0 & 0 & 0 \\ \dfrac{D_4}{2h} & \dfrac{-D_4}{l} & \dfrac{D_4}{2h} & \dfrac{D_4}{l} \end{bmatrix} \tag{4-58}$$

$$[S_A] = lh \begin{bmatrix} \dfrac{-f_1^2 + f_2^2}{f_1 \sqrt{3} l} & 0 & \dfrac{f_1^2 - f_2^2}{f_1 \sqrt{3} l} & 0 \\ \dfrac{-f_1 f_2 + f_2 f_3}{f_1 \sqrt{3} l} & 0 & \dfrac{f_1 f_2 - f_2 f_3}{f_1 \sqrt{3} l} & 0 \\ \dfrac{-f_4}{2h} & \dfrac{-f_4}{l} & \dfrac{f_4}{2h} & \dfrac{f_4}{l} \end{bmatrix} \tag{4-59}$$

$$[T] = \begin{bmatrix} [T_s] & [0] \\ [0] & [T_s] \end{bmatrix} \tag{4-60}$$

其中

$$[T_s] = \frac{1}{l} \begin{bmatrix} x_2 - x_1 & y_2 - y_1 & 0 \\ 0 & 0 & l \\ y_2 - y_1 & -x_2 + x_1 & 0 \end{bmatrix} \tag{4-61}$$

x_i、y_i($i=1,2$)系 i 节点在全局坐标系中坐标。

CST 单元(图 4-6)也是等厚的,其厚度为 At^0,它是平面等应变单元,程序对该单元与全局坐标系的相对位置不加限制,但节点输入顺序自然代表了局部坐标系的取向：点 1 到点 2 方向为 x' 轴正向,y' 轴垂直 x' 轴在点 3 一侧。

我们推导出如下关系式：

$$[K_e] = \frac{t^0 h l}{2} [B]^{\mathrm{T}} [D][B] \tag{4-62}$$

$$[S] = [D][B] \tag{4-63}$$

$$[S_A] = \frac{hl}{2} [D]^{-1}[S] \tag{4-64}$$

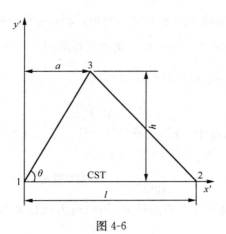

图 4-6

$$[T] = \begin{bmatrix} [T_s] & [0] & [0] \\ [0] & [T_s] & [0] \\ [0] & [0] & [T_s] \end{bmatrix} \quad (4\text{-}65)$$

式中，$[B]$ 和 $[T_s]$ 具体为

$$[B] = \frac{1}{hl} \begin{bmatrix} -h & 0 & h & 0 & 0 & 0 \\ 0 & a-l & 0 & -a & 0 & l \\ a-h & -h & -a & h & l & 0 \end{bmatrix} \quad (4\text{-}66)$$

$$[T_s] = \begin{Bmatrix} \dfrac{x_2 - x_1}{l_{21}}, & \dfrac{y_2 - y_1}{l_{21}}, & \dfrac{z_2 - z_1}{l_{21}} \\[3mm] \dfrac{\dfrac{x_3 - x_1}{l_{31}} - \dfrac{x_2 - x_1}{l_{21}}\cos\theta}{\sin\theta}, & \dfrac{\dfrac{y_3 - y_1}{l_{31}} - \dfrac{y_2 - y_1}{l_{21}}\cos\theta}{\sin\theta}, & \dfrac{\dfrac{z_3 - z_1}{l_{31}} - \dfrac{z_2 - z_1}{l_{21}}\cos\theta}{\sin\theta} \\[3mm] \begin{array}{c}[(y_2 - y_1)(z_3 - z_1) - \\ (z_2 - z_1)(y_3 - y_1)] \\ \div (l_{21} l_{31} \sin\theta)\end{array} & \begin{array}{c}[(z_2 - z_1)(x_3 - x_1) - \\ (x_2 - x_1)(z_3 - z_1)] \\ \div (l_{21} l_{31} \sin\theta)\end{array} & \begin{array}{c}[(x_2 - x_1)(y_3 - y_1) - \\ (y_2 - y_1)(x_3 - x_1)] \\ \div (l_{21} l_{31} \sin\theta)\end{array} \end{Bmatrix}$$

$$(4\text{-}67)$$

式中，x_i, y_i, z_i 为节点 $i (i = 1,2,3)$ 在全局坐标系中的坐标，l_{21}、l_{31} 分别为角 1 的两个邻边边长，θ 即角 1。

另需说明一下，$[S_A] = F[D]^{-1}[S]$ 对于 SSP 与 CST 单元皆成立（F 为单元平面面积）。

关于单元及其四个基本转换阵就简介这些，接着推导变位约束公式。

由虚功原理，结构在某荷载作用下的广义位移为

$$D = \sum_{i=1}^{N_m} D_i = \sum_{i=1}^{N_m} \int_i \{\sigma^V\}^{\mathrm{T}} \{\varepsilon^R\} \mathrm{d}V \quad (4\text{-}68)$$

式中，$\{\sigma^V\}$ 为单位虚荷载下的单元应力向量；$\{\varepsilon^R\}$ 为实荷载工况下的单元应变向量；$D_i = \int_i \{\sigma^V\}^T \{\varepsilon^R\} \mathrm{d}V$ 为 i 单元对广义变位贡献的莫尔积分形式。

对于轴力杆单元，D_i 有周知的简单形式：

$$D_i = \frac{N_i^V N_i^R l_i}{A_k^{(i)} E_i F_i^0} \tag{4-69}$$

在 DDDU 程序系统中，我们又推导了 SSP 单元与 CST 单元的莫尔积分公式。由式(4-54)、式(4-56)可将 D_i 化为下式：

$$D_i = \frac{1}{A_k^{(i)}} \int (\{N^V\}^T [D]^{-1} \{N^R\}) \mathrm{d}F \tag{4-70}$$

由于 CST 单元是平面等应变单元，因而内力函数是常数，故其莫尔积分变得很简单：

$$D_i = \frac{F}{A_k^{(i)}} [f_1 N_1^V N_1^R + f_2 (N_1^V N_2^R + N_2^V N_1^R)$$
$$+ f_3 N_2^V N_2^R + f_4 N_3^V N_3^R] \tag{4-71}$$

由于 SSP 单元内力分布为 $\{N\}^T = [\sqrt{3} N_1 \frac{y'}{h}, 0, N_3]$，$N_1$、$N_3$ 为高斯积分点处的 N_x、N_{xy}，y' 为局部坐标系中沿高 h 方向坐标，代入式(4-70) 得

$$D_i = \frac{F}{A_k^{(i)}} (f_1 N_1^v N_1^R + f_4 N_3^v N_3^R) \tag{4-72}$$

根据上面的结果，在 D_i 的下标中增加一个变位约移的下标 r，可将 D_{ri} 统一表示为

$$D_{ri} = A_k^{-1} \tau_{rki} \tag{4-73}$$

其中，τ_{rki} 为主设计变量 $A_k = 1$ 的 i 单元对第 r 号变位的贡献，且有：

$$\tau_{rki} = \begin{cases} \left(\dfrac{N^v N^R l}{EF^0}\right)_i & \text{对于轴力杆单元，} \\ F_i [f_1 N_1^v N_1^R + f_2 (N_1^v N_2^R + N_2^v N_1^R) \\ \quad + f_3 N_2^v N_2^R + f_4 N_3^v N_3^R]_i & \text{对于 CST 单元，} \\ F_i [f_1 N_1^v N_1^R + f_4 N_3^v N_3^R]_i & \text{对于 SSP 单元} \end{cases} \tag{4-74}$$

式中，上标 R 和 V 分别表示 r 号变位对应的实和虚工况号。

将式(4-73)对所有单元求和便得第 r 号广义变位：

$$D_r = \sum_{i=1}^{N_m} D_{ri} = \sum_{k=1}^{M} \frac{1}{A_k} \sum_i \tau_{rki} = \sum_{k=1}^{M} \frac{\tau_{rk}}{A_k} \tag{4-75}$$

式中，$\tau_{rk} = \sum_i \tau_{rki}$ 表示对第 k 号主设计变量控制的所有单元求和。

将 $A_k = \dfrac{1}{a_k}$ 代入式(4-75) 便得到了 $D_r = \sum_{r=1}^{M} \tau_{rk} a_k$，代入约束函数定义式 $G_r = D_r -$

$\bar{\Delta}_r$ 中，便得式(4-3)中的约束函数。

本章第二节曾指出这种约束的显式线性化的计算公式对于应力约束也是成立的，为此，需要推导出应力相当虚荷载公式。

在本章第二节中我们还指出要采用米赛斯强度条件计算 CST 和 SSP 单元的相当应力，即

$$\sigma_D = \max(\sigma_x^2 + \sigma_y^2 - \sigma_x\sigma_y + 3\tau_{xy}^2)^{\frac{1}{2}}$$

由于 SSP 单元应力按 $\dfrac{1}{At^0}[\sqrt{3}N_1\dfrac{y'}{h},\ 0,\ N_3]^T$ 分布，而 CST 单元应力是处处相等的，故我们有

$$\sigma_D = \begin{cases} (N_1^2 + N_2^2 - N_1 N_2 + 3N_3^3)^{\frac{1}{2}}/At^0 & \text{(SSP)} \\ (3N_1^2 + 3N_3^2)^{\frac{1}{2}}/At^0 & \text{(CST)} \\ N/AF^0 & \text{(轴力杆)} \end{cases} \qquad (4\text{-}76)$$

为了推导出应力相当虚荷载公式，首先要给出它的明确定义：结构在给定荷载作用下，如果某单元的相当应力可用该荷载下结构反应在另一荷载下结构反应上做的虚功来计算，那么，后一荷载称为应力相当虚荷载 $\{P_\sigma^v\}$。

设实际荷载下结构的总位移向量为 $\{u\}$，根据定义，相当应力同它的应力相当虚荷载的关系为

$$\sigma_D = \{P_\sigma^v\}^T\{u\} \qquad (4\text{-}77)$$

按式(4-76)，不难验证单元的相当应力为内力分量的一次齐次函数：

$$t\sigma_D(N_1,\ N_2,\ N_3) \equiv \sigma_D(tN_1,\ tN_2,\ tN_3) \qquad (4\text{-}78)$$

由齐次函数的欧拉(Euler)定理得

$$\sigma_D = \nabla\sigma_D \cdot \{N\} \qquad (4\text{-}79)$$

将式(4-46)代入上式得：

$$\sigma_D = A\nabla\sigma_D \cdot [S]\{u_e\} \qquad (4\text{-}80)$$

其中，单元位移向量 $\{u_e\}$ 与总位移向量的关系通过对号转换矩阵 $[T_e]$ 实现：

$$\{u_e\} = [T_e]\{u\} \qquad (4\text{-}81)$$

将式(4-81)代入式(4-80)，再与式(4-77)比较得：

$$\{P_\sigma^v\}^T\{u\} = A\nabla\sigma_D[S][T_e]\{u\} \qquad (4\text{-}82)$$

在上述推导中，假定了 $\{u\}$ 为实荷载对应的总位移向量，其实任意荷载下对应的 $\{u\}$，上述推导亦成立。由 $\{u\}$ 的任意性，从式(4-82)得

$$\{P_\sigma^v\} = A[T_e]^T[S]^T(\nabla\sigma_D)^T \qquad (4\text{-}83)$$

由式(4-76)得应力相当虚荷载的公式为

1) 轴力杆，　　　$\{P_\sigma^v\} = \dfrac{1}{F^0}[T_e]^T[S]^T$　　　$(4\text{-}84)$

2) CST 单元，

$$\{P_\sigma^v\} = \frac{1}{t^0(N_1^2 + N_2^2 - N_1 N_2 + 3N_3^2)^{\frac{1}{2}}}[T_e]^{\mathrm{T}}[S]^{\mathrm{T}}\begin{Bmatrix} N_1 - \dfrac{N_2}{2} \\[2mm] N_2 - \dfrac{N_1}{2} \\[2mm] 3N_3 \end{Bmatrix} \quad (4\text{-}85)$$

3) SSP 单元，　$\{P_\sigma^v\} = \dfrac{1}{t^0(3N_1^2 + 3N_3^2)^{\frac{1}{2}}}[T_e]^{\mathrm{T}}[S]^{\mathrm{T}}\begin{Bmatrix} 3N_1 \\ 3N_3 \end{Bmatrix}$　　　(4-86)

文献[A-32]给出了类似的应力相当虚荷载公式：

$$g_{Kl} = \frac{1}{\sigma_{eKl}}\boldsymbol{H}_K \boldsymbol{q}_l$$

用本文的符号表示，并加进局部坐标系向全局坐标的转换对号阵，上式改写为

$$\{P_\sigma^v\} = \frac{1}{\sigma_D}[T_e]^{\mathrm{T}}[H]\{u_e\} \quad (4\text{-}87)$$

式中

$$[H] = [S]^{\mathrm{T}}\begin{bmatrix} 1 & -\dfrac{1}{2} & 0 \\[2mm] -\dfrac{1}{2} & 1 & 0 \\[2mm] 0 & 0 & 3 \end{bmatrix}[S]$$

　　式(4-87)与本文的公式本质是一样的，但推导方法不同，更重要的是计算效率不一样。

　　以 CST 单元为例，因[S]阵为(3×6)矩阵，所以[H]为(6×6)矩阵公式(4-87)要执行(6×6)矩阵与(6×1)向量的乘法，而式(4-85)则只需执行(6×3)矩阵与(3×1)矩阵的乘法。显然，本文的计算量是比较节省的。

　　尺寸上限、下限约束本来就是准确的显式关系：

$$\frac{1}{A_K} \leqslant \frac{1}{\underline{A}_K} \quad \text{或} \quad a_K \leqslant \frac{1}{\underline{A}_K}$$

$$-\frac{1}{A_K} \leqslant -\frac{1}{\overline{A}_K} \quad \text{或} \quad -a_K \leqslant -\frac{1}{\overline{A}_K}$$

　　故对尺寸约束作如下处理：

尺寸下限　　　　　　$\tau_{rk} = \delta_{m(r),k}, \ \overline{\Delta}_r = \dfrac{1}{\underline{A}_K}$　　　　　　　(4-88)

尺寸上限　　　　　　$\tau_{rK} = \underline{\delta}_{m(r),K}, \ \overline{\Delta}_r = -\dfrac{1}{\overline{A}_K}$　　　　　　(4-89)

其中，$\delta_{m(r),k}$ 系克朗奈考(Kroneckel)dalta 符号：

$$\delta_{m(r),k} = \begin{cases} 1, & \text{当 } m(r) = k \\ 0, & \text{当 } m(r) \neq k \end{cases} \quad (4\text{-}90)$$

$m(r)$ 为第 r 号约束是尺寸约束时的设计变量号。

上述即约束形式归一化处理的具体推导。最后推导设计变量摄动的拟荷载右端项。回顾式(4-34)，拟荷载右端项为

$$\{P^v\} = -\delta[K]\{u\} \tag{4-91}$$

设 $A_{k(i)} = 1$ 时，i 单元刚度阵为 $[K_e]_i$，局部坐标系中单元位移向量为 $\{u_e\}_i$，结构总位移向量为 $\{u\}$，则有如下公式：

$$\{u_e\}_i = [T_e]_i\{u\}$$

$$[K] = \sum_{i=1}^{N_m}[T_e]_i^{\mathrm{T}}A_{k(i)}[K_e]_i[T_e]_i \tag{4-92}$$

式中，$[T_e]_i$ 为 i 单元位移向量与总位移向量之间的对号转换阵；$[K]$ 为结构总刚度阵，于是：

$$\begin{aligned}
\{P^v\} = &-\Big(\sum_{i=1}^{N_m}[T_e]_i^{\mathrm{T}}(A_{k(i)}^0 + \delta A_{k(i)})[k_e]_i[T_e]_i \\
&- \sum_{i=1}^{N_m}[T_e]_i^{\mathrm{T}}A_{k(i)}^0[k_e]_i[T_e]\Big)\{u\} \\
= &-\sum_{i=1}^{N_m}[T_e]_i^{\mathrm{T}}[k_e]_i\delta A_{k(i)}\{u_e\}_i
\end{aligned} \tag{4-93}$$

上式提供了拟荷载右端项的实际算法：首先对单元刚度阵与单元位移向量执行矩阵运算，然后向总位移向量对应的荷载右端项组装。但是我们并不采用这个算法，因为对于计算机的程序实现来说，理论上的求解还只是基础，更重要的是追求计算效率。正如应力相当虚荷载用 $[S]$ 与 $\{u_e\}$ 执行矩阵乘法不如用 $[S]$ 与 $\{N\}$ 的效率高一样，现在这个算法的改进也还是要从矩阵乘法上挖潜力。

为此，对于 i 单元，假定节点的任一虚变位 $\{\bar{u}_e\}_i$，单元内有与之协调的虚应变函数 $\{\bar{\varepsilon}^v\}$，其虚内力函数为 $\{\bar{N}^v\}$。

由虚功原理并与(4-70)类似，可得

$$A_{k(i)}\{\bar{u}_e\}_i^{\mathrm{T}}[k_e]_i\{u_e\}_i = \int_i\{\sigma^R\}^{\mathrm{T}}\{\bar{\varepsilon}^v\}\mathrm{d}v$$

$$= \frac{1}{A_{k(i)}}\int_i\{\bar{N}^v\}^{\mathrm{T}}[D]^{-1}\{N^R\}\mathrm{d}F \tag{4-94}$$

对于 CST 单元，由于内力为常数 $\{\bar{N}^v\}_i = \{\bar{N}\}_i$，$\{N^R\}_i = \{N\}_i$，并注意到 $\{\bar{N}\}_i = A_{k(i)}[S]_i\{\bar{u}_e\}_i$，于是上式为

$$\begin{aligned}
A_{k(i)}\{\bar{u}_e\}_i^{\mathrm{T}}[k_e]_i\{u_e\}_i &= \frac{F_i}{A_{k(i)}}\{\bar{N}\}_i^{\mathrm{T}}[D]_i^{-1}\{N\}_i \\
&= \{\bar{u}_e\}^{\mathrm{T}}F_i([D]^{-1}[S])_i^{\mathrm{T}}\{N\}_i \\
&= \{\bar{u}_e\}^{\mathrm{T}}[S_A]_i^{\mathrm{T}}\{N\}_i
\end{aligned} \tag{4-95}$$

式中，$[S_A] = F[D]^{-1}[S]$ 为单元应变阵。

由于 $\{\overline{u_e}\}_i$ 的任意性，从式(4-95)易得到

$$A_{k(i)}[k_e]_i\{u_e\}_i = [S_A]_i^{\mathrm{T}}\{N\}_i \tag{4-96}$$

此式对于 SSP 单元亦正确。只是推导中因其内力分布是函数而稍微复杂一点。与式(4-72)类似得

$$A_{k(i)}\{\overline{u_e}\}^{\mathrm{T}}[k_e]_i\{u_e\}_i = \frac{F_i}{A_{k(i)}}(f_1\overline{N}_1 N_1 + f_4\overline{N}_3 N_3)_i$$

$$= \frac{F_i}{A_{k(i)}}\{\overline{N}\}_i^{\mathrm{T}}[D]_i^{-1}\{N\}_i$$

此式与式(4-95)相同，故亦可得式(4-96)。

式(4-96)对轴力杆的正确性更易验证：

$$A_{k(i)}\{\overline{u_e}\}_i^{\mathrm{T}}[k_e]_i\{u_e\}_i = N\overline{\Delta l} = N[S_A]_i\{\overline{u_e}\}_i = \{\overline{u_e}\}_i^{\mathrm{T}}[S_A]_i^{\mathrm{T}}N$$

由 $\{\overline{u_e}\}$ 的任意性便得式(4-96)(其中$\{N\}_i = N$)。

将式(4-96)代入式(4-93)得

$$\{P^v\} = -\sum_{i=1}^{N_m}[T_e]_i^{\mathrm{T}}\frac{\delta A_{k(i)}}{A_{k(i)}}[S_A]_i^{\mathrm{T}}\{N\}_i \tag{4-97}$$

这就是我们在程序中用于实际运算的拟荷载右端项的算法公式。以 CST 单元为例可看出式(4-97)效率远比式(4-93)高。前者施行(6×3)矩阵与(3×1)向量的乘法，后者施行(6×6)矩阵与(6×1)向量的乘法。在每个单元计算上的节省，导致总的工作量的节省就可观了。

四、程序编制、使用及其算例

前面从逻辑和原理上阐述了 DDDU 程序系统的求解策略，把这些求解思想化为程序软件，还需要凝聚、精炼和概括，制作成实质性的算法。为此，我们采用了结构化程序设计的思想，用以避免实现一个大的程序系统可能发生的软件混乱，以便高效率地编写、研制和维护程序系统。

程序是实现算法的工程，它是由自己的许多子工程组成的。总的看来，DDDU程序系统可划分为两大部分——迭代前准备和迭代优化过程。迭代前的准备工作又分成两个小部分：一是原始数据的输入、加工和存放，二是结构重分析中不变模块的执行。迭代优化过程又分成两个小部分：一是结构重分析，二是结构重设计。

顺便解释一下什么是重分析中的不变模块。尽管每次重分析所处理的计算数据是不同的，但总可以从中提取相同的东西，即重分析中相对不变的物理量，例如抽出主设计变量、单元刚度阵、单元内力阵等都是不变的物理量，只要一次形成存放起来，每次需要时只要从库中调出来便可以使用。

在设计 DDDU 程序系统时,我们从功能上将其划分为前述四个部分,而这些部分又由很多职能明确的子模块组成,它们各具相对独立的功能,与整个程序系统是弱接口的,即一个模块的改变不影响或很少影响其他模块,没有牵一发动全身的模块,这不仅增强了程序的可读性,而且便于程序调试和改进。

由"宏观"到"微观",我们将求解思想一层层剖分为许多子模块,每个子模块又由若干模块化子模块组成;编制程序时,我们则是由"微观"到"宏观",先从最基本的子模块编写起,逐渐写回到主控程序;剖分模块时由前向后、由因到果地划分各个模块;编制程序时,由后向前、由果到因的完成各个模块。

就这样,我们利用结构化 FORTRAN 语言将前述优化设计策略与结构化程序设计思想结合起来,研制成功了 DDDU 程序系统,并在西门子(Siemens)计算机上得到了实现。其他具有内存操作系统和稳定的外存设备的大型计算机,同样可以运行本程序系统。

为了便于直观地了解 DDDU 程序系统的总框图,我们先以图 4-7 表示优化迭代设计的一个过程。

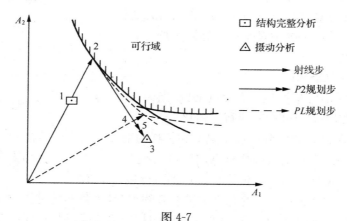

图 4-7

不失一般性,上图是在二维正设计变量空间中显示的。图中点 1、2、3、4、5 顺序代表了设计点的变迁轨迹。

点 1——初始设计点或上次迭代的终点 $\{A^0\}$,在此点进行结构分析;

点 2—— 射线步点 $\{A\} = \gamma\{A^0\}$;

点 3——通过二次规划 $\underline{P\mu}$ 求解 $\underline{P2}$ 规划得到的点 $\{A\} + \{\delta A\}$,在此点进行摄动分析;

点 4、点 5——通过带射线步一维搜索得到的 $\underline{PL}$ 规划最优点,点 5 是点 4 经近似射线步得到的,为 $\{A(t\gamma)\} = (\{A\} + t\{\delta A\})\gamma$。

图中虚线为由近似射线步逼近约束曲面超曲线。点 5 也是下次迭代的起始点。

　　DDDU 程序系统就是对于上图的具体实现,它的主程序也就是总的求解框图,我们用元语言表达这一主程序或总框图:

　　{数组说明及安排}

　　{调 PHASEA 输入结构的描述数据,简单加工并且予以存贮}

　　{调 LDMECH 完成对荷载数据的输入,简单加工并且予以存贮}

　　{调 ENAFRM 完成对单元固有属性信息(如单元平面面积等)的加工和存贮}

　　{调 STRESF 完成对单元内力阵的形成和存贮}

　　{调 STRAIF 完成对单元应变阵的形成和存贮}

　　{调 WGTDGF 完成对变量控制集元质量的计算与存贮}

　　{调 FMTSDG 完成单元对号转换信息的形成和存贮,同时形成总刚度阵的对角元地址}

　　{调 EMATRX 完成单元刚度阵的形成和存贮工作}

　　{调 PHASO 完成对优化所用数据的输入和简单加工}

　　{调 INTFAR 完成对内力存区的安排工作}

　　{调 FMLOAD 完成荷载右端项的形成和存储}

IPASS＝0(IPASS 记录结构重分析次数)

"LOOP"

IPASS＝IPASS＋1

　　{调 GLOASM 根据现行方案点 $\{A^0\}$ 组装总刚度阵}

　　{调 LDLT1 对总刚度阵执行三角化}

　　{调 ANAL1 进行实际荷载工况下和位移约束虚工况下的结构分析}

　　{调 SCALGT 根据结构分析算出的内力变位,并考虑尺寸下限,算出射线步系数 γ,执行 $\{A\}=\gamma\{A^0\}$,使设计点拉到可行边界点 2}

　　{调 SELCON 粗选出线性独立的准有效约束,其个数不超过主设计变量个数}

　　{调 ANAL2 计算应力准有效约束对应的相当虚荷载,利用已经三角化了的总刚度阵回代求解得位移并算内力}

　　{调 TAORK 计算 τ_{rk},亦即算出主设计变量对准有效约束的贡献并存贮}

　　{调 TMATRX 形成 $P\mu$ 规划的 $[T]$ 方阵与 $\{b\}$ 向量}

　　{调 MUGRT0 解 $P\mu$ 规划,得拉格朗日乘子向量 $\{\mu\}$}

　　{调 DELTAA 根据 $\{\mu\}$ 计算设计方案的修改值 $\{\delta A\}$ 得点 3}

　　{调 ANAL3 对 $\{\delta A\}$ 进行实荷载和虚荷载下的摄动分析}

　　{调 ONESCH 在点 2 与点 3 联线上进行一维带射线步搜索,得出最优点 t 和 γ'}

　　{调 AREUPD 得新设计点 $\{A^0\}=\gamma'(\{A\}+t\{\delta A\})$,即得图示的点 5}

　　{调 CONVER 得收敛判断值 EP}

"TEST"(EP. LT. TOLERA) "EXIT"

CONTINUE

"ENDLOOP"

STOP

"END"

以上是 DDDU 的程序总框图,也是主程序 PROGRAM。在上面的总框图中 TOLERA 是收敛精度 ε 的标识符,而 EP 是相邻两次设计变量向量:

$$EP = \left[\sum_{k=1}^{M} \left(\frac{A_k^{(v)} - A_k^{(v-1)}}{A_k^{(v)}} \right)^2 W_k \right]^{\frac{1}{2}}$$

式中,$A_k^{(v-1)}$、$A_k^{(v)}$ 分别为第 k 号主设计变量的第 $(v-1)$ 次和第 (v) 次迭代值,W_k 是由单位变量集元质量算出的权系数:

$$W_k = \frac{L_k}{\sum_{k=1}^{M} L_k}$$

显然 W_k 满足归一化条件:

$$\sum_{k=1}^{M} W_k = 1$$

程序的编制就介绍这些,下面将介绍程序使用,最后介绍算例。

为了说明程序使用方法,下面以十八单元机翼盒标准考题为例[A-8],介绍如何填写 DDDU 程序的原始数据。

图 4-8 所示这个结构,以 xoy 平面为对称面,利用对称性,只算一半结构,而且这是一个悬臂结构,在点 1、点 2 处被约束为固定点,其余点为完全自由(u、v、w 三个自由度)的节点。

钟万勰、隋允康在其"多单元程序设计思想和编制、使用"一文中用位移规格数来描写本结构的 7 个节点,点 1、2 的 $NQ=0$,而点 3、4、5、6、7 的 $NQ=111000$。附带说明一下图 4-9 示的结构位移规格数为 100000,这六个数依次代表 u、v、w、θ_x、θ_y、θ_z 的自由度,相应位数是 1 表示其对应的变位有自由度,相应位数是 0 表示对应的变位没有自由度。

关于结构的节点描述,详见表 4-1 和表 4-2。单元共 18 个,其中轴力杆单元 5 个,SSP 单元 8 个,CST 单元 5 个。主设计变量是 16 个,其中三个主设计变量控制 5 个 CST 单元,每个轴力杆和每个 SSP 单元各被一个主设计变量控制。三种单元的物理性质将由下表给出,由于本例的 SSP 和 CST 单元是各向同性材料组成:弹性模量为 $E=1.0 \times 10^7 \text{lb/in}^2$,泊松比为 $v=0.3$,其虎克定律方阵系数按下式计算:

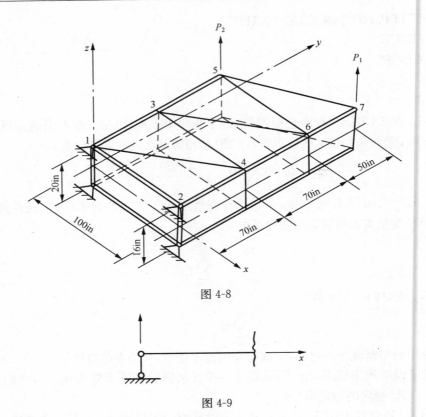

图 4-8

图 4-9

表 4-1

节点号	X 坐标	Y 坐标	Z 坐标	NQ 自由度
1	0.0	0.0	10.0	0
2	100.0	0.0	8.0	0
3	0.0	70.0	10.0	111000
4	100.0	70.0	8.0	111000
5	0.0	140.0	10.0	111000
6	100.0	140.0	8.0	111000
7	100.0	190.0	8.0	111000

表 4-2

虎克(Hooke)定律方阵元素/(lb/in)				许用应力 /(lb/in²)	容重 /(lb/in³)	厚度模式 /in
D_1	D_2	D_3	D_4	$\bar{\sigma}$	ρ	t^0
1.0989E7	0.32967E7	1.0989E7	0.3846E7	1.0E4	0.1	1.0

$$D_1 = \frac{Et^0}{1-v^2}, \quad D_2 = vD_1, \quad D_3 = D_1,$$

$$D_4 = \frac{(1-v)}{2}D_1$$

式中，t^0 为平面应力单元厚度模式，此题中取 $t^0 = 1\text{in}$，经运算得 D_1、D_2、D_3、D_4，用下表描述 CST 单元和 SSP 单元的性质：

本例是一组性质，DDDU 程序允许多组性质，只需按此表继续罗列即可。

轴力杆单元的性质列表 4-3 如下：

表 4-3　轴力杆单元的性质

截面刚度模式 /lb	弹性模量 /(lb/in²)	许用拉应力 /(lb/in²)	许用压应力 /(lb/in²)	容　重 /(lb/in³)
EF^0	E	$\bar{\sigma}+$	$\bar{\sigma}-$	ρ
$1.0E7$	$1.0E7$	$1.0E4$	$1.0E4$	0.1

其中，F^0 为轴力杆单元的截面积模式。轴力杆单元也可以有多组性质。

接着给出三种单元的表示。首先说明本程序用到的几个概念。一个是单元集，它是单元的集合，本程序约定一个单元集只能有同一种类（如全是 CST 单元）单元，单元集的划分由程序使用者完成；一个是单元类型号，用以区分单元的种类，用 ITYP 标识，对于轴力杆、SSP、CST 单元 ITYP 依次为 9、10、3；还有一个概念是接口点号，它是单元各个节点在结构中的节点编号；单元节点在本身的局部坐标系中的编号则称为出口点号，它表明了单元接口点号数据的输入顺序；例如，某 CST 单元的接口点号数据为 5，19，2，这表示单元出口点为 1、2、3 的结构节点编号依次为 5、19、2，这组数既表达了单元在结构中的位置，又表达了离散结构的拓扑关系（即节点之间的连接信息）。

下面列出本例的单元信息表 4-4：

表 4-4　单元信息

单元集	ITYP	接口点号			性质号	主设计变量号	初始设计值
		N_1	N_2	N_3			
1	3 (CST)	1	2	4	1	1	0.196
		4	3	1	1	1	0.196
		3	4	6	1	2	0.196
		6	5	3	1	2	0.196
		5	6	7	1	3	0.196

单元集	ITYP	接口点号			性质号	主设计变量号	初始设计值
		N_1	N_2	N_3			
2	9 (轴力杆)	1	3		1	4	0.98
		3	5		1	5	0.98
		2	4		1	6	0.98
		4	6		1	7	0.98
		6	7		1	8	0.98
3	10 (SSP)	1	3		1	9	0.196
		3	5		1	10	0.196
		2	4		1	11	0.196
		4	6		1	12	0.196
		6	7		1	13	0.196
		3	4		1	14	0.196
		5	6		1	15	0.196
		5	7		1	16	0.196

表中性质号是指轴力杆单元或平面应力单元的物理性质号,本例各类单元各有一种物理性质。如果是多种性质,那么性质号与物理性质表(表 4-2 或表 4-3)中性质组的序号相对应。

接着就介绍荷载数据。首先简介一下荷载工况与荷载模式[①]。

结构所承受的荷载工况乃是作用于节点上的力,记之为 $\{P\}_i(i = 1,2,\cdots,L_c)$,$L_c$ 为荷载工况总数,$\{P\}_i$ 总可以用若干个力的线性组合来表示:

$$\{P\}_i = \sum_{j=1}^{L_m} C_{ij} \{q\}_j$$

这个关系可有无穷多种,我们任选一组 $\{q\}_j$,使这组力的数量 L_m 尽量比荷载工况数 L_c 少,那么就可以用尽可能少的一组力表示工况了;称这样选得的 $\{q\}_j$ $(j = 1,2,\cdots,L_m)$ 为荷载工况的一组荷载模式,且称 L_m 为荷载模式数。

上式可写为矩阵形式

$$\begin{Bmatrix} \{P\}_1 \\ \vdots \\ \{P\}_{L_c} \end{Bmatrix} = \begin{bmatrix} C_{11} & \cdots & C_{1L_m} \\ \vdots & & \vdots \\ C_{L_c 1} & \cdots & C_{L_c L_m} \end{bmatrix} \begin{Bmatrix} \{q\}_1 \\ \vdots \\ \{q\}_{L_m} \end{Bmatrix}$$

称上式中 $[C]$ 阵为荷载调用表。引用荷载模式是为了少输入重复数据及降低程序计算量。

---

① 钟万勰、隋允康,"多单元程序设计思想和编制、使用"。

在 DDDU 程序系统中,NDPCT 个位移约束虚工况,与 LDCS 个实荷载工况在一起,称为广义荷载工况,其总数为 LDDPCS＝LDCS＋NDPCT;与广义荷载工况相对应,有广义荷载模式,应力相当虚荷载是程序自动计算的,使用者不必过问。

本例中实际荷载工况共两个,即 LDCS＝2,具体是:

工况一为 7 号点作用 P_z＝5000 磅;

工况二为 5 号节点作用 P_z＝10000 磅。

位移约束虚工况需要使用者根据力学概念删除多余的。本例在点 3 至点 7 皆有 x、y、z 三个方向的±2 英寸的变位约束,但根据结构形式和实荷载工况,我们可以只考虑 5、7 两节点沿 z 轴正向的位移约束,因此 NDPCT＝2,亦即它们分别为第 3 号,第 4 号广义荷载工况:

工况三为 7 号节点作用 P_z＝1;

工况四为 5 号节点作用 P_z＝1。

虽然广义荷载工况数 LDDPCS＝4,但广义荷载模式总数 LDMDUL 选为 2 就可以组合出四种工况了,亦即有如表 4-5、4-6 表示。

表 4-5　荷载模式表

荷载模式	力向量 1				力向量 2			
	P_X	P_Y	P_Z	作用点	P_X	P_Y	P_Z	作用点
1	—	—	1.0	7	—	—	—	—
2	—	—	1.0	5	—	—	—	—

表 4-6　荷载调用表

荷载工况号	荷载模式 1 系数	荷载模式 2 系数
1	5000.0	0.0
2	0.0	1.0E4
3	1.0	0.0
4	0.0	1.0

最后是关于优化所需的其他数据,这些内容包括设计变量下限,上限(见表 4-7),位移约束容许值,优化迭代的收敛精度等。其中设计变量上、下限是指主设计变量:

前面已指出,两个位移约束容许限皆为 2in,优化收敛精度为 0.001。

在前述的基础上,可以来填数据了。总的看来,DDDU 程序系统的数据可分成七个部分,下面结合十八单元机翼盒例子予以叙述。

第一部分:两个总的数据

4;(LDDPCS)

7;（NNODE）

注：LDDPCS 为广义工况总数，NNODE 为结构节点总数。

第二部分：节点描述数据

表 4-7　设计变量下限、上限

主设计变量号	1	2	3	4	5	6	7	8
下限 AREALOW	0.02	0.02	0.02	0.1	0.1	0.1	0.1	0.1
上限 AREAUPP	1.0	1.0	1.0	2.0	2.0	2.0	2.0	2.0
主设计变量号	9	10	11	12	13	14	15	16
下限 AREALOW	0.02	0.02	0.02	0.02	0.02	0.02	0.02	0.02
上限 AREAUPP	1.0	1.0	1.0	1.0	1.0	1.0	1.0	1.0

$X; A, 0.0, 1, 3, 5; A, 100.0, 2, 4, 6, 7; E;$

$Y; A, 0.0, 1, 2; A, 70.0, 3, 4; A, 140.0, 5, 6; A, 190.0, 7; E;$

$Z; A, 8.0, 2, 4, 6, 7; A, 10.0, 1, 3, 5; E;$

$NQ; A, 0, 1, 2; A, 111000, F, 3, 1, 5; E;$

注：X, Y, Z, NQ 分别为 X 坐标，Y 坐标，Z 坐标和位移规格数的专用字。A 为赋值专用字，赋值专用字后是所赋的具体的值，接着是节点号码若干个。E 为一段固定数据结束符号。在 NQ 段数据中有"$F, 3, 1, 5;$"这是循环步进数据，表示对初值 3，步长 1，循环 5 次，亦即与"$3, 4, 5, 6, 7;$"这段数据等价。加上前面的"$A, 111000,$"表示位移规格数为 111000 的节点为 3，4，5，6，7 号。循环步进数据在整个数据填写时都可以使用，特别对于个数较多的等差数列的使用显示了这种数据的优越性。这种数据的初值与步长也可以是实数。可对照表 4-1 读这段数据。

第三部分：单元性质数据

PRO; E; E; E;

$1.0989E7, 0.32967E7, 1.0989E7, 0.3846E7, 1.0E4, 0.1, 1.0; E; E;$

$1.0E7, 1.0E7, 1.0E4, 1.0E4, 0.1; E;$

注：PRO 是性质数据专用字，接着的三个 E 表示 IKIND＝1，2，3 的三类性质结束符，是我们的结构分析的程序系统具备的内容，DDDU 不具备它们，因此固定填写三个 E。接着的 7 个数据是 IKIND＝4 即平面应力单元的性质，具体意义详见表 4-2。这里只有一组性质，如果平面应力单元有多组性质，例如有 3 组时，就连续输入 3 组性质，共 21 个数据，在这之后再填一个结束符 E。接着是 IKIND＝5 的性质，DDDU 没有配备，固定填一个 E 即可。IKIND＝6 为轴力杆单元的性质数据段，共 5 个数据，具体意义详见表 3。轴力杆单元性质如果是多组，则输入多组数据，总的一个结束符 E。

第四部分：单元描述数据

CEL；3；(NCLLEC)16；(NDESGN)

3；(ITYP) 1，2，4，1；4，3，1，1；

   3，4，6，1；6，5，3，1；

   5，6，7，1；E；(CST 单元)

9；(ITYP) 1，3，1；3，5，1；2，4，1；

   4，6，1；6，7，1；E；(轴力杆)

10；(ITYP) 1，3，1；3，5，1；2，4，1；

   4，6，1；6，7，1；3，4，1；

   5，6，1；5，7，1；E；(SSP 单元)

  注：CEL 是单元数据的专用字；NCLLEC 为单元集总数，由使用者确定，但每个单元集只能是一种单元，可以隶属于不同的主设计变量；NDESGN 为主设计变量总数；单元种类号 ITYP＝3,9,10 固定对应于 CST 单元、轴力杆单元和 SSP 单元，单元描述数据是按单元集分组输入的，每个集有一个固定的结束符 E，此例三个 E 与前面的 NCLLEC＝3 相对应，否则出错。每个集里单元数据又细分为两部分，前边是接口点号，后边是性质号，详细与表 4-4 对应。

  第五部分：设计变量分类数据

DSV；

0.196；1001，2，E；0.196；1003，4，E；0.196；1005，E；

0.98；2001，E；0.98；2002，E；0.98；2003，E；

0.98；2004，E；0.98；2005，E；0.196；3001，E；

0.196；3002，E；0.196；3003，E；0.196；3004，E；

0.196；3005，E；0.196；3006，E；0.196；3007，E；

0.196；3008E；

  注：DSV 是设计变量表示专用字，每个主设计变量对单元控制的数据后面一个结束符 E。十六个主设计变量对应于十六个 E。每个主设计变量控制单元的情况分两大部分，首先是初始设计变量值，接着是单元集和单元的信息，以上面第 1 号主设计变量为例："0.196；1001，2，E；"其中 0.196 是 1 号主设计变量的初始值，1001 中的第一个"1"表示单元集号，个位数上的"1"表示单元号，亦即，第 1 号单元集中第 1 号单元被第 1 号主设计变量控制，接着的 2 表示第 1 号单元集中第 2 号单元被第 1 号主设计变量控制。一个主设计变量控制多个单元集的情况也类似，例如：某主设计变量初始值为 0.5，控制第 3 号单元集的第 12 号单元，同时控制第 4 号单元集中第 12 号单元和第 15 号单元，那么这段数据写成"0.5；3012，4012，15，E；"。

  第六部分：广义荷载数据

2；(LDMDUL)

2；(INT) ORD，345612，A，1.0，7；E；

2；(INT) ORD，345612，A，1.0,5；E；

1；(LNT) 5000.0，0.0，E；1；(LNT) 0.0，1.0E4，E；

1；(LNT) 1.0，0.0，E；1；(LNT) 0.0，1.0，E；

注：LDMDUL 是广义荷载模式数。INT 为荷载模式输入数据类型信息,共有三种类型:稠密型,稀疏型,铅垂型。INT＝1 为稠密型,即按节点号一个不漏地输入荷载,其输入格式为:

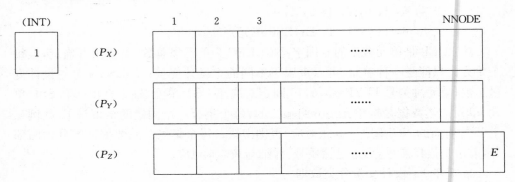

INT＝2 为稀疏型,即只输入有节点力的荷载,其输入模式为:

(INT)						
2	节点力模本	节点号集	…	节点力模本	节点号集	E

其中"节点力模本"是表示节点力情况的数据。模本又分成自然序表示和指定序表示两种类型。其中指定序表示是按指定的荷载顺序输入节点力,如本例的荷载模式 1,其中 2 表示 INT,ORD 为指定序专用字,接着的 345612 表示节点力输入顺序为 P_z、M_x、M_y、M_z、P_x、P_y,A 是赋值专用字,1.0 就是被赋的值,7 是节点号,E 为结束符。意思是:荷载模式 1 在 7 号节点作用 $P_z＝1.0$。自然序表示节点力接 P_x、P_Y、P_Z、M_X、M_Y、M_Z 的自然顺序输进,如:"A,-1.6,1.0,1,2,5;E;"表示 1、2、5 三个节点皆作用 $P_x＝-1.6$,$P_Y＝1.0$,没有 ORD 表示输入顺序了。下面接着介绍荷载模式的铅垂稠密表示格式,此时 INT＝3,用下面稠密的格式表示每个节点的一 P_Z:

(INT)	1	2	3	NNODE	
3				……	E

本例只采用了一种荷载模式输入格式,一般可交错采用不同的格式。最后说明一

下荷载调用表数据,其中 LNT 表示荷载调用表输入数据格式类型信息,LNT＝1,
2 分别为稠密表示和稀疏表示。如本例荷载模式 1 的调用表为"1;5000.0,0.0,
E;"表示荷载模式 1 的系数乘子为 5000.0,荷载模式 2 的系数乘子为 0.0。此例若
用稀疏格式表示,则为:"2;1,5000.0;E;"其中第 1 个数为 LNT＝2,第 2 个数为模
式号 1,第 3 个数为系数乘子 5000.0。一般 LNT＝2 的表示格式为:

2	模式号	系数乘子	……	模式号	系数乘子	E

总之,广义荷载数据共三大部分:荷载模式数,相应的荷载模式数据段,相应的
LDDPCS 广义荷载工况的调用表。模式和调用表所用的数据表达类型根据实际
情况可交错采用,以数据简洁为目的。

第七部分:优化用补充数据

0.02,0.02,0.02,0.1,0.1,0.1,0.1,0.1,0.02,0.02,0.02,
0.02,0.02,0.02,0.02,0.02;E;(AREALOW)
1.0,1.0,1.0,2.0,2.0,2.0,2.0,1.0,1.0,1.0,1.0,
1.0,1.0,1.0,1.0;E;(AREAUPP)
2;E;(NDPCT)
2.0,2.0;E;(DPCON(1～NDPCT))
30;(MAXSG)
1.0E-3;(ε)

注:AREALOW 与 AREAUPP 分别是主设计变量的下限和上限,NDPCT 为
位移约束数,亦即位移虚工况数,DPCON(1～NDPCT)为位移约束值,MAXSG 为
可以处理的准有效约束最多个数,这个数一般填为 30 即可,ε 为收敛精度。

到此,已介绍了全部数据填写,以上所说的七个部分是为了表述清晰而划分
的,实际上顺序填写就行了。数据中","与";"并不加以区别,可以随便使用,使用
者宜在逻辑上采用不同的含义,以示区分。数据段可以连续地输入字符、数字,不
一定空出地方,上述数据的空格和换行完全是为了醒目。

本节行将结束时介绍一下算例。

1980 年 7 月,DDDU 程序系统在西门子计算机上调通,接着算了五个例题,其
中第一题为三杆桁架问题,迭代两次就收敛到了理论解;另外两个题的收敛速度均
超过 ACCESS₁[A8,9] 的计算结果;最后两个题接近于 ACCESS₁ 的计算结果。

例题(4-1) 三杆平面桁架(图 4-10)。

工况:1) $P_1＝20$;2) $P_2＝20$。

许用应力:拉—20,压—15。

容许变位:节点 a 的竖向最大变位 $\Delta_a＝10/E$。

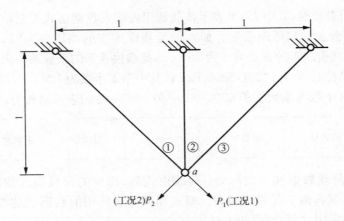

图 4-10　三杆平面桁架

材料容重：$\rho=1$。

用 DDDU 二次迭代记录详见表 4-8。

表 4-8　二次迭代记录

	A_1	A_2	W
初始方案	2.00	2.00	
一次迭代	0.6665	0.9442	2.8292
二次迭代	0.6667	0.9428	2.8284
理论解	0.6667	0.943	2.8284

有效约束选取情况：

迭代次数	有效约束个数	约束名称
1	2	变位，1 号杆或 3 号杆
2	2	变位，1 号杆或 3 号杆

可见有效约束选得很理想。利用对称性只算了一半结构。

例题(4-2)　十杆问题三(图 4-11)。

工况：一个，在 2，4 节点上各有 10^5 磅向下的荷载。

许用应力：$\bar{\sigma}_+=25000\text{lb/in}^2$；

$\bar{\sigma}_-=\bar{\sigma}_+$。

弹性模量：$E=10^7\text{lb/in}^2$。

材料容重：$\rho=0.1\text{lb/in}^3$。

容许变位：节点 1、2、3、4 皆有 ±2in 的位移约束。

每个杆件对应一个独立设计变量。

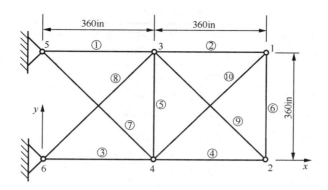

图 4-11　十杆平面桁架

下表 4-9 给出了几种方法的比较。

表 4-9

杆号	最后截面面积/in²				
	ACCESS₁ 双精度法[A-8]法	Schmit 等法[A-7]	Venkayya 法[A-13]	Gellatly 法[A-15]	DDDU 法
1	30. 67	33. 432	30. 416	31. 35	30. 902
2	0. 100	0. 100	0. 128	0. 100	0. 100
3	23. 76	24. 260	23. 408	20. 03	23. 545
4	14. 59	14. 26	14. 904	15. 60	14. 960
5	0. 100	0. 100	0. 101	0. 140	0. 100
6	0. 100	0. 100	0. 101	0. 240	0. 297
7	8. 578	8. 338	8. 696	8. 35	7. 611
8	21. 07	20. 740	21. 084	22. 21	21. 275
9	20. 96	19. 69	21. 077	22. 06	21. 156
10	0. 100	0. 100	0. 186	0. 100	0. 100
最后质量	5076. 85	5089. 0	5084. 9	5112	5069. 40
分析次数	13	24	26	19	11

迭代过程由下表 4-10 给出,表中给出的是质量(磅)。

图 4-12 给出了上表所示的迭代过程,从图中可以比较出各种方法的收敛特点,不难看出,DDDU 同 ACCESS₁ 类似,质量下降得较快而且很平稳的收敛了,原因在于有效约束选得准,如表 4-11 所示。

表 4-10

分析次数	ACCESS₁ 双精度[A-8]	Schmit 等人法[A-7]	Venkayya 法 [A-13]	Gellatly 法 [A-15]	DDDU
1	7852.9	12846.7	8266.1	8266	6575.0
2	6650.8	8733.4	6281.7	6356	5750.8
3	6161.4	9144.6	6065.7	5980	5603.9
4	5892.6	8332.5	5984.5	5779	5469.1
5	5656.3	7243.0	5963.1	5625	5323.9
6	5426.8	6749.6	5920.01	5547	5218.1
7	5790.8	6507.9	5881.6	5470	5101.8
8	5153.8	6384.3	5848.1	5392	5079.8
9	5110.3	6339.5	5819.7	5323	5077.6
10	5087.2	6314.9	5795.9	5266	5069.4
11	5081.1	5998.7	5776.4	5225	
12	5076.9	5750.1	5760.7	5200	
13		5734.6	5748.2	5195	
14		5705.6	5738.3	5206	
15		5468.8	5730.7	5191	
16		5315.8	5724.7	5169	
17		5306.2	5720.2	5147	
18		5215.8	5716.7	5112	
19		5162.9	5713.7		
20		5135.4	5712.2		
21		5107.0	5502.9		
22		5094.1	5343.8		
23		5089.0	5221.5		
24			5127.0		
25			5084.9		

例题(4-3)　　七十二杆空间桁架(图 4-13)。

工况　　工况一为 1 号节点作用

$$P_X = 5000$$
$$P_Y = 5000$$
$$P_Z = -5000$$

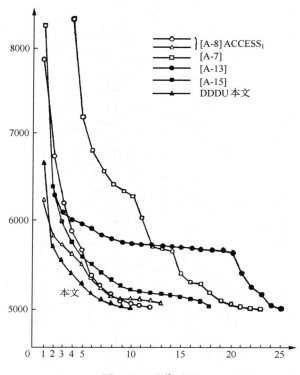

图 4-12　迭代过程

表 4-11

迭代次数	有效约束个数	约束名称
1	1	2 号节点位移
2	1	2 号节点位移
3	2	2 号节点位移,5 号杆尺寸
4	2	2 号节点位移,5 号杆尺寸
5	2	2 号节点位移,5 号杆尺寸
6	2	1 号节点位移,5 号杆尺寸
7	3	1 号节点位移,5 号杆、2 号杆尺寸
8	5	1 号、2 号节点位移,5 号、2 号、10 号杆尺寸
9	6	1 号、2 号节点位移,5 号、2 号、10 号、6 号杆尺寸

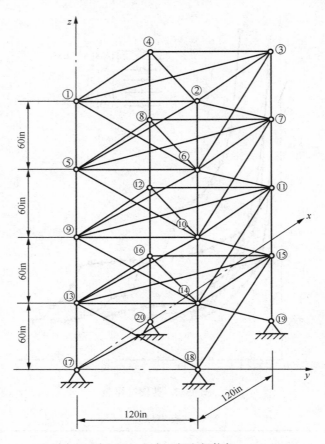

图 4-13　七十二杆空间桁架

工况二为 1 号,2 号,3 号,4 号分别作用

$$P_z = -5000$$

许用应力:$\overline{\sigma}_+ = 25000$;

　　　　　　$\overline{\sigma}_- = 25000$。

弹性模量:$E = 10^7$。

材料容量:$\rho = 0.1$。

容许变位:1 号至 16 号节点 X,Y,Z 三个方向皆有 ± 0.25 的位移约束。

本例七十二个轴力杆单元,通过设计变量连接,这些单元被十六个独立设计变量控制。

表 4-12 给出了 DDDU 与其他方法的最后设计。

优化迭代过程的质量见表 4-13;

本例的有效约束共八个,其中位移约束一个即 1 号节点的 X 或 Y 方向变位,应力约束一个即点 1、5 连接的单元应力,尺寸下限为 7、8、11、12、15、16 号主设计变量共六个。有效约束的选择比较准,所以收敛很稳定。

表 4-12

设计变量号	最后设计的横截面面积						
	ACCESS₁ NEWSUMT [A-8]	ACCESS₁ CONMIN [A-8]	Schmit 等 [A-7]	Vcnkayya [A-13]	Gallatly [A-15]	Berke 等 [A-14]	DDDU
1	0.1565	0.1558	0.1585	0.161	0.1492	0.1571	0.1564
2	0.5458	0.5484	0.5936	0.557	0.7733	0.5385	0.5457
3	0.4105	0.4105	0.3414	0.377	0.4534	0.4156	0.4106
4	0.5699	0.5614	0.6076	0.506	0.3417	0.5510	0.5692
5	0.5233	0.5228	0.2643	0.611	0.5521	0.5082	0.5237
6	0.5173	0.5161	0.5480	0.532	0.6084	0.5196	0.5171
7	0.1000	0.1000	0.1000	0.100	0.1000	0.1000	0.1000
8	0.1000	0.1133	0.1509	0.100	0.1000	0.1000	0.1001
9	1.267	1.268	1.1067	1.246	1.0235	1.2793	1.2683
10	0.5118	0.5111	0.5792	0.524	0.5421	0.5149	0.5116
11	0.1000	0.1000	0.1000	0.100	0.1000	0.1000	0.1000
12	0.1000	0.1000	0.1000	0.100	0.1000	0.1000	0.1000
13	1.885	1.885	2.0784	1.818	1.4636	1.8931	1.8862
14	0.5125	0.5118	0.5034	0.524	0.5207	0.5171	0.5123
15	0.1000	0.1000	0.1000	0.100	0.1000	0.1000	0.1000
16	0.1000	0.1000	0.1000	0.100	0.1000	0.1000	0.1000
质量	379.640	379.792	388.63	381.2	395.97	379.67	379.62
分析次数	9	8	22	12	9	5	8

例题(4-4) 十八单元机翼盒(图 4-8)。

本例的数据前面已详述,此处不再重复。

表 4-14 给出了 DDDU 和 ACCESS₁ 的最后设计。表 4-15 给出了迭代过程。

本例的有效约束共十四个:位移约束一个,是 7 号节点向上的,应力约束八个,包括轴力杆单元的 1 号单元的应力约束,CST 单元的 5 号单元的应力约束,SSP 单元的 1、2、3、4、5、8 号单元的应力约束,尺寸约束五个,是轴力杆的 2、3、5 号单元,SSP 单元的 6、7 号单元,它们的单元截面或厚度达到了尺寸下限。

迭代中有效约束选择情况很稳定。

表 4-13

迭代次数	重 量 磅						
	ACCESS₁ NEWSUMT [A-8]	ACCESS₁ CONMIN [A-8]	Schmit 等 [A-7]	VenKayya [A-13]	Gallatly [A-15]	Berke 等 [A-14]	DDDU
1	731.15	415.15	809.12	656.8	656.77	656.77	449.67
2	477.95	383.79	838.09	478.6	416.07	387.01	403.38
3	397.43	380.63	796.16	455.0	406.21	379.67	387.38
4	383.27	380.42	763.61	446.9	399.06	379.87	379.95
5	380.47	379.91	736.69	445.5	396.82		379.67
6	379.86	379.79	716.63	445.4	396.02		379.63
7	379.68	379.79	708.77	401.7	395.97		379.62
8	379.64		645.07	391.5			
9			616.97	383.6			
10			525.29	381.6			
11			491.96	381.2			
12			468.69				
13			450.22				
14			433.77				
15			423.94				
16			413.65				
17			404.08				
18			397.43				
19			393.88				
20			388.14				
21			388.63				

例题(4-5) 三角机翼(图 4-14)。

工况一个,从节点 10 到 44 号皆作用

$$P_z = 8075$$

许用应力: $\bar{\sigma} = 125000$。

弹性模量: $E = 16.4 \times 10^6$。

泊松比: $v = 0.3$。

材料容重: $\rho = 0.16$。

容许变位:

表 4-14

节点号	10～17	18～24	25～29	30	31～35	36～39	40～42	43、44
位移约束*/in	±14.0	±28.0	±42.0	±30.0	±56.0	±70.0	±84.0	±100.8

* 位移约束系沿节点 Z 方向。

表 4-15

类型	单元号	$ACCESS_1$ 法	DDDU 法
BAR	1	4.045	3.2349
	2	0.1001	0.1006
	3	0.1001	0.1006
	4	0.1330	0.2198
	5	0.1002	0.1006
CST	1,2	0.08286	0.08922
	3,4	0.05363	0.05118
	5	0.03786	0.03728
SSP	1	0.3636	0.4106
	2	0.2236	0.2282
	3	0.1310	0.1237
	4	0.1156	0.1297
	5	0.09166	0.09412
	6	0.02000	0.02012
	7	0.02000	0.02012
	8	0.03096	0.03018
最后质量		402.97	407.571
分析次数		9	10

表 4-16

迭代次数	$ACCESS_1$ 法	DDDU 法
1	585.066	597.738
2	466.410	542.923
3	422.779	473.745
4	408.848	437.569
5	404.744	440.138
6	403.516	416.804
7	403.118	413.896
8	402.966	410.655
9		407.571
10		

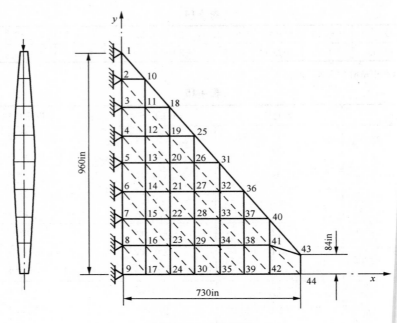

图 4-14　三角机翼

本例共 133 单元,其中 CST 单元 63 个,SSP 单元 70 个,由于设计变量连结的模式不同和初始设计变量不同,三角机翼问题又可分成 A,B,C,D,E 五个问题,我们算了问题 A。

问题 A 是 28 个独立设计变量,其中 16 个控制 CST 单元,12 个控制 SSP 单元。

表 4-17 给出了 ACCESS$_1$ 法和 DDDU 法的最后设计。

表 4-17

单元类型	设计变量号	ACCESS$_1$ 法	DDDU 法
	1	0.0200	0.02001
	2	0.0200	0.02001
	3	0.1498	0.1522
	4	0.1450	0.1425
	5	0.0200	0.02001
CST	6	0.1164	0.1183
	7	0.1289	0.1270
	8	0.0200	0.02001
	9	0.09088	0.09236
	10	0.1223	0.1211
	11	0.06518	0.06616

续表

单元类型	设计变量号	ACCESS₁ 法	DDDU 法
CST	12	0.1172	0.1168
	13	0.03628	0.03669
	14	0.1074	0.1075
	15	0.08406	0.08418
	16	0.05036	0.05032
SSP	1	0.0200	0.02001
	2	0.0200	0.02001
	3	0.02172	0.02215
	4	0.02001	0.02001
	5	0.02001	0.02001
	6	0.02001	0.02001
	7	0.0200	0.02001
	8	0.05958	0.05960
	9	0.07531	0.07556
	10	0.07347	0.07240
	11	0.05702	0.05721
	12	0.0200	0.02001
质量		10742.24	10781.92
分析次数		9	9

本例的有效约束共十五个,其中变位约束一个即 44 号节点的垂直变位;应力约束共三个,它们是由下列各连接的 SSP 单元:点 6 与点 14,点 7 与点 15,点 8 与点 16;主设计变量下限约束共十一个,它们是 1、2、5、8、13、17、18、19、20、21、22、28 号主设计变量。迭代中有效约束的选择情况很稳定。

优化迭代过程由表 4-18 给出。

表 4-18

迭代次数	ACCESS₁ 法	DDDU 法
1	14871.40	11875.34
2	12061.76	11199.21
3	11169.82	10865.03
4	10848.26	10814.00
5	10774.66	10799.37
6	10754.16	10792.16
7	10747.34	10785.96
8	10742.24	10781.92

第五章 几何规划的应用

一、引　言

　　20 世纪 60 年代泽奈尔(Zener),达芬(Duffin)等提出的几何规划是非线性规划中一个很有特色的分支。它不怕目标函数和约束函数的非线性程度高,它的特点是只要这些函数能取正定多项式的标准型式,则按照一定的规则就有把握按部就班地得到全局最优解。这在非线性规划中是独一无二的。这一特点使人想起这和数学规划中最成熟和最普及的线性规划一样,可贵的是几何规划是处理非线性问题的。还有一个特点,几何规划不怕问题的规模大,也就是不怕变量多和约束多,只要目标函数和约束函数多项式的总项数 T 和变量数 N 之差比较小,具体地说只要 $D = T - (N+1)$ 比较小,问题就容易解决;如果 $D = 0$,只要解一组线性代数方程就基本解决问题。所以人们称这个数字 D 为几何规划的困难度。

　　结构优化问题大多是非线性的,在第二、三、四章中大部分问题都可以用几何规划来处理。很多隐式的约束函数,通过力学概念近似处理后往往就是几何规划要求的正定多项式;如果不是,也有各种近似措施使它是。为纠正这种种近似,我们可以采取惯用的迭代手法作一次次地修正,直至收敛。而几何规划这种收敛一般比之其他非线性规划可能来得快些,这对于结构优化是很重要的,因为复杂结构重分析的代价很大。有人认为[A-19],几何规划对于结构分部的设计和整体设计都很适应,而特别对于分部和构件的优化最为有利。举一个例子,文献[A-28,29]做了一油轮折皱舱壁的最轻设计,用的是一般的非线性规划方法,文献[A-18]把它搞成几何规划的标准型式,很简捷地解决了问题,显示了几何规划的优越性,这个例子我们在后面将作简要的介绍。

　　当几何规划问题的变量较少,而各多项式的总项数很多时,则困难度 D 就大,优越性就小了。这时可以结合力学的概念,把约束分类,一部分由其他方法来处理,一部分用几何规划来处理,例如用以前在第三章用过的手法,让应力约束用满应力设计来把它们处理成尺寸下约束,而把变位约束和频率约束等用几何规划来对付。还有,当一个约束函数多项式项数很多时,可以采用缩并的方法把它变成一个近似的单项式,它在某指定点附近与原函数是相当近似的。这些力学和数学上的近似措施都有利于解决复杂的结构优化问题。

　　几何规划的传统解法是借助于算术-几何平均值不等式定理把原问题化成它

的对偶问题,这个对偶问题比较容易解,解出来以后原问题也随之解决了。在化为对偶问题这一点上也是和线性规划有相似之处的。后来几何规划又有了另一条途径,通过算术-几何平均值不等式定理把原问题化为近似的线性规划,通过线性规划的迭代来逼近原问题的解。这不像转成对偶规划那样在理论上那样严格,而化成线性规划的办法是近似的。但这样做可以处理非正定几何规划,近似的路子总是比较宽一些。

几何规划在结构优化中应该发挥它的作用,如果结合力学问题的特点能扬长避短,潜力是很大的。几何规划的数学方面对设计工作者来说比较生疏,公式的写法紧凑,使人不那么习惯,但是在非线性规划中它是比较有规可循的。一般的电子计算机程序库中都有关于线性规划的程序可以调用,像"黑箱"那样。其实对几何规划也可以做到这一点。英国利物浦大学的计算机 IBM360/35 上就有这类供结构优化用的几何规划黑箱,叫做 SIGNOPT[A19]。

二、几何规划介绍

1. 无约束正定几何规划

几何规划专门处理目标函数和约束函数都是广义多项式的问题。所谓广义多项式就是:

$$y(x) = \sum_{t=1}^{T} C_t f_t(x) = \sum_{t=1}^{T} C_t \prod_{i=1}^{N} x_i^{a_{ti}} \tag{5-1}$$

式中,指数 a_{ti} 为任意实数,可正可负,不一定是整数;若各项的系数 $C_t \geqslant 0$ 就是正定多项式,例如

$$y(x) = 0.5 x_1^{1.5} x_2^{-2} x_3^4 + 6 x_1^{-2.1} x_2^3$$

若 C_t 有正有负,就是非正定多项式,例如上式的两项中有一项负的就是。

现在先介绍不带约束的几何规划问题的算法,这个问题就是求 $x = [x_1, x_2, \cdots, x_n]^T$ 使正定多项式 $y(x)$ 最小,只有非负约束 $x \geqslant 0$。

几何规划不同于一般非线性规划那样,在多维变量空间中不断探索有利的方向和步长,一步一步走向最优点。它利用数学中的算术平均值不小于几何平均值的定理推演出一套有规则的算法,几何规划这个命名就是因为它引用了这条定理,这条定理可以表达为:

$$\begin{cases} \sum_{t=1}^{T} u_t \geqslant \prod_{t=1}^{T} \left(\dfrac{u_t}{\lambda_t} \right)^{\lambda_t} \\ u_t > 0, \ \lambda_t \geqslant 0, \ \sum_{t=1}^{T} \lambda_t = 1 \end{cases} \tag{5-2}$$

当 u_t 为任意正数，$\lambda_t = \dfrac{1}{T}$，则成为简单的关系：

$$\frac{u_1 + u_2 + \cdots + u_T}{T} \geqslant \sqrt[T]{u_1\, u_2 \cdots u_T}$$

一个正定多项式 $y(x)$ 可以引用这条定理。因为 $C_t f_t(x) > 0$；故有

$$\begin{cases} y(x) = \displaystyle\sum_{t=1}^{T} C_t f_t(x) \geqslant \prod_{t=1}^{T} \left(\frac{C_t f_t(x)}{\lambda_t}\right)^{\lambda_t} \\[4mm] \quad = \displaystyle\prod_{t=1}^{T} \left(\frac{C_t}{\lambda_t}\right)^{\lambda_t} \prod_{i=1}^{N} x_1 \sum_{t=1}^{T} a_{ti}\lambda_t \\[4mm] \lambda_t \geqslant 0,\ \displaystyle\sum_{t=1}^{T} \lambda_t = 1 \end{cases} \tag{5-3}$$

如果加上一个约束：

$$\sum_{t=1}^{T} a_{ti}\lambda_t = 0$$

则式(5-3)变成：

$$\begin{cases} y(x) = \displaystyle\sum_{t=1}^{T} C_t \prod_{i=1}^{N} x_i^{a_{ti}} \geqslant \prod_{t=1}^{T} \left(\frac{C_t}{\lambda_t}\right)^{\lambda_t} = d(\lambda) \\[4mm] \lambda_t \geqslant 0,\ \displaystyle\sum_{t=1}^{T} \lambda_t = 1,\ \sum_{t=1}^{T} a_{ti}\lambda_t = 0 \end{cases} \tag{5-3$'$}$$

至此可以看出，$y(x)$ 的下限就是 $d(\lambda)$ 的上限，求 $y(x)$ 最小的问题可以用求 $d(\lambda)$ 最大的问题来代替，如果这样做比较有利的话。事实证明，这样做确实常常是有利的。

$y(x)$ 为原目标函数，是一个正定多项式；对偶目标函数 $d(\lambda)$ 是个单项式。x_i 为原变量($i = 1, 2, \cdots, N$)，共 N 个；λ_t 为对偶变量($t = 1, 2, \cdots, T$)，共 T 个。

$$\boxed{\begin{array}{l} \text{原问题：求 } x_i(i = 1, \cdots, N) \\[2mm] \qquad \text{使 } y(x) = \displaystyle\sum_{t=1}^{T} C_t \prod_{i=1}^{N} x_i^{a_{ti}} \text{ 最小} \\[3mm] \qquad x_i \geqslant 0 \end{array}} \tag{5-4}$$

$$\boxed{\begin{array}{l} \text{对偶问题：求 } \lambda_t(t = 1, \cdots, T) \\[2mm] \qquad \text{使 } d(\lambda) = \displaystyle\prod_{t=1}^{T} \left(\frac{C_t}{\lambda_t}\right)^{\lambda_t} \text{ 最大} \\[3mm] \qquad \text{约束} \displaystyle\sum_{t=1}^{T} \lambda_t = 1 \text{(归一性)} \\[3mm] \qquad \displaystyle\sum_{t=1}^{T} a_{ti}\lambda_t = 0 \text{(正交性)} \\[3mm] \qquad \lambda_t \geqslant 0 \qquad \text{(非负性)} \end{array}} \tag{5-5}$$

原问题和对偶问题之间的关系

(a) 最小 y^* ＝ 最大 d^*

(b) $C_t \prod\limits_{i=1}^{N} x_i^{*\,a_{ti}} = \lambda_t^* y^*,$

$(t = 1, \cdots, T)$

(5-6)

由对偶问题解出最大 d^* 和对偶变量 λ_t^* 之后，便可以用式(5-6)的关系式(a)得原目标函数最小 y^*，再用关系(b) 的一组 T 个联立方程求出原变量 x_i^*。这组联立方程虽是非线性的，但只要取其对数便成一组关于 $\ln x_i^*$ 的线性代数方程：

$$\sum_{i=1}^{N} a_{ti} \ln x_i^* = \ln \frac{\lambda_t^* y^*}{C_t}, \quad (t = 1, \cdots, T)$$

(5-7)

现在解释一下关系式(5-6)中(b)的来历和它的意义，因为

$$\frac{\partial y}{\partial x_i} = \frac{1}{x_i} \sum_{t=1}^{T} a_{ti} C_t \prod_{i=1}^{N} x_i^{a_{ti}} = 0$$

因 $x_i \geqslant 0$，则

$$\sum_{t=1}^{T} a_{ti} (C_t \prod_{i=1}^{N} x_i^{a_{ti}}) = 0$$

跟式(5-5)的正交性条件比较，可知

$$\lambda_t^* \alpha = C_t \prod_{i=1}^{N} x_i^{*\,a_{ti}}, \quad \alpha \text{ 为某一常数,}$$

再代入归一性条件，便可知 $\alpha = y^*$，于是便得式(5-6)中的关系(b)。关系(b) 的左端是原目标函数的第 t 项，所以这关系的意义是对偶变量 λ_t^* 是最小目标函数数值 y^* 中第 t 项的比重，于是可以说对偶变量是最优解原目标函数中各项的权系数。

为什么解对偶问题比较有利呢？因为对偶问题的约束条件提供了一个归一性方程和 N 个正交性方程，用这$(N+1)$ 个关于 λ_t 的线性方程可以从 T 个对偶变量中消去$(N+1)$ 个，只剩下 $D = T - (N+1)$ 个独立变量。对偶目标函数将只是 D 个变量的函数，对偶问题变成只有 D 维的只带非负约束求最大值问题。这个问题的求解，文献[A-18]认为用波威尔(Powell)的共轭方向法比较方便，当然也可以用其他方法，这是一个比较容易的问题，如果有现成的库程序最好，否则建议可将这目标函数用泰勒级数展开成二次函数，然后求解一个只带非负约束的二次规划。如果 $D = T - (N+1) = 0$，则解$(N+1)$ 个线性方程就可获得全部对偶变量，这是最理想的情况。因此称 D 为困难度，$D = 0$ 表示零困难度。

2. 带约束的正定几何规划—对偶化方法[①]

以上介绍的是不带约束的正定几何规划，关于带约束的正定几何规划，概念和

---

① 席少霖，赵凤治，"最优化计算方法"。

求解的路子是一样的,下面只给出必要的公式,不作多余的说明了。

一个正定几何规划的标准型如下:

$$原问题：求 x_i(i=1,\cdots,N)$$

$$使\ y_0(x)=\sum_{t=1}^{T_0}C_{0t}\prod_{i=1}^{N}x_i^{a_{0ti}}\ 最小$$

$$约束\ y_m(x)=\sum_{t=1}^{T_m}C_{mt}\prod_{i=1}^{N}x_i^{a_{mti}}\leqslant 1$$

$$x_i\geqslant 0,\ (m=1,2,\cdots,M)$$

(5-8)

$$对偶问题：求 \lambda_{mt}(t=1,\cdots,T_m;m=0,1,2,\cdots,M)$$

$$使\ d(\lambda)=\prod_{m=0}^{M}\prod_{t=0}^{T_m}\left(\frac{C_{mt}\Lambda_m}{\lambda_{mt}}\right)^{\lambda_{mt}}\ 最大$$

$$约束\ \sum_{t=1}^{T_0}\lambda_0 t=1\quad（归一性）$$

$$\sum_{m=1}^{M}\sum_{t=1}^{T_m}\alpha_{mti}\lambda_{mt}=0（正交性）$$

$$(i=1,2,\cdots,N)$$

$$\lambda_{mt}\geqslant 0\qquad（非负性）$$

$$其中\ \Lambda_0=1,\ \Lambda_m=\sum_{t=1}^{T_m}\lambda_{mt}$$

(5-9)

$$原问题与对偶问题之间的关系$$

$$(a)\ 最小\ y^*(x)=最大\ d^*(\lambda)$$

$$(b)\ x^*\ 与\ \lambda^*\ 的关系$$

$$C_{0t}\prod_{i=1}^{N}x_i^{*\,a_{0ti}}=\lambda_{0t}^*y^*$$

$$C_{mt}\prod_{i=1}^{N}x_i^{*\,a_{mti}}=\lambda_{mt}^*/\Lambda_m$$

(5-10)

解题的次序,还是先解对偶问题。这问题共有 $T=T_0+\sum\limits_{m=1}^{M}T_m$ 个变量:T_0 个 λ_{0t} 和 $\sum\limits_{m=1}^{M}T_m$ 个 λ_{mt}。约束条件中有$(N+1)$个线性方程:一个归一性条件和 N 个正交性条件,可以使 T 个未知变量消去$(N+1)$个,剩 $D=T-(N+1)$ 个独立变量。对

偶问题简化为 D 维只带非负约束的优化问题。所以问题的困难度是 $D = T-(N+1)$，当然，应有 $D \geqslant 0$，否则无解。这些都和上节无约束几何规划一样。

解出对偶问题的最大 d^* 和 λ_{mt}^* 之后，便可利用式(5-10)的两个关系求：

$$\left.\begin{array}{l}
(a)\ y^* = d^* \\[2mm]
(b)\ \displaystyle\sum_{i=1}^{N} a_{0ti}\ln x_i^* = \ln\left(\frac{\lambda_{0t} y^*}{C_{0t}}\right),\ t = 1,\cdots,T_0 \\[4mm]
\displaystyle\sum_{i=1}^{N} a_{mti}\ln x_i^* = \ln\left(\frac{\lambda_{mt}}{\Lambda_m C_{mt}}\right) \\[3mm]
(m = 1,\cdots,M),\ (t = 1,\cdots,T_m)
\end{array}\right\} \tag{5-11}$$

式(5-11)表示共 $T = (T_0 + \displaystyle\sum_{m=1}^{M} T_m)$ 个线性方程，但只有 N 个未知数 x_i^*，所以其中有 $(T-N)$ 个非独立方程，可用格莱姆-施密特(Gram-Schmit)正交化方法选出 N 个独立方程。公式中各分量有三个下标，规定如下：

第 1 个下标：方程号
第 2 个下标：项号
第 3 个下标：变量号

3. 带约束的几何规划—线性化方法

这是个近似的迭代方法，可以解正定几何规划；通过一定的转换，非正定几何规划也可以解。

这个方法基本手段是把一个多项式在某指定点附近缩并成一个近似的单项式。根据算术-几何平均值不等式：

$$\begin{cases}
\displaystyle\sum_t u_t \geqslant \prod_t \left(\frac{u_t}{\lambda_t}\right)^{\lambda_t} \\[3mm]
\text{条件}\ u_t > 0,\ \lambda_t \geqslant 0,\ \displaystyle\sum_t \lambda_t = 1
\end{cases}$$

下列正定多项式符合使用这不等式的条件，

$$F(X) = \sum_t C_t f_t(X) = \sum_t C_t \prod_{i=1}^{N} x_i^{a_{ti}}$$

在某指定点 $x = \tilde{x}$，则

$$F(\tilde{X}) = \sum_{t=1}^{T} C_t f_f(\tilde{X})$$

令 $\lambda_t = C_t f_t(\tilde{X})/F(\tilde{X})$，代入算术 - 几何平均值不等式，得：

$$F(X) \geqslant \prod_t \left(\frac{C_t f_t(X)}{f_t(\tilde{X})/F(\tilde{X})}\right)^{c_t f_t(\tilde{X})/F(\tilde{X})}$$

将 $f_t(X) = \prod\limits_{i=1}^{N} x_i^{a_{ti}}$，$f_t(\widetilde{X})$ 和 $F(\widetilde{X})$ 代入上式，经过整理可得

$$F(X) \geqslant F(\widetilde{X}) \prod_{i=1}^{N} \left(\frac{x_i}{\widetilde{x}_i}\right)^{\sum_t a_{ti} C_t f_t(\widetilde{X})/F(\widetilde{X})} = F'(X)$$

这个不等式在 $X = \widetilde{X}$ 处成为等式，并在该处 $F(X)$ 和 $F'(X)$ 的一阶导数也相等。于是得一个正定多项式在 $x = \widetilde{x}$ 点附近的缩并关系：

正定多项式：

$$F(x) = \sum_t C_t \prod_{i=1}^{N} x_i^{a_{ti}} = \sum_t C_t f_t(x)$$

在 $\widetilde{x}$ 附近的缩并单项式：

$$F'(X) = F(\widetilde{X}) \prod_{i=1}^{N} \left(\frac{X_i}{\widetilde{X}_i}\right)^{\sum_t a_{ti} C_t f_t(\widetilde{X})/F(\widetilde{X})}$$

(5-12)

对于广义多项式，上述缩并公式与下列所谓达芬(Duffin)缩并公式是等价的：

$$F'(X) = F(\widetilde{X}) \prod_{i=1}^{N} \left(\frac{X_i}{\widetilde{x}_i}\right)^{\alpha_i} \tag{5-12'}$$

其中 $\alpha_i = \left(\dfrac{X_i}{F(X)} \dfrac{\partial F(X)}{\partial x_i}\right)_{x=\widetilde{x}}$

现在用缩并公式处理正定几何规划的原问题(式(5-8))，把目标函数和约束函数都在某初始方案点 $\widetilde{x}$ 缩并成单项式。

原问题：

求 $x_i (i = 1, 2, \cdots, N)$

使 $y_0(X, \widetilde{X}) = y_0(\widetilde{x}) \prod\limits_{i=1}^{N} \left(\dfrac{x_i}{\widetilde{x}_i}\right)^{\sum\limits_{t=1}^{T_0} a_{0ti} f_{0t}(\widetilde{x})/y_0(\widetilde{x})}$ 最小

（这里 $f_{0t}(\widetilde{X}) = C_{0t} \prod\limits_{i=1}^{N} \widetilde{x}_i^{a_{0ti}}$）

约束：$y_m(X, \widetilde{X}) = y_m(\widetilde{x}) \prod\limits_{i=1}^{N} \left(\dfrac{X_i}{\widetilde{x}_i}\right)^{\sum\limits_{t=1}^{T_m} a_{mti} f_{mt}(\widetilde{x})/y_m(\widetilde{X})}$

$$\leqslant 1$$

（这里 $f_{mt}(\widetilde{x}) = C_{mt} \prod\limits_{i=1}^{N} \widetilde{x}_i^{a_{mti}}$）

$(m = 1, 2, \cdots, M)$

$x_i \geqslant 0$

(5-13)

将每个单项式取对数，就可以把它化成线性化函数。为了避免对数出现负数，

引入变量

$$Z_i = \ln \frac{x_i}{\underline{x}_i} \tag{5-14}$$

其中，$\underline{x}_i > 0$ 是 x_i 的下限值。对式(5-13)取对数，便得

线性化(在 $\tilde{x}$ 附近)问题:

求 $Z_i(i = 1, \cdots, N)$

使 $\ln(y_0(\tilde{x})) + \sum_{i=1}^{N} K_{0i}(\tilde{x}) \cdot Z_i$

$+ \sum_{i=1}^{N} K_{0i}(\tilde{X}) \ln\left(\frac{x_i}{\tilde{x}_i}\right)$ 最小

约束: $\ln(y_m(\tilde{x})) + \sum_{i=1}^{N} K_{mi}(\tilde{x}) Z_i$

$+ \sum_{i=1}^{\lambda} K_{mi}(\tilde{x}) \ln\left(\frac{x_i}{\tilde{x}}\right) \leqslant 0$ $\tag{5-15}$

$Z_i > 0, \ (m = 1, 2, \cdots, M)$

其中 $K_{0i}(\tilde{x}) = \sum_{t=1}^{T} \alpha_{0ti} f_{0t}(\tilde{x}) / y_0(\tilde{x})$

$K_{mi}(\tilde{x}) = \sum_{t=1}^{T_m} a_{mti} f_{mt}(\tilde{x}) / y_m(\tilde{x})$

解这个线性规划，得 Z_i，由式(5-14)得 $x_i(i=1, \cdots, N)$。将它当做新的 $\tilde{x}_i$，作下次迭代的缩并点，重新建立下轮的线性规划，如此重复迭代下去，直至收敛。

这一途径也适用于解非正定几何规划问题。在那里，目标函数 $y_0(X)$ 或约束函数 $y_m(X)$ 中有些是非正定多项式，或是约束函数不是 $y_m(X) \leqslant 1$，而是 $y_m(x) \geqslant 1$。这里，引入一个新的变量 x_0，先把原问题写成

求 $x_i(i = 0, 1, 2, \cdots N)$

使 x_0 最小

约束 $x_0^{-1} y_0(x) \leqslant 1$ $\tag{5-16}$

$y_m(x) \leqslant \sigma_m, \ (\sigma_m = \pm 1, \ m = 1, \cdots, M)$

$x_i \geqslant 0$

这里 y_0, y_m 可以是非正定多项式。如果第一个约束在优化结束时成为严格等式，则这规划等价于使 y_0 最小。

将一个非正定多项式中的正项和负项分别集中起来，使约束成为

$$y(x) = P(x) - Q(x) \leqslant \sigma_m$$

其中，$P(x)$ 和 $Q(x)$ 都是正定多项式。如果 $\sigma_m = +1$，则把 $Q(x)$ 移至右端，再和 $+1$

一起移回左端作分母,则得

$$\frac{P(x)}{1+Q(x)} \leqslant 1 \tag{5-17}$$

如果 $\sigma_m = -1$,则把 $P(x)$ 移至右端,可得

$$\frac{1+P(x)}{Q(x)} \leqslant 1 \tag{5-17'}$$

两式的分母和分子现都是正定多项式了,便可以分别在给定点 $\tilde{x}$ 缩并成单项式,两个单项式相除,还是个单项式。再用取对数的办法,便可以使它成为一个线性规划。

　　将原来的非线性规划化为线性规划,如果初始点选得比较接近最优点,经过几次迭代,就可能收敛。由于线性化只有指定点附近才比较近似原问题,所以初始点选得不好时,就会出现收敛困难,或甚至不收敛。

　　改善的措施,有下列几种:

　　(1) 用工程的经验和判断,尽可能选择好初始点。在这方面花点力气可使事半功倍,是很值得的。

　　(2) 在迭代过程中控制变量的变化幅度不使过大。一种办法是让每次迭代的起点 $\tilde{x}$,不是取上次迭代的终点,而是取上次迭代的起点和终点之间的一插值点,为此取一松弛因子 $\alpha < 1$,

$$\tilde{x}^{\nu+1} = \alpha x^* + (1-\alpha)\tilde{x}^{\nu} \tag{5-18}$$

这里 $\tilde{x}^{\nu}$ 是第 v 次迭代的起点,x^* 是它的优化点。另一种办法是给线性规划的变量以一个有限的活动范围:

$$\underline{x} \leqslant x \leqslant \overline{x} \tag{5-19}$$

这些都是对非线性规划作线性化处理后常用的措施。

　　(3) 还有一种常用的措施,即在得出线性规划的解 x^* 之后,代回到各个未经缩并的原约束中去,找出被违反最严重的约束,保留这个约束参加到下一次迭代中去。这就是每往前迭代一次就增加一个约束,这个办法一般叫做切面法,就是在正常的可行域中另加一个线性约束,等于切去一块可行域那样。旦鲍(Dembo)[A-20] 也用它来处理几何规划的线性化问题。收敛的效果是好的,不利之处是随着迭代的进程,约束数不断增加,增添了计算工作量。

　　(4) 孙焕纯、姜敬凯在其"钢筋混凝土构件和框架的优化设计——线性化几何规划的可行域修正系数法"一文中,就是在用线性规划解出 x^* 之后检验每个有效约束 $y_m(x) = 1$,这些约束在这次线性规划中是满足等号的,但是把 x^* 代到这些约束原来未经缩并的多项式中去,检验结果却是 $\delta_m = y_m(x^*) - 1 \neq 0$,有的 $\delta_m > 0$,说明约束被违反了,下一次迭代中这些约束应乘一修正系数 $\beta_m > 1$;反之有的 $\delta_m < 0$,则应取 $\beta_m \leqslant 1$,通常取 $\beta_m = 1$。β_m 的大小由数值实验根据 δ_m 的大小来决定。到最

后接近收敛的时候,有效约束的 $\beta_m \to 1$。要注意式(5-16)的第一个约束,在结束时它必须取等式,也就是它必须是有效约束。这个办法的好处是不像切面法那样要增加约束数,同时也比较适应于非正定问题,因为那里的缩并单项式是由两个单项式相除而来的,误差可正可负,用 $\beta_m \leqslant 1$ 来修正比较方便。在本章第六节中,文献[C-3]就是用这办法来处理钢筋混凝土框架的优化设计。

三、几何规划用于钢框架优化设计[C-2]

在第二章中,用分部优化方法对只带应力约束的钢框架进行了优化设计,并做了三个例题,实际上用的是满应力设计法。现在利用几何规划和满应力设计的结合来处理还有变位约束的问题。这个问题可表达为:

求各组构件的截面惯性矩

$$I_i(i = 1, 2, \cdots, N)$$

使结构质量　　$W = \sum_{i=1}^{N} \rho_i L_i A_i = \sum_{i=1}^{N} \rho_i L_i \alpha_i I_i^{b_i}$ 最小

约束　　　　$\max_{k,l} \ \sigma_{ikl} \leqslant \bar{\sigma}_i$

$$\max_l \ u_{ij} \leqslant \bar{u}_j$$

$$I_i \geqslant \underline{I}_i$$

$$(i = 1, \cdots, N), \ (j = 1, \cdots, J), \ (l = 1, \cdots, P), \ (k = 1, \cdots, k)$$

$$(5\text{-}20)$$

在目标函数中用了截面积和惯性矩的关系

$$A_i = a_i I^{b_i} \tag{5-21}$$

目标函数是一个正定多项式,项数为 N。

第一类应力约束共有 N 个,i 表示构件分组的编号,每组内的构件截面相同。k 表示每一组中构件的编号。l 表示工况的编号。应力是设计变量 I_i 的隐函数,由结构分析给出具体的应力数值,如果像第四章中那样写出应力的近似显式,每个应力函数将是一个多项式,项数为 N,可能是非正定的。N 个应力约束的总项数为 N^2。

第二类变位约束共有 J 个。j 表示变位的编号,l 表示工况编号,变位也是 I_i 的隐函数,用第四章的方法把它写成近似的显式:

$$u_{jl} = \sum_{i=1}^{N} q_j^T k_i q_l = \sum_{i=1}^{N} C_{ijl} / I_i \tag{5-22}$$

式中,$C_{ijl} = (q_j^T k_i q_l) I_i$;$q_j =$ 变位 j 的相当虚荷载产生的结构各自由度的变位;$q_l =$

工况 l 产生的结构各自由度的变位;$k_i = i$ 组构件的刚度阵。

每个变位是个多项式,可能是非正定的,J 个变位约束的总项数 $N \times J$。

第三类尺寸下限约束共 N 个,这类约束的处理比较简单,可以与其他约束分开来处理。

不计尺寸约束,目标函数,应力约束和变位约束的多项式加起来共有项数 $T = N + N^2 + N \cdot J$ 个,变量数为 N;所以问题的困难度 $D = T - (N+1) = N^2 + NJ - 1$,这个困难度太大,要设法减小它。

文献[C-2]研究了三个措施来降低困难度;

第一个措施是将应力约束化为尺寸下限约束。在每次迭代的开始,作结构分析,然后用应力约束和尺寸下限约束进行分部优化,即满应力设计,得第二章中的公式(2-69)表示的优化 I_i^*,把它代替这里尺寸下限 I_i。这个下限在每次迭代中要修正更新。这样一来,困难度就大幅度下降为 $D = NJ - 1$。

第二个措施是通过比较,把 J 个变位约束中最严的一个找出来,称它为 u_j。每次迭代只考虑这一个变位约束,当然最严约束也可能在下次迭代中换马更新。这样一来,困难度又下降为 $D = N - 1$。

第三个措施是把最严变位约束的多项式在现行设计点 $\tilde{I}$ 缩并为一个单项式约束(公式(5-12′))。这样一来困难度最后下降为 $D = 1 - 1 = 0$。

问题经过这些措施变成:

$$\left. \begin{aligned} & \text{求 } I_i (i = 1, 2, \cdots, N) \\ & \text{使 } W = \sum_{i=1}^{N} \rho_i l_i a_i I_i^{b_i} \text{ 最小} \\ & \text{约束:最严} \frac{u_j}{\bar{u}_j} = \frac{\tilde{u}_j}{\bar{u}_j} \prod_{i=1}^{N} \left(\frac{I_i}{\tilde{I}_i} \right)^{B_{ij}} \leqslant 1 \\ & \quad\quad I_i \geqslant \underline{I}_i \end{aligned} \right\} \tag{5-23}$$

式中,$\tilde{u}_j$ 是现行设计 $\tilde{I}$ 的相应于最严变位约束的变位值。式(5-23)中最严约束的:

$$B_{ij} = -C_{ij} / [\tilde{I}_i \sum_{i=1}^{N} C_{ij} / \tilde{I}_i] \tag{5-24}$$

应说明的是这里给出的缩并单项式是假设变位是个正定多项式(实际中大都是这样的)。如果不是,那就还要采取如公式(5-17)的变换措施。

这个几何规划的对偶问题为

$$
\left.\begin{array}{l}
求\ \lambda_{0i},\ \lambda_j\ (i=1,2,\cdots,N) \\[2mm]
使\ d(\lambda)=\prod_{i=1}^{N}\left(\dfrac{\rho_i L_i a_i}{\lambda_{0i}}\right)^{\lambda_{0i}} u_j^{*\,\lambda_j}\ \text{最大} \\[3mm]
约束\ \sum_{i=1}^{N}\lambda_{0i}=1 \\[3mm]
b_i\lambda_{0i}+B_{ij}\lambda_j=0,\ (i=1,\cdots,N) \\[2mm]
\lambda_{0i},\ \lambda_j\geqslant 0 \\[2mm]
其中\quad u_j^{*}=\dfrac{\widetilde{u}_j}{u_j}\prod_{i=1}^{N}(\widetilde{I}_i)^{-B_{ij}}
\end{array}\right\}
\tag{5-25}
$$

对偶问题的约束提供 $N+1$ 个线性方程,恰好解出 $N+1$ 个对偶变量 λ^{*},接着便得原问题的解:

$$
\left.\begin{array}{l}
W^{*}=d^{*} \\[2mm]
I_i^{*}=\left(\dfrac{\lambda_{0i}^{*}W^{*}}{\rho_i L_i a_i}\right)^{\frac{1}{b_i}}
\end{array}\right\}
\tag{5-26}
$$

如果 $I_i^{*}<\underline{I}_i$,则取 $I_i^{*}=\underline{I}_i$。

　　这样就完成了一次迭代。用 I_i^{*} 作为现行设计 $\widetilde{I}$,再进行下一次迭代,重复下去,直至收敛。这样做,可以说是充分发扬了几何规划的长处,使计算过程精简到极点。但是可能会遇到收敛上的困难,其一来自变位公式本身以及缩并公式的近似性,还有应力约束变成尺寸下限的近似性。其二来自每次迭代只选一个最严约束,迭代过程可能出现振荡。改进的办法是控制变量变化的幅度(公式(5-18))。

　　其实,我们的真正目的不是用上述方法把问题化为一个最严约束来处理,而只是把它作为转向多变位移约束方法时叙述上的过渡。这是因为对于单变位移约束,用变位准则求解更为准确,原因是不需要对约束进行缩并。但变位准则处理多个约束时很困难。然而上述方法推广到处理多位移时却很有效,文献[C-2]做了这方面的具体工作。它在具体计算几个例题时,不是只选一个最严约束,而是选取几个比较严的约束作为关切约束,这些约束符合下列条件:

$$
u_j\geqslant(1-0.4/Pass)\overline{u}_j,\ (j=1,\cdots,M')
\tag{5-27}
$$

这里 $Pass$ 是迭代次数,这条件表示第一次迭代中选取所有 $u_j\geqslant0.6\overline{u}_j$ 的变位作为关切约束,第二次迭代选取所有 $u_j\geqslant0.8\overline{u}_j$ 作为关切约束,如此关切约束数目 M' 将逐步减少。于是相应的对偶问题成为:

$$\left.\begin{aligned}
&\text{求 } \lambda_{0i}, \lambda_j (i = 1, \cdots, N; \; j = 1, \cdots, M') \\
&\text{使 } d(\lambda) = \prod_{i=1}^{N} \left(\frac{\rho_i L_i a_i}{\lambda_{0i}} \right) \lambda_{0i} \prod_{j=1}^{M'} (u_j^*)^{\lambda_j} \text{ 最大} \\
&\text{约束 } \sum_{i=1}^{N} \lambda_{0i} = 1 \\
&b_i \lambda_{0i} + \sum_{j=1}^{M'} B_{ij} \lambda_j = 0, \; (i = 1, \cdots, N) \\
&\lambda_{0i}, \lambda_j \geqslant 0
\end{aligned}\right\} \tag{5-28}$$

其中, u_j^* 与式(5-25)的 u_j^* 相同

这个对偶规划的困难度为 $D = M' - 1$。它共有 $(N + M')$ 个待求变量: N 个 λ_{0i} 和 M' 个 λ_j。先从约束提供的 $(N+1)$ 个线性方程消去 $(N+1)$ 个未知量: N 个 λ_{0i} 和一个 $\lambda_{M'}$, 剩下 $(M'-1)$ 个独立变量 $\lambda_j (j = 1, 2, \cdots, M' - 1)$。它们将由一个 $(M'-1)$ 维的只带非负约束的无约束优化问题给出, 这问题是:

$$\left.\begin{aligned}
&\text{求 } \lambda_j (j = 1, \cdots, M' - 1) \\
&\text{使 } d(\lambda) = \prod_{i=1}^{N} \left[\frac{\rho_i L_i a_i}{\sum\limits_{j=1}^{M'-1} D_{ij} \lambda_j + D_{iM'}} \right]^{\mu_i} \prod_{j=1}^{M'-1} (\tilde{u}_j)^{\lambda_j} (\tilde{u}_{M'})^v \text{ 最大} \\
&\lambda \geqslant 0
\end{aligned}\right\} \tag{5-29}$$

式中

$$\left.\begin{aligned}
&D_{ij} = \left(\frac{B_{iM'} m_j}{m_{M'}} - B_{ij} \right) / b_i, \\
&\quad (i = 1, \cdots, N; \; j = 1, \cdots, M' - 1) \\
&D_{iM'} = - B_{iM'} / (m_{M'} b_i), \; (i = 1, \cdots, N) \\
&m_j = - \sum_{i=1}^{N} B_{ij} / b_i, \; (j = 1, \cdots, M') \\
&E_j = - m_j / m_{M'} \\
&E_M' = 1 / m_{M'} \\
&\mu_i = \sum_{j=1}^{M-1} D_{ij} \lambda_j + D_{iM'} \\
&v = \sum_{j=1}^{M-1} E_j \lambda_j + E_{M'}
\end{aligned}\right\} \tag{5-30}$$

这个无约束优化问题可以用各种方法求解, 文献[C-2]取函数 $d(\lambda)$ 的对数再使它的导数为零的方法, 求

$$\frac{\partial (\ln d(\lambda))}{\partial \lambda_j} = 0$$

得

$$\sum_{i=1}^{N} D_{ij}\left[\ln\left(\frac{\rho_i L_i a_i}{\sum\limits_{j=1}^{M-1} D_{ij}\lambda_j + D_{iM'}}\right) - 1\right]$$

$$+ \ln(u_j^*) + E_j\ln(u_{M'}^*) = 0 \quad (j = 1,\cdots,M'-1) \tag{5-31}$$

用机器程序库中最速下降法解这组非线性方程,得$(M'-1)$个λ_j,代入原来的线性方程组(归一性和正交性条件)就可得全部λ^*。但如果其中有负的λ_j^*,就要把最负的对偶变量找出来,在M'个关切约束中把跟这个最负λ_j对应的约束去掉,重复上述求解过程,直至所有对偶变量满足非负条件为止。求出对偶变量后,便可以接着求出原问题的最小W^*和优化I_i^*,这和前面叙述过的一样。

文献[C-2]做了三个例题,就是第二章中的例题三至五,只是都加了变位约束。在具体算法中,它还在迭代过程中使用了所谓性态调整,就是把设计点引到可行域的边界上去。下面就给出这三个例题的结果。

例题(5-1)　门式钢框架(图 2-14)。

此题即第二章的例题(2-3),只是附加了节点的水平位移不得大于 0.5in。其他都相同。

文献[C-2]只用了四次迭代,便基本上收敛了。但有一变位约束略有违反约$\pm 0.05\%$,表 5-1 和图 2-15 上的曲线(b)表示优化的收敛过程。

例题(5-2)　单跨两层钢框架(图 2-16)。

此题除了附加所有节点水平位移不超过 1in 外,其他都同第二章的例题(2-4)。表 5-2 和图 2-17 上曲线(b)表示四次迭代的收敛过程。

例题(5-3)　两层六跨钢框架(图 2-18)。

表 5-1　优化的收敛过程

迭代次数	I_1	I_2	I_3	W
初始	1600	1600	1600	3947.7
1	1190.3	950.3	1190.3	3260.0
2	1323.4	812.3	1323.4	3279.3
3	1329.8	816.1	1329.8	3287.1
4	1345.9	795.1	1345.9	3285.4

表 5-2　四次迭代的收敛过程

迭代次数	I_1	I_2	I_3	I_4	I_5	I_6	W
初始	6400	6400	6400	6400	6400	6400	15790.8
1	3734.9	1329.1	1337.5	1329.1	3734.9	2963	9370.4
2	2943.6	1503.8	1372.0	1503.8	2943.6	4058.6	9486.3
3	2831.7	1500.3	1457.9	1500.3	2831.7	4189.9	9504.9
4	2842.5	1546.2	1374.9	1546.2	2842.5	4196.0	9506.6

此题除了框架所有节点水平位移不超过 2in 外,其他都同第二章的例题(2-5)。

表 5-3 给出了优化的结果,图 2-19 中的曲线(b)给出了十次迭代的收敛过程。这个解的第 29 杆应力在第三、四种工况下超过了约束 3.66%。

表 5-3　优化结果

杆号	初始值	I
1,2	2400	460.3
3,5	2400	482.2
4	2400	237.5
6,7	2400	582.7
8,10	2400	106.1
9	2400	2538.7
11,12	3200	700.3
13,15	3200	1005.6
14	3200	1020.9
16,17	4000	1152.3
18,20	4000	398.0
19	4000	3819.0
21,22	4800	967.0
23,25	4800	619.4
24	4800	659.7
26,27	5600	654.5
28,30	5600	466.0
29	5600	2506.0
质量	$W = 54290.1$	24594.6

四、几何规划用于钢筋混凝土框架优化设计[①][C-3]

在上一节中介绍了用几何规划对偶化方法于钢框架优化设计,这一节介绍用几何规划线性化方法于钢筋混凝土框架优化设计。在第二章我们用分部优化方法解决过这问题[②],方法非常简单实用,但是属于满应力准则方法,在理论上不够严格。现在来用几何规划做,互相验证一下。

钢筋混凝土框架优化设计的难处,在于设计变量多,对于框架的每一个构件,不仅要考虑截面的尺寸,还要考虑各种配筋;同时约束方程也多,如每一根梁都有正弯矩平衡的强度约束,负弯矩平衡的强度约束,梁两端剪力平衡的强度约束以及最大配筋率约束、最小配筋率约束,每一根柱也有类似的约束,而且,这些约束方程

①　孙焕纯、姜敬凯,"钢筋混凝土构件和框架的优化设计——线性化几何规划的可行域修正系数法"。
②　孙焕纯,"钢筋混凝土构件和框架的优化设计——0.618 法"。

一般不止一项,因此,这些约束方程中的总项数将远比总的设计变量数目为多,所以,如果采用对偶几何规划的方法,势必会面临"高困难度"的麻烦。企图降低困难度的做法又往往使本来就比较复杂的问题更加复杂化,增加了解题的困难。

有人[1]采用几何规划线性化以及可行域修正系数的办法,用以减小土述的困难。

钢筋混凝土框架优化设计的目标函数和约束方程是由其构件的目标函数和约束方程组合而成的。由线性化几何规划和钢筋混凝土结构的设计规范,梁构件优化设计可表达为:

求梁的截面和配筋设计变量 x_1 和 x_2、x_3、x_4(见图 5-1);

使梁单位长度上的总造价 x_0 最小。

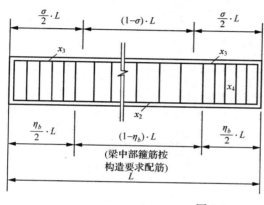
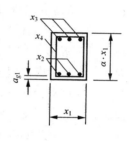

图 5-1

$$约束:x_0^{-1}\left[\alpha \cdot C \cdot x_1^2 + C \cdot x_2 + Cx_3 \cdot \sigma + \eta_b \cdot C \cdot (\alpha + \gamma)x_1 x_4 + (1 + 2\alpha) \cdot C_f \cdot x_1\right] \leqslant 1$$

$$\frac{K_1 \cdot M_x}{\zeta_1 \cdot \alpha \cdot R_{gb}}x_1^{-1}x_2^{-1} + \frac{R_{gb}}{2 \times \zeta_1\alpha \cdot R_{ub}}x_1^{-2}x_2 \leqslant 1$$

$$\frac{K_1 \cdot M_s}{\zeta_1 \cdot \alpha \cdot R_{gb}}x_1^{-1}x_2^{-1} + \frac{R_{gb}}{2\zeta_1\alpha \cdot R_{ub}}x_1^{-2}x_3 \leqslant 1$$

$$\frac{K_2 \cdot Q \cdot x_1^{-1}x_4^{-1}}{1.5 \cdot \zeta_1 \cdot \alpha R_{gk} + 0.07R_{Ab} \cdot \zeta_1\alpha \cdot x_1 x_4^{-1}} \leqslant 1$$

$$\alpha \cdot \mu_1 \zeta_1 \cdot x_1^2 (x_2')^{-1} \leqslant 1(x_2' \text{ 为 } x_2, x_3 \text{ 中较小者})$$

$$\frac{1}{\alpha\mu_2\zeta_1}x_1^{-2}(x_3')^{-1} \leqslant 1(x_3' \text{ 为 } x_2, x_3 \text{ 中较大者})$$

$$x_4 \geqslant 0.009\pi$$

$$x_3 \geqslant 0.98\pi$$

$$x_2 \geqslant 0.98\pi$$

(5-32)

---

① 　内容同上页注。

式中，x_0、x_1、x_2、x_3、x_4—— 设计变量；

$\quad x_0$—— 梁单位长度的价格（元）；

$\quad x_1$—— 梁宽（cm）；

$\quad x_2$—— 梁下部纵筋的横截面积（cm^2）；

$\quad x_3$—— 梁上部纵筋的横截面积（cm^2），左右两端都取为 x_3；

$\quad x_4$—— 梁两端单位长度上双肢箍筋的面积（cm^2/cm）；

$$C = C_s \cdot R_s - C_c;$$

$\quad C_c$—— 单位体积混凝土的价格（元 /cm^3）；

$\quad C_s$—— 单位质量钢筋价格（元 /kg）；

$\quad R_s$—— 钢筋比重（kg/cm^3）；

$\quad C_f$—— 单位面积模板价格（元 /cm^2）；

$\quad \alpha$—— 梁的高宽比（$2.5 \leqslant \alpha \leqslant 3.5$）；

$\quad R_{Wb}$—— 混凝土抗弯设计强度（kg/cm^2）；

$\quad R_{gb}$—— 梁中纵筋设计强度（kg/cm^2）；

$\quad R_{gk}$—— 箍筋设计强度（kg/cm^2）；

$\quad R_{Ab}$—— 梁中混凝土轴心抗压强度（kg/cm^2）；

$\quad K_1$—— 梁弯曲安全系数；

$\quad K_2$—— 梁剪切安全系数；

$\quad M_x$—— 梁中最大正弯矩（kg-cm）；

$\quad M_s$—— 梁两端绝对值最大的负弯矩（kg-cm）；

$\quad Q$—— 梁两端绝对值最大的剪力（kg）；

$\quad \mu_1$—— 最小配筋率；

$\quad \mu_2$—— 最大配筋率；

$\quad a_{g1}$—— 保护层厚度（cm）；

$$\zeta_1 = 1 - 4a_{g1}/a\overline{X}_1;$$
$$\gamma = 1 - 4a_{g1}/a\overline{X}_1;$$

$\quad \overline{X}_1$—— 迭代运算中前一步梁宽值（cm）；

$\quad \sigma$—— 负筋的总长度与梁全长的比值；

$\quad \eta_b$—— 梁两端箍筋需加密区间的总长度与梁全长的比值。

约束方程依次是：由目标函数转化的约束，正弯矩平衡的强度约束，负弯矩平衡的强度约束，剪力平衡的强度约束，最小配筋率约束，最大配筋率约束，箍筋构造要求的最小值、下部纵筋的最小横截面积、上部纵筋的最小横截面积的尺寸约束。

由于钢筋混凝土构造满足了强度条件，一般能满足刚度要求，所以以变位约束通常是松约束，在优化时可不考虑，只在优化后作一检验。

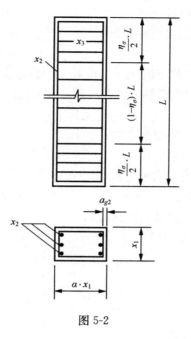

图 5-2

柱构件优化设计可表达为:

求柱截面和配筋设计变量 x_1 和 x_2、x_3(见图 5-2)

使柱单位长度的总造价 x_0 最小

约束:

$$x_0^{-1}[\alpha \cdot C_c \cdot x_1^2 + 2 \cdot C \cdot x_2 + 2(1+\alpha)C_f \cdot x_1$$
$$+ \eta_c \cdot C(\alpha + \gamma)x_1 x_3] \leqslant 1$$

$$\frac{K_1 \cdot M_x + \dfrac{(K_1 N)^2}{2 \cdot R_{WC}} x_1^{-1}}{0.5 \cdot K_1 \cdot N \cdot \alpha \cdot x_1 + R_{gc} \cdot \alpha \cdot \zeta_2 \cdot x_1 x_2} \leqslant 1 \text{(大偏心情况)}$$

$$\text{或} \frac{K_2 \cdot M_x + 0.5 \cdot K_2 \cdot N \cdot \alpha \cdot \zeta_2 x_1}{0.5 \cdot R_{AC} \cdot \zeta_1^2 \cdot \alpha^2 \cdot x_1^3 + R_{gc} \zeta_2 \cdot \alpha \cdot x_1 x_2} \leqslant 1 \text{(小偏心情况)}$$

$$\frac{K_2 Q \cdot x_1^{-1} x_3^{-1}}{1.5 \cdot \zeta_1 \alpha \cdot R_{gk} + 0.07 R_{AC} \zeta_1 \cdot \alpha x_1 x_3^{-1}} \leqslant 1$$

$$\mu_1 \cdot \zeta_1 \alpha \cdot x_1^2 x_2^{-1} \leqslant 1$$

$$\frac{1}{\zeta_1 \cdot \alpha \cdot \mu_2} x_1^{-2} x_2 \leqslant 1$$

$$x_1 \geqslant x_1^L$$

$$x_2 \geqslant 0.98\pi$$

$$x_3 \geqslant 0.018\pi$$

$$(5\text{-}33)$$

式中，x_0, x_1, x_2, x_3—— 设计变量；

    x_0—— 柱单位长度的价格（元）；

    x_1—— 柱宽（cm）；

    x_2—— 单侧纵筋横截面积（cm²），按对称配筋考虑；

    x_3—— 单位柱长双肢箍筋的横截面积（cm²/cm）；

    $C_c, C_s, R_s, C_f, C, R_{gk}, \mu_1, \mu_2, \gamma$ 的意义同前；

    K_1—— 柱偏心受压的安全系数；

    K_2—— 柱剪切安全系数；

    M_x—— 柱中绝对值最大的弯矩（kg-cm）；

    N—— 柱中轴力（kg）；

    Q—— 柱中绝对值最大的剪力（kg）；

    α—— 柱截面的高宽比（$1 \leqslant \alpha \leqslant 2$）；

$$\zeta_1 = \frac{\alpha \overline{X}_1 - a_{g2}}{\alpha \cdot \overline{X}_1}$$

$$\zeta_2 = \frac{\alpha \overline{X}_1 - 2a_{g2}}{\alpha \cdot \overline{X}_1}$$

    a_{g2}—— 柱保护层厚度；

    $\overline{X}_1$—— 迭代运算中前一次的柱宽（cm）；

    R_{AC}—— 柱轴心抗压设计强度（kg/cm²）；

    R_{WC}—— 柱中混凝土抗弯设计强度；

    R_{gc}—— 柱中钢筋设计强度；

    x_1^L—— 稳定性构造要求的最小柱宽；

    η_c—— 柱两端箍筋加密范围总长与柱长之比。

    约束方程依次是：由目标函数转化的约束，大偏心情况下柱压弯平衡的强度约束，小偏心情况下压弯平衡的强度约束，剪切平衡方程的强度约束，最小配筋率约束，最大配筋率约束，箍筋构造要求的最小值，纵筋构造要求的最小值的尺寸约束和最小宽度约束。

    根据钢筋混凝土梁和柱构件优化设计的数学规划，不难写出钢筋混凝土框架优化设计的数学规划，其设计变量取为上述梁、柱优化设计中的设计变量，其目标函数取为所有梁柱价值的总和，其约束是各构件的约束的集合。

    框架优化设计问题可表达为：

    求各梁、柱的设计变量 $x_1, x_2 \cdots x_N$，

    使目标函数 x_0 最小

    约束：

$$\left.\begin{array}{l}
x_0^{-1}\Big[\sum_{i=1}^{r}bL_i \cdot bc_i + \sum_{j=1}^{s}CL_j \cdot CC_j\Big]\leqslant 1\\[2mm]
H_i(X)\leqslant 1\\
\vdots\\
R_i(X)\leqslant 1 \quad (i=1,2,\cdots,\gamma),\\
Q_j(X)\leqslant 1\\
\vdots\\
T_j(X)\leqslant 1 \quad (j=1,2,\cdots,S),
\end{array}\right\} \tag{5-34}$$

式中，x_0——框架的总造价；

　　　γ——框架中梁的根数；

　　　$H_i(X)\leqslant 1,\cdots,R_i(X)\leqslant 1$——第 i 根梁的各约束；

　　　S——框架中柱的根数；

　　　$Q_j(X)\leqslant 1,\cdots,T_j(X)\leqslant 1$——第 j 根柱的各约束；

　　　bL_i,bc_i——分别为 i 根梁的长度和单位长度的价格；

　　　CL_j,CC_j——分别为第 j 根柱的长度和单位长度的价格。

这里没有考虑钢筋混凝土框架的变位约束，只是在求得最优解后再对变位约束进行检验，如果变位超过允许值，则按实际位移与允许位移的比值 $u/\bar{u}$ 开四次方的比例增加梁柱截面的宽度，也就是按此比例增加框架整体的刚度，使变位约束得到满足。当然要在优化中一并考虑变位方面的约束条件也是可能的。

由于采用线性化几何规划，在引入变量 Z 时已经考虑了原变量 X 的下限值，也就是考虑了变量 X 的尺寸约束，所以这些尺寸约束不必作为独立的约束列入上述的数学规划了。

有人[1]在框架的内力分析程序中还考虑了剪切效应、轴力产生的 $P\text{-}\Delta$ 效应。

文献[C-3]中做了四个例题，其中第三个重复了第二章的例题(2-6)，获得了很相近的结果。

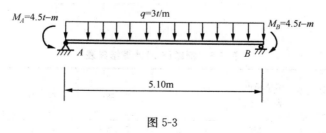

图 5-3

①　孙焕纯、姜敬凯，"钢筋混凝土构件和框架的优化设计——线性化几何规划的可行域修正系数法"。

例题(5-4)　两端简支梁荷载及长度如图 5-3 所示。给定两组材料强度相同、材料价格相同,但初始截面不同的初始解,经优化计算,收敛到几乎同一个最优解。计算结果见表 5-4。原始数据如下:

$C_c = 0.000056$(元/cm³),$C_s = 0.4731$(元/kg),

$C_f = 0.00015$(元/cm²),$R_s = 0.0078$(kg/cm³),

$\alpha = 2.5$,　　　$R_W = 140$kg/cm²,

$R_A = 110$kg/cm²,$R_{gk} = 2400$kg/cm²,

$R_g = 3400$kg/cm²,$K_1 = 1.45$,

$K_2 = 1.55$。

第一组初始解梁宽 $x_1 = 20$cm,第二组初始解梁宽 $x_1 = 25$cm。

表 5-4　例题(5-4)计算结果表

组别	设计变量				
	x_0/(元/cm)	x_1/cm	x_2/cm²	x_3/cm²	x_4/(cm²/cm)
第一组初始解	0.1004	20.0000	5.2321	4.4312	0.0288
对应最优解	0.08569	15.2621	7.7417	6.3947	0.0665
第二组初始解	0.1313	25.0000	4.0341	3.4374	0.0283
对应最优解	0.08574	15.2048	7.7946	6.4333	0.0675

例题(5-5)　两端简支梁荷载及长度如图 5-4 所示。给定两组初始截面相同、材料强度相同(同例 5-4),但材料价格不同的初始解。计算表明(表 5-5),两组最优解反映了材料价格的影响。

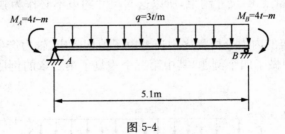

图 5-4

表 5-5　例题(5-5)计算结果表

解 组别 \ 设计变量	单位长度造价(元)	x_1/cm	x_2/cm²	x_3/cm²	x_4/(cm²/cm)
第一组初始解	0.1032	20.0000	5.5022	4.4312	0.0288
第一组最优解	0.09753	16.1582	7.4558	5.8790	0.0541
第二组初始解	0.1212	20.0000	5.5022	4.4312	0.0288
第二组最优解	0.0988	15.2621	8.2173	6.3947	0.0666

第一组解价格：混凝土，0.000046(元/cm³)，钢筋0.6731(元/kg)；第二组解价格：混凝土，0.000076(元/cm³)，钢筋0.4731(元/kg)。

例题(5-6)　两跨五层框架(图2-20)。

此例题原始数据同例题2-6。此题经过二次重分析，八次迭代，收敛过程如图5-5，优化结果见表5-6，造价为1731.15元。

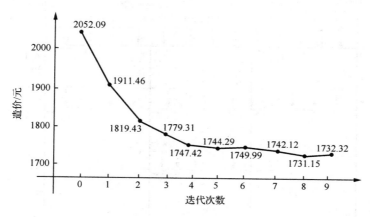

图 5-5　收敛过程

表 5-6　例题(5-6)优化结果表

杆号	梁宽/cm	梁上部两端纵筋/cm²	梁下部纵筋/cm²	梁两端部箍筋/(cm²/cm)	柱宽/cm	柱纵筋/cm²	柱两端箍筋/(cm²/cm)
11,13					36.5379	8.0451	0.0565
12					36.5379	7.8667	0.0565
14,16					35.0239	7.5108	0.0565
15					35.0239	7.3963	0.0565
17,19					31.3908	7.7766	0.0565
18					31.3908	4.4471	0.0565
20,22					26.7191	9.1088	0.0565
21					26.7191	3.1988	0.0565
23,25					25.5369	11.5711	0.0565
24					25.5369	3.0788	0.0565
1,2	19.2370	21.4891	8.5893	0.0510			
3,4	18.4791	19.5247	7.8189	0.0489			
5,6	18.4791	15.5076	6.6958	0.0398			
7,8	16.2921	15.6845	6.5724	0.0521			
9,10	15.4699	11.2493	5.3814	0.0330			

这个例题比之第二章用 0.618 法做的例题(2-6)的结果,造价要稍高一些,原因主要是在本章中对梁的两端的负筋,只考虑了一个设计变量,这个设计变量是按梁两端负弯矩之中绝对值较大的弯矩值计算的。

例题(5-7)　　三跨三层框架,荷载如图 5-6,两种工况的水平荷载是对称的。

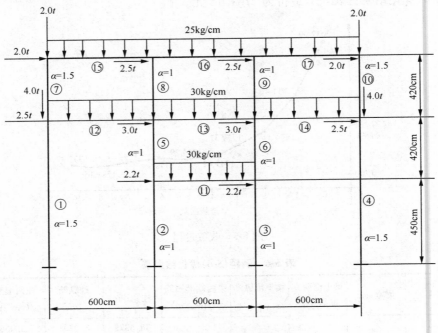

图 5-6　三跨三层框架

$C_c = 0.000056$(元/cm³),内柱的 α 都取为 1,外柱的 α 取为 1.5,梁的 α 都取为 2.5。

柱宽的初值都取为 40cm,下限都为 30cm,梁宽初值都取为 40cm,下限都为 17cm,优化结果见表 5-7,收敛过程见图 5-7。

表 5-7　例题(5-7)优化结果表

杆号	设计点迭代序号	梁宽/cm	梁上部两端纵筋/cm²	梁下部纵筋/cm²	梁两端部箍筋/(cm²/cm)	柱宽/cm	柱纵筋/cm²	柱两端箍筋/(cm²/cm)
1,4	8					31.5768	6.5837	0.0565
	7					35.5584	6.2800	0.0565
2,3	8					54.3662	34.8774	0.0565
	7					56.7276	32.3452	0.0565
5,6	8					46.1371	21.3848	0.0565
	7					43.8228	23.4525	0.0565

杆号	设计点迭代序号	梁宽/cm	梁上部两端纵筋/cm²	梁下部纵筋/cm²	梁两端部箍筋/(cm²/cm)	柱宽/cm	柱纵筋/cm²	柱两端箍筋/(cm²/cm)
7,10	8					37.3020	16.7086	0.0565
	7					34.7570	18.5640	0.0565
8,9	8					31.6772	9.4063	0.0565
	7					32.0972	9.1610	0.0565
11	8	25.1864	33.7984	19.0070	0.0549			
	7	25.4689	33.1107	18.7093	0.0523			
12,14	8	20.3355	23.1641	7.4211	0.0496			
	7	20.4194	22.9779	7.3824	0.0488			
13	8	20.3355	24.0639	6.6613	0.0493			
	7	20.4194	23.8649	6.6272	0.0485			
15,17	8	17.5400	14.4820	6.7854	0.0396			
	7	17.4251	14.6547	6.8458	0.0406			
16	8	17.5400	11.4237	3.9305	0.0283			
	7	17.4251	11.5494	3.9622	0.0283			

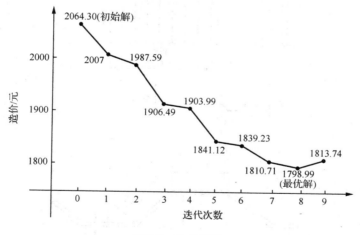

图 5-7 收敛过程

此例在 709 机上计算时间为 38min,若使用改进的线性规划,则为 21min。表 5-7 中迭代序号为 8 的设计点是最优解,迭代序号为 7 的设计点虽然目标函数值稍高一些,但比较接近于工程实用。

例题(5-6、5-7)造价中不包括梁上部中间部分的架立筋价值,但包括了梁、柱内所有箍筋价值。

五、几何规划用于船舶舱壁优化设计

这里举一个国外文献[A-18]上的例子,就是我们在本章引言中提过的油船舱壁设计,按规范设计,约束函数可用显式表达,大部分是广义多项式,不是的话也可以设法通过变换使它们是。

可用几何规划一次完成优化,不必迭代,所以几何规划对于规范设计有特殊意义。图 5-8 所示舱壁是个油轮上折皱式的横舱壁。取质量作为目标函数,按 Det Norske Veritas 船级规范设计。这个舱壁问题曾由文献[A-29,30]用系列搜索的方法做过,显然没有几何规划那么简单可靠。

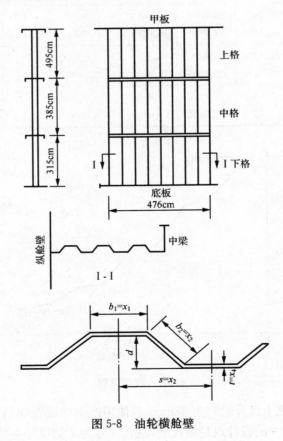

图 5-8　油轮横舱壁

设计变量:

b_1＝翼板宽(cm);

b_2＝腹板长(cm)；

d＝皱高(cm)或 S＝皱半波长(cm)；

t_t＝上格的板厚(cm)；

t_m＝中格的板厚(cm)；

t_b＝下格的板厚(cm)。

舱壁质量为

$$W = \frac{\gamma 476(b_1 + b_2)(495t_t + 385t_m + 315t_b)}{S} \tag{a}$$

式中，γ 为材料容重(7.850×10⁻⁶)。规范 D. N. V. 提出了有关截面模数、惯性矩和最小板厚的不等式约束 16 条。为便于示例叙述，这里只讨论下格的设计，这时取设计变量：

$$x_1 = b_1;$$
$$x_2 = S;$$
$$x_3 = b_2;$$
$$x_4 = t_b。$$

目标函数简化为

$$y_0 = 1.177x_4(x_1 + x_3)/x_2$$

约束有五个(来自规范要求，见文献[A-30]，)：

$$\left.\begin{array}{l} y_1 = \dfrac{53.64x_2x_4^{-1}}{[2.4x_1 + x_3][x_3^2 - (x_2 - x_1)^2]^{1/2}} \leqslant 1 \\[4mm] y_2 = \dfrac{26.4(8.94x_2)^{4/3}x_4^{-1}}{[2.4x_1 + x_3][x_3^2 - (x_2 - x_1)^2]} \leqslant 1 \\[4mm] y_3 = 0.0156x_1x_4^{-1} + 0.15x_4^{-1} \leqslant 1 \\[2mm] y_4 = 0.0156x_3x_4^{-1} + 0.15x_4^{-1} \leqslant 1 \\[2mm] y_5 = 1.05x_4^{-1} \leqslant 1 \end{array}\right\} \tag{b}$$

首先要注意约束 y_1 和 y_2 并不是广义多项式，因为它们的分母是由(2.4x_1 + x_3)和[$x_3^2 - (x_2 - x_1)^2$]二者相乘组成，必须加以处理。先将(2.4x_1 + x_3)按公式(5-12′)在 $\tilde{x}_1 = \tilde{x}_3 = 50$，缩并成单项式：

$$2.4x_1 + x_3 = 3.4x_1^{0.706}x_3^{0.294}$$

如果最后优化结果 x_1^* 和 x_3^* 跟所假设的 $\tilde{x}_1$ 和 $\tilde{x}_3$ 差别太大，应迭代更新，重复优化一次。至于[$x_3^2 - (x_2 - x_1)^2$]，可引入一个新变量 x_5，使

$$x_5^2 = x_3^2 - (x_2 - x_1)^2$$

将上式两端都乘以 x_3^{-2}，并移项可得新添的约束条件

$$x_5^2x_3^{-2} + (x^2 - x_1)^2x_3^{-2} \leqslant 1$$

这里用不等式≤1，因为它的左端将用于原来两个约束的分母上，这个新约束可以

保证原来两个约束的满足。再将 $(x_2-x_1)^2$ 在 $\tilde{x}_1=50,\tilde{x}_2=90$ 缩并成单项式 $0.045x_1^{-2.5}\cdot x_2^{4.5}$。于是原问题可写成：

　　求 $x_i(i=1,2,3,4,5)$；

　　使 $y_0(x)=1.177(x_1x_2^{-1}x_4+x_1^{-1}x_3x_4)$ 最小；

　　约束：$y_1(x)=15.776x_1^{-0.706}x_2x_3^{-0.294}x_4^{-1}x_5^{-1}\leqslant1$

　　　　　$y_2(x)=143.965x_1^{-0.706}x_2^{1.333}x_3^{-0.294}x_4^{-1}x_5^{-2}\leqslant1$

　　　　　$y_3(x)=x_5^2x_3^{-2}+0.045x_1^{-2.5}x_2^{4.5}x_3^{-2}\leqslant1$

　　　　　$y_4(x)=0.0156x_1x_4^{-1}+0.15x_4^{-1}\leqslant1$

　　　　　$y_5(x)=0.0156x_3x_4^{-1}+0.15x_4^{-1}\leqslant1$

　　　　　$y_6(x)=1.05x_4^{-1}\leqslant1$

其中用了近似点 $\tilde{x}_1=\tilde{x}_3=50,\tilde{x}_2=90$，最后的结果 $x_1=x_3=57.69,x_2=105.52$，两者都比较接近，可以不必迭代重来。

　　这问题形成便可以交付计算机用几何规划自动去优化。这问题的对偶规划是

　　求 $\lambda_i(i=1,2,\cdots,11)$

　　使

$$
\begin{aligned}
d(\lambda)=&\left(\frac{1.177}{\lambda_1}\right)^{\lambda_1}\left(\frac{1.177}{\lambda_2}\right)^{\lambda_2}(15.77)^{\lambda_3}\\
&\times(143.65)^{\lambda_4}\left(\frac{1}{\lambda_5}\right)^{\lambda_5}\left(\frac{0.045}{\lambda_6}\right)^{\lambda_6}\\
&\times\left(\frac{0.0156}{\lambda_7}\right)^{\lambda_7}\left(\frac{0.5}{\lambda_8}\right)^{\lambda_8}\left(\frac{0.0156}{\lambda_9}\right)^{\lambda_9}\\
&\times\left(\frac{0.15}{\lambda_{10}}\right)^{\lambda_{10}}(1.05)^{\lambda_{11}}(\lambda_5+\lambda_6)^{(\lambda_5+\lambda_6)}\\
&\times(\lambda_7+\lambda_8)^{(\lambda_7+\lambda_8)}(\lambda_9+\lambda_{10})^{(\lambda_9+\lambda_{10})}\text{ 最大}
\end{aligned}
\tag{c}
$$

约束：（一个归一性条件和五个正交性条件）

$$
\begin{bmatrix}
1 & 1 & 0 & 0 & 0 & 0 & 0 & 0 & 0 & 0 & 0\\
1 & 0 & -0.706 & -0.706 & 0 & -2.5 & 1 & 0 & 0 & 0 & 0\\
-1 & -1 & 1 & 1.333 & 0 & 4.5 & 0 & 0 & 0 & 0 & 0\\
0 & 1 & -0.294 & -0.294 & -2 & -2 & 0 & 0 & 1 & 0 & 0\\
1 & 1 & -1 & -1 & 0 & 0 & -1 & -1 & -1 & -1 & -1\\
0 & 0 & -1 & -2 & 2 & 0 & 0 & 0 & 0 & 0 & 0
\end{bmatrix}
$$

$$\times \begin{pmatrix} \lambda_1 \\ \lambda_2 \\ \lambda_3 \\ \lambda_4 \\ \lambda_5 \\ \lambda_6 \\ \lambda_7 \\ \lambda_8 \\ \lambda_9 \\ \lambda_{10} \\ \lambda_{11} \end{pmatrix} = \begin{pmatrix} 1 \\ 0 \\ 0 \\ 0 \\ 0 \\ 0 \end{pmatrix} \tag{d}$$

还有非负条件 $\lambda_i \geqslant 0$，$(i=1,\cdots,11)$ (e)

只有 5 个未知值。对偶规划降为只带非负约束的 5 维问题。可用无约束优化的方法求解。解出对偶规划后，便可由关系式(5-10)或式(5-11)得到原问题的解：

最小质量：　　　　　　　$W^* = 1.35T$；

原设计变量：　　　　　　$x_1 = 57.69\text{cm}$；

　　　　　　　　　　　　$x_2 = 105.52\text{cm}$；

　　　　　　　　　　　　$x_3 = 57.69\text{cm}$；

　　　　　　　　　　　　$x_4 = 1.05\text{cm}$。

文献[A-18]声称在英国皇家空军研究所的 ICL1970 计算机上用了中央处理时间 5s。结果和文献[A-28]的一样，但和文献[A-30]略有出入。

　　文献[A-18]用的几何规划比之文献[A-28]～[A-30]用的其他非线性规划方法要简捷得多了。其实，对这个具体问题我们还可以用更为简单的办法来求解：据判断舱壁最轻解应取最薄的板厚 t_b，于是按约束(b)的最后一式，即 $x_4 = 1.05\text{cm}$。将它代入约束(b)的第(3)和(4)式便可解得 x_1 和 x_3：

$$x_1 \leqslant 57.69\text{cm}$$

$$x_3 \leqslant 57.69\text{cm}$$

为提高舱壁刚度，$x_3 = b_2$ 应取上限。为减少折皱的波数，$x_1(=b_1)$ 也应取上限，所以取：

$$x_1 = x_3 = 57.69\text{cm}$$

最后将上述 x_1、x_3 和 x_4 代入约束(b)的第 1 和第 2 式，分别得：

$$x_2 \leqslant 108.05\text{cm} \ \text{和} \ x_2 \leqslant 104.20\text{cm}$$

　　因而取 $x_2 = 104.20\text{cm}$。从而简捷地求解了这个问题。

第六章　线性规划的应用

一、引　　言

在数学规划理论中，最早、最成熟和在应用中最为普及的是线性规划。在结构优化设计中它也占有极重要的地位。在下列这些方面，它的应用相当广泛：

1）结构优化设计中某些问题本身就是一个线性规划问题，例如杆系结构塑性极限优化设计本身就是一个典型的线性规划，从 20 世纪 50 年代起就开始有这方面的研究成果。我们在文献[B-2]中也用以研究了框架结构的塑性极限优化设计和塑性安定优化设计。最近文献[C-7]对预应力钢桁架优化设计的研究用线性规划来处理，既合理又方便。这两个工作本章将予以介绍。

2）非线性规划通过函数线性展开或是函数分段线性化的办法转化成序列的线性规划问题，这是处理非线性规划的常用手法。在第五章中叙述的几何规划解法之一是用了函数缩并，然后取其对数使几何规划成为线性规划。

3）线性规划被用来作为非线性规划探索最优解过程中的一个工具，例如在可行方向法中用线性规划来确定最有利的探索方向。又如文献[B-4]建议用线性规划来提供一个比较好的初始方案，为此，暂时放弃结构变形协调条件，结构优化就如前面提到的塑性极限设计那样成为一个线性规划问题。总之，线性规划是数学规划中的一个基础，它在结构优化设计中结合各种具体情况，可以发挥重要作用。

线性规划在很多书籍中已有详尽的介绍，在大部分计算机的程序库中都有现成的标准的程序可以调用，当然在某些具体情况中还可以研究更有效的算法，例如可以充分利用某些问题的矩阵稀疏性特点[B-4]。这里我们将极简单地叙述一下线性规划及其对偶规划。进一步的了解可参阅有关的专著，例如文献[A-33]。

下列问题为线性规划原问题：

$$
\left.
\begin{aligned}
&\text{求设计变量 } x_i(i=1,2,\cdots,n) \\
&\text{使目标函数 } W(x)=\sum_{i=1}^{n}C_i x_i \quad \text{最小} \\
&\text{约束 } \sum_{i=1}^{n}a_{ij}x_i \geqslant b_j(j=1,2,\cdots,m) \\
&\qquad\qquad x_i \geqslant 0
\end{aligned}
\right\}
\qquad (6\text{-}1)
$$

它的对偶问题为：

$$
\left.
\begin{aligned}
&\text{求设计变量 } \lambda_j(j = 1, 2, \cdots, m) \\
&\text{使目标函数 } \quad d(\lambda) = \sum_{j=1}^{m} b_j \lambda_j \quad \text{最大} \\
&\text{约束：} \sum_{j=1}^{m} a_{ij} \lambda_j \leqslant c_i (i = 1, 2, \cdots, n) \\
&\qquad\qquad \lambda_j \geqslant 0
\end{aligned}
\right\} \tag{6-2}
$$

在利用标准的线性规划的算法（单纯形法和修正单纯形法）时，要把线性规划的原问题或对偶问题转变成下列标准形式：

$$
\left.
\begin{aligned}
&\text{求设计变量 } x_1, x_2, \cdots \\
&\text{使目标函数 } \quad Z = c_1 x_1 + c_2 x_2 + \cdots \quad \text{最小} \\
&\text{约束：} a_{11} x_1 + a_{12} x_2 + \cdots = b_1 \\
&\qquad\quad a_{21} x_1 + a_{22} x_2 + \cdots = b_2 \\
&\qquad\quad \cdots \\
&\qquad\quad x_1, x_2, \cdots \geqslant 0
\end{aligned}
\right\} \tag{6-3}
$$

并约束 $b_1, b_2, \cdots \geqslant 0$。

当问题要求目标函数不是最小而是最大，当约束条件是不等式、当变量不限于非负以及当 b_i 不是非负等情况时，要采取各种措施，如改变系数的正负号、增加松弛变量、剩余变量、人造基等把问题最终化为上列标准形式，然后可用标准的算法或程序。

标准形式的约束在设计变量多维空间中构成一个凸多面体，最优解将在这多面体的某一顶点。标准的单纯形法和修改单纯形法从一个初始可行解出发，有系统地在凸多面体的各顶点中，以高效率搜索这个最优解。

在求解线性规划时，如果原问题的约束数多于设计变量时，把它转化为对偶问题求解将减少计算工作量，是有益的。原问题与对偶问题最优解之间有如下关系：

1）最小 $W^*(x^*)$＝最大 $d^*(\lambda^*)$；

2）用单纯形法求得对偶问题最优解 λ^* 之后，就可得到原问题的最优解：

$$
x^* = b_B B^{-1} \tag{6-4}
$$

式中，B 为在对偶问题中与最优解 λ^* 相应的系数阵 $\{a_{ij}\}$ 的列组成的方阵；b_B 为在对偶问题中与最优解 λ^* 相应的那些 b_j 系数组成的行向量。

在用单纯形表求对偶问题的解时，x^* 实际上就可从表中直接得到。

二、预应力钢桁架的优化设计[C-7]

在施加荷载之前，对钢桁架中某个或某些由高强度材料做的杆件施加预应力，可以使结构内部产生一个自平衡的内力状态。称内力状态是自平衡的,因为这些内力不是跟外力构成力的平衡,而是自相平衡的。如图 6-1 的杆系拱,如果在高强度杆 AB 中施加预拉力,施加的方式可以在装上 AB 杆之前把节点 B 向左顶一定的距离,然后再装上 AB 杆,移去顶力装置,这是利用预变位施加预应力。也可以在 AB 杆上用反向双紧螺栓施加预拉力。这预拉力将在结构各个部分产生内力,这内力状态是自平衡的,A 和 B 的支撑反力都等于零。如图 6-1(b) 的连续梁也是通过预变位使梁中座产生预应力,这时虽然产生支撑反力,但这些支撑反力也是自相平衡的。

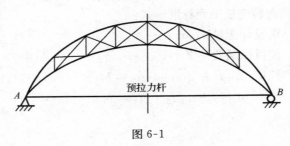

预拉力杆

图 6-1

　　由预应力产生的结构内力分布,在低强度材料的杆件中应该和将来荷载产生的内力方向相反,在高强度材料的杆件中应该和将来荷载产生的内力方向相同。由于预应力只动用了高强度材料的容许应力的一部分,所以只要预应力加得适当,就可以使结构的材料充分发挥潜力和作用,提高结构承载能力,或降低结构的用材或价格。这里显然有优化设计的问题。

　　我们将考虑两个问题:

　　(1) 给定结构布局、几何和杆件截面,在多种工况和约束下求最优的预拉力,使结构的承载能力最高。

　　(2) 给定结构布局和几何,在给定的多种工况和约束下,求最优的各杆截面和最优预拉力,使结构的用材最少或价格最低。

　　可以设想,问题(1)可用于加强已存的旧结构,用加预应力的办法来提高它的承载能力以适应新的要求;问题(2)可用于设计新的结构。从优化设计的方法来说,这两个问题有非常密切的关系。问题(1)可以用线性规划来解,第二个问题可以利用一系列问题(1)来逼近。

　　在讨论优化方法之前,先研究一下预应力结构的分析。我们需要解决的分析问题是在某根预应力杆中施加预拉力 $T=1$ 时,结构各杆的内力 S^0 和各节点的位移 u^0。为此,按图 6-2(a)、(b)、(c)的次序考虑:

　　(1) 把预应力杆 AB 拆下来,切短 $\Delta l = \dfrac{1 \times l}{AE}$,然后施加一对等于 1 的拉力如图(a),使它恢复原来长度,再装回去,但仍然保持等于 1 的拉力,也可形象地称为

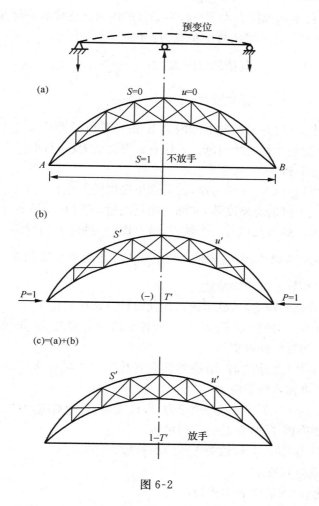

图 6-2

不放手。这时结构内力除了预应力杆的内力 $S=1$ 以外,其他部分的内力 $S=0$,结构也没有变位。

（2）在原结构上施加一对外力 $P=1$ 如图(b)。这时,结构 AB 杆有压力 $-T'$,这个压力的绝对值 T' 将略小于1,其他部分有内力 S',结构变位为 u'。这是个普通的结构分析问题。如果用变位法做,刚度阵应包括杆 AB 的刚度。

（3）让图(a)状态中拉长 AB 的力放手,这等于加上图(b)的一对力 P,于是放手后的内力状态和变位状态是(a)和(b)的叠加:

$$
\left.
\begin{array}{l}
AB\text{ 杆中：拉力}(1-T') \\
\text{其他部分内力：}0+S'=S' \\
\text{结构变位：}0+u'=u'
\end{array}
\right\}
\tag{6-5}
$$

现在,如果 AB 杆中的预拉力为 $T=1$,则结构的内力和变位状态将是

$$\left.\begin{array}{l} AB \text{ 杆中预拉力}：T=1 \\[2mm] \text{其他部分内力：} S^0 = \dfrac{S'}{1-T'} \\[2mm] \text{结构变位：} u^0 = \dfrac{u'}{1-T'} \end{array}\right\} \qquad (6\text{-}6)$$

因此只需分析出图(b)外力情况下的内力 S' 和 $-T'$ 以及变位 u' 之后,问题就得到解决,而这个分析是个普通的问题。若使有 n 根预应力杆,每根杆有单位预拉力的情况都可以如法分析。

这问题还可以有别的分析方法,但是这里提供的方法有一个优点,就是一次形成了包括有预应力杆的总刚度阵,并加三角化之后,就既可用于各外载又可用于预应力加载的情况。这方法也有一个缺点,就是图(b)的内力情况中,T' 显然接近于1,而 S' 一定很小,所以式(6-6)中的 $S=\dfrac{S'}{1-T'}$ 将是两个小数相除,要得到足够的精度,必须多取小数点以后的位数。

在解决了分析问题之后,就可进行优化设计方法的讨论了。

设:$[\sigma^0]$,$[u^0]$ 为预拉力 $T=1$ 时结构各部的应力和变位,如果有几根预应力杆,则此矩阵的列数与杆数相等;

$\{\sigma^+\}$,$\{\sigma^-\}$ 为无预应力时,结构各部在各种工况下的最大拉应力和最大压应力(取绝对值),可称为包络应力;

$\{\bar{\sigma}^+\}$,$\{\bar{\sigma}^-\}$,$\{\bar{u}\}$ 分别为容许拉应力、容许压应力(绝对值)和容许变位;

λ 为荷载提高因子,也就是荷载的倍数;

$\{T\}$ 为预拉力列阵,其行数等于预应力杆数;

$\{A\}$ 为杆截面列阵。

至此,问题(1)的数学表达式为:

$$\left.\begin{array}{l} \text{给定}\{A\}\text{,求}\{T\}\text{和}\lambda \\[2mm] \text{使}\lambda\text{最大} \\[2mm] \text{约束：}\lambda\{\sigma^+\}+[\sigma^0]\{T\}\leqslant\{\bar{\sigma}^+\} \\[2mm] \qquad\quad \lambda\{\sigma^-\}-[\sigma^0]\{T\}\leqslant\{\bar{\sigma}^-\} \\[2mm] \qquad\quad \lambda\{u\}+[u^0]\{T\}\leqslant\{\bar{u}\} \\[2mm] \qquad\quad \lambda\geqslant1,\ 0\leqslant\{T\}\leqslant\{\bar{T}\} \end{array}\right\} \qquad (6\text{-}7)$$

第一行约束表示各杆拉应力的约束;第二行为各杆压应力约束;第三行为各节点变位约束;第四行为预应力约束,合理的预应力至少不应使结构承载能力降低,故要求 $\lambda\geqslant1$,由于工艺、材料或设备上的限制,预应力可能有个上限 $\{\bar{T}\}$ 不得超过。

为建立线性规划先要作结构分析,求出 $\{\sigma^+\}$,$\{\sigma^-\}$,$\{u\}$,$[\sigma^0]$,$[u^0]$ 等。问题

（式(6-7))是个线性规划问题,约束数远多于变量数,宜于转换成对偶规划求解。

如果这个规划的解 $\lambda=1$,说明所拟预应力方案对于提高承载能力是无效的,例如下面将叙述的输电塔例题就是这样。

现在,来看问题(2),这个问题的提法是:给定几个工况的荷载$[P]$,求截面$\{A\}$和预拉力$\{T\}$,使结构最轻或造价最低,约束同问题(1)。这个问题比第二章和第三章提的问题更复杂,因为比它们添了一个预应力优化问题。我们采取了一个变通的办法,只要连续地解几次问题(1)的线性规划,就可以把这问题解决。这方法实质上是满应力准则法,用这种直觉的准则来代替目标取最小值,当然两者是不一定等价的。但是像我们在第二章中讨论过的,用这种方法可以得到相当优化的解,而且由于概念清楚和方法简单,在实用上将是有价值的。这方法的步骤如下:

1)取一个初始方案$\{A^0\}$,在给定工况$[P]$作用下,按问题(一)求解最优预拉力$\{T^0\}$和荷载因子λ^0。这个解表明,如果施加预拉力$\{T^0\}$,可使荷载提高到$\lambda^0[P]$;

2)把截面修改为$\{A\}=\dfrac{1}{\lambda^0}\{A^0\}$,把预拉力修改为$\{T\}=\dfrac{1}{\lambda^0}\{T^0\}$,把结构承载能力仍拉回到$[P]$;

3)用$\{A\}$检查各个应力约束,若某杆i的拉应力和压应力之一满了,也就是两个约束之一是等式,则该杆截面不应再动;若拉应力和压应力都不满,则计算该杆的应力比:

$$\beta_i = \max\left\{\frac{\lambda_0\sigma_i^+ + \{T\}^{\mathrm{T}}\{\sigma_i^0\}}{\bar{\sigma}_i^+}, \frac{|\lambda_0\sigma_i^- - \{T\}^{\mathrm{T}}\{\sigma_i^0\}|}{\bar{\sigma}_i^-}\right\} \tag{6-8}$$

将该杆截面修改为

$$A_i^{(1)} = \max\{\beta_i A_i, \underline{A}_i\}$$

逐杆按此修改,得修改方案$\{A^{(1)}\}$;

4)检查收敛准则,如果$\dfrac{|A_i^{(1)} - A_i|}{A_i^{(1)}} \leqslant \varepsilon$,则停止,取$\{A^{(1)}\}$和$\{T\}$为优化解。否则将$\{A^{(1)}\}$当做初始方案$\{A^0\}$回到(1)。

通过几个例题的数值实验,这个方法收敛相当快。还可以注意由于在第一步中除了应力约束,还考虑了变位约束,而收敛准则又要求$A^{(v+1)} \approx A^{(v)}$,所以最后的解也会满足变位约束的。

下面列举几个预应力桁架优化设计的例题。

例题(6-1) 三杆平面桁架(图 6-3)。

工况:$P=40$。

容许应力:$\bar{\sigma}_1^{(+)} = \bar{\sigma}_2^{(+)} = 20, \bar{\sigma}_3^{(+)} = 60$;

$\qquad\qquad \bar{\sigma}_1^{(-)} = \bar{\sigma}_2^{(-)} = \bar{\sigma}_3^{(-)} = 15$。

截面：$A_1 = A_2 = A_3 = 2$。

不考虑变位约束。令杆 3 预加拉力 T，求使承载能力达到最大的 T。计算结果为

$$\lambda = 4.4142, \quad T = 16.5685$$

这表明当杆 3 施以预拉力 $T = 16.5685$ 时，该结构可承受最大荷载 $P_{max} = 4.4142 \times 40$。

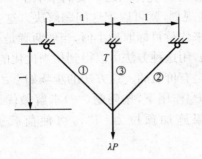

图 6-3 三杆平面桁架

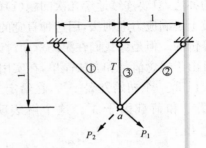

图 6-4 三杆平面桁架

例题(6-2) 三杆桁架同例题(6-1)(图 6-4)。

工况：1) $P_1 = 20$，2) $P_2 = 20$。

容许应力：同例(6-1)。

容许变位：节点 a 的最大竖向位移 $\Delta_a = 10/E$。

材料容重：$\rho = 1$。

计算结果如表 6-1。这个预应力结构的最优解比普通结构最优解($W = 2.8309$)轻 35.7%。如果要从经济观点考虑，则应把目标函数 W 写成各杆价格之和。

表 6-1 计算结果

	A_1	A_3	T	W
初始方案	2	2		
一次迭代	0.571429	0.571429	3.8376	2.1877
二次迭代	0.571429	0.202031	7.4078	1.8183
三次迭代	0.571429	0.202031	7.4078	1.8183

例题(6-3) 输电塔架(图 6-5),原结构同前面的例题(3-5)。

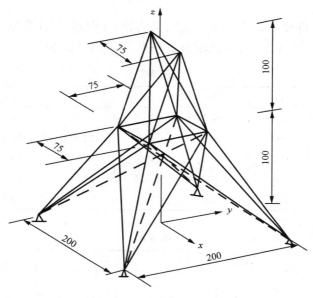

图 6-5 输电塔架

本题假设配 4 根高强度钢筋(图 6-5 中虚线表示)施加预拉力。高强度钢的容许应力为其他杆件的两倍。其他条件:工况、容许应力、容许变位等都与例题 3-5 给出的数据相同。由于几个工况是对称的,有向左的工况,也有向右的工况,事先就估计这种预应力方案不会起作用的。果然,计算结果:$\lambda=1$,说明这种预应力方案无效。

例题(6-4) 30m 预应力钢托架(图 6-6)。

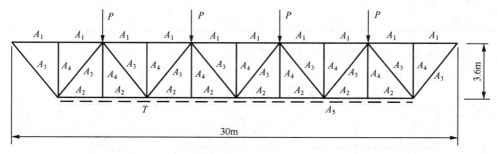

图 6-6 预应力钢托架

原问题是某厂房托架[①]下弦配高强度钢索施加预应力 T(文[①]中未曾提供 T 的

① 西安冶金学院建工系,"30 米预应力钢托架",国家建委第二工程局建筑研究所汇编(1979 年)。

数据）。本题对其中工况 $P=50.4T$ 的一榀托架进行了优化计算,比原方案有显著改进。

将 38 根杆件分为 5 类截面,其容许应力、尺寸限制、弹性模量见表 6-2。计算结果如表 6-3。与原设计方案比较如表 6-4。本题用 t-m 制。

表 6-2

分类	$\bar{A}_i$	$\underline{A}_i$	$\bar{\sigma}_i$	$\underline{\sigma}_i$	E_i	ρ_i
1(上弦杆)	100	0.00001	24000	24000	2.1×10^7	7.85
2(下弦杆)	100	0.00001	24000	24000	2.1×10^7	7.85
3(斜腹杆)	100	0.00001	24000	24000	2.1×10^7	7.85
4(竖腹杆)	100	0.00001	24000	24000	2.1×10^7	7.85
5(钢　索)	100	0.0001	77000	10	2.0×10^7	7.85

表 6-3

	A_1	A_2	A_3	A_4	A_5	T	W
初始方案	2	2	2	2	2		
一次迭代	0.01050	0.01050	0.01050	0.01050	0.01050	0	12.9623
二次迭代	0.01050	0.00623	0.00547	0.00001	0.00134	66.956	5.9112
三次迭代	0.01050	0.00623	0.00547	0.00001	0.00134	66.956	5.9112

表 6-4

	上弦杆重	下弦杆重	腹杆重	钢丝重	总重	比率%
原普通桁架	4.210	3.610	2.445	0	10.265	100
原预应力桁架	3.260	1.300	2.360	0.553	7.473	72.8
优化方案	2.473	1.174	2.014	0.251	5.912	57.6

例题(6-5)　撑杆式预应力托架(图 6-7)。

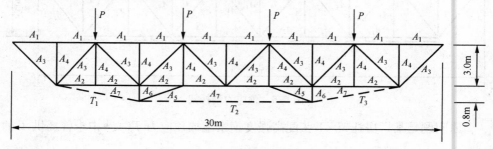

图 6-7　撑杆式预应力托架

原来也是曾提出的厂房托架方案[A-36]。但那方案要求结构的高度大于 4m，超过了实际厂房许可的净空高度 3.9m，被否决了。本题将结构高度降为 3.8m，进行优化设计，使现方案既符合高度限制，又节约钢材。

工况 $P = 50.4T$。将结构杆件分为 7 类截面：上弦杆，下弦杆，斜腹杆，竖腹杆，斜撑杆，立撑杆，钢索。原始数据同上题。计算结果如表 6-5。单位：T-m 制。

表 6-5

	A_1	A_2	A_3	A_4	A_5
初始方案	2	2	2	2	2
一次迭代	0.0091	0.0091	0.0091	0.0091	0.0091
二次迭代	0.0087	0.0087	0.0057	0.0016	0.0014
三次迭代	0.0097	0.0086	0.0059	0.0001	0.0015
四次迭代	0.0098	0.0086	0.0059	0.0001	0.0013

	A_6	A_7	T_1	T_2	T_3	W
初始方案	2	2				
一次迭代	0.0091	0.0091	0	172.4	0	11.096
二次迭代	0.0060	0.0039	131.1	131.1	131.1	6.949
三次迭代	0.0002	0.0034	49.8	95.4	49.8	6.558
四次迭代	0.0002	0.0033	51.9	92.6	51.9	6.560

三、平面刚架的塑性优化设计

充分考虑材料的塑性来分析结构，可以更确切地判断结构的真实承载能力，这是结构塑性极限分析的任务。充分利用材料的塑性来设计结构，可以发挥材料的潜力得到更为经济的方案，这是结构塑性优化设计的任务。虽然目前大部分设计规范还是要求按弹性设计的方法来设计结构，但塑性极限分析和塑性优化设计一直是在被研究和发展着，而部分设计规范，例如钢筋混凝土结构设计规范，也在逐渐吸收这些研究的成果。也有一些特殊结构允许考虑材料的塑性来进行分析和设计。塑性极限分析和优化设计可以用成熟的线性规划来做，这是个有利的条件。从工程角度来看，一个塑性优化设计应该也是一个好的弹性设计；如果工程要求弹性设计，可以在用比较简单的方法做出塑性优化设计后，再对它作弹性分析，看是否合乎要求，必要时再作些调整；也可以把它作为弹性优化设计的初始方案。

在这里，我们将叙述文献[B-2]关于平面刚架的塑性极限分析的塑性优化设计，都是利用一个下限定理来处理下列四个问题：

1）比例加载下，刚架极限承载能力的分析；

2）固定荷载下，刚架的塑性优化设计；

3）复杂加载下，刚架极限承载能力的分析，也就是所谓安定（shakedown）分析；

4）复杂加载下，刚架的塑性优化设计。

这个下限定理指出[A-34]："一个满足平衡条件并且不破坏材料屈服条件的应力场，是一个静力容许应力场；跟静力容许应力场对应的外荷载是极限荷载的下限；而最高的下限解便是极限荷载。"

用这个定理，便可以对上述四个问题分别建立相应的数学模型。为此，有一个共同的工作，必须先作准备，就是如何找一个"静力容许应力场"。首先要运用适当的方法把超静定结构转化为它的静定基，对于柱脚都是固定的平面刚架来说，就要在杆件上做适当的切口，使刚架分解成若干独立的"树"（图 6-8）。在每个切口上作用有三个超静定力（X, Y, M），如果有 n 个切口就有 $3n$ 个超静定力，它们组成一个（$3n \times 1$）的列阵 $\{F\}$。这些超静定力将在静定基各处产生弯矩：

$$\{M\}_F = [A]\{F\} \tag{6-9}$$

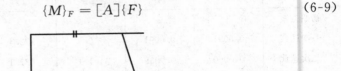

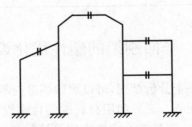

图 6-8　柱脚固定的平面刚架

如果 $\{M\}$ 包括 HN 处的弯矩，是个（$HN \times 1$）的列阵，则 $[A]$ 是（$HN \times 3n$）的矩阵。$[A]$ 的组成是个求悬臂梁弯矩的静定问题。

同样，外荷载 $\{P\}$ 在这些静定基截面上将产生弯矩：

$$\{M\}_P = [G]\{P\} \tag{6-10}$$

于是原结构的弯矩将是：

$$\{M\} = [A]\{F\} + [G]\{P\} \tag{6-11}$$

同理，原结构的各处的轴力和切力也将由超静定力 $\{F\}$ 和外荷载 $\{P\}$ 所产生的叠加起来：

$$\{N\} = [B]\{F\} + [H]\{P\} \tag{6-12}$$

平面刚架三种内力中对分析和设计起决定作用的是弯矩$\{M\}$,其次是$\{N\}$,切力$\{Q\}$最为次要。暂时我们只考虑弯矩这个主要因素。式(6-11)的弯矩是满足平衡的,作为一个静力容许场还要求它不破坏材料屈服条件,即

$$-\{M_L\} \leqslant \{M\} \leqslant \{M_U\} \tag{6-13}$$

或

$$-\{M_L\} \leqslant [A]\{F\} + [G]\{P\} \leqslant \{M_U\} \tag{6-14}$$

式(6-14)就是一件静力容许场应满足的条件。其中:$\{M_U\}$和$\{M_L\}$是各断面出现塑性铰的正和负的极限弯矩列阵,都取绝对值;$\{P\}$是外荷载列阵;$\{F\}$是超静定力列阵;$[A]$和$[G]$是由式(6-9)和式(6-10)定义的系数阵,它的元素是一个截面到它所处的树上的相应超静定力或外力作用线的距离(弯矩超静定力对应的元素则是$+1$或-1),这个距离乘上相应力就构成树截面的悬臂弯矩。

在弹性结构中,超静定力$\{F\}$应由变形协调条件来确定。在塑性结构中,超静定力$[F]$在满足约束条件(式(6-14))下,可以自由变化,总能提供一个静力容许应力场。

应注意如果刚架柱脚并不是固定而是铰支的情况,则切口应该换成只有一个超静定力M的铰,或是只有二个超静定力(M,Q)的可移铰,总之要使刚架恰好成为一个静定系统。

1. 比例加载的极限分析

已知刚架各部尺寸和截面极限弯矩$\{M_L\}$和$\{M_U\}$。关于荷载,各个荷载的位置、方向以及彼此之间的比值都是给定不变的,荷载向量的数值可以用一个参数μ来表示:

$$\{P\} = \mu\{P_0\} \tag{6-15}$$

式中,μ称为荷载乘子;$\{P_0\}$称为基准荷载向量。这就是所谓比例加载。

比例加载极限分析的目的,就是计算最大的μ,它代表刚架的极限承载能力。

根据下限定理和式(6-14)提出的静力容许应力场条件,这个问题可以表达为

$$\left.\begin{array}{l} 求\ \mu\ 和\{F\}?\\ 使\ \mu\ 最大\\ 约束: -\{M_L\} \leqslant [A]\{F\} + \mu[G]\{P_0\} \leqslant \{M_U\}\\ \mu \geqslant 0 \end{array}\right\} \tag{6-16}$$

这是个线性规划,但不是标准形式。标准形式要求所有变量是非负的,而这里的超静定力$\{F\}$却是可正可负的自由变量。为此,用一个新变量代换它们:

$$\{F_1\} = \{F\} + \{f\} \geqslant 0 \tag{6-17}$$

列阵$\{f\}$的元素是充分大的常数f,可以保证$\{F_1\}$满足非负。于是问题变成:

$$\left.\begin{array}{l} 求\ \mu\ 和\{F_1\}? \\[2mm] 使\ \omega = [\{0\}^{\mathrm{T}} \quad 1]\left\{\begin{array}{c}\{F_1\}\\ \mu\end{array}\right\}\ 最大 \\[4mm] 约束:\begin{bmatrix} [A] & [G]\{P_0\} \\ -[A] & -[G]\{P_0\} \end{bmatrix}\left\{\begin{array}{c}\{F_1\}\\ \mu\end{array}\right\} \leqslant \left\{\begin{array}{c}\{M_U\}+[A]\{f\}\\ \{M_L\}-[A]\{f\}\end{array}\right\} \\[4mm] \{F_1\} \geqslant 0, \quad \mu \geqslant 0 \end{array}\right\} \quad (6\text{-}18)$$

上列线性不等式的右端不一定大于零,而且约束条件数目远大于变量数目,所以这问题宜于转换成对偶问题求解:

$$\left.\begin{array}{l} 求\{\lambda\}? \\[2mm] 使\ d = [(\{M_U\}+[A]\{f\})^{\mathrm{T}},(\{M_L\}-[A]\{f\})^{\mathrm{T}}]\{\lambda\}\ 最小 \\[4mm] 约束:\begin{bmatrix} [A]^{\mathrm{T}} & -[A]^{\mathrm{T}} \\ \{P_0\}^{\mathrm{T}}[G]^{\mathrm{T}} & -\{P_0\}^{\mathrm{T}}[G]^{\mathrm{T}} \end{bmatrix}\{\lambda\} \geqslant \left\{\begin{array}{c}\{0\}\\ 1\end{array}\right\} \\[4mm] \{\lambda\} \geqslant 0 \end{array}\right\} \quad (6\text{-}19)$$

2. 固定荷载下的塑性优化设计

给定刚架布局和尺寸、固定荷载的分布和数值,要求设计各构件的截面的极限弯矩,使刚架用材最省或造价最低。这里的困难是写目标函数时怎样把结构的用材和造价表达成极限弯矩的函数。一般来说,这个关系很复杂,人们常用一个简单的假设,就是假定用材或造价正比于截面极限弯矩,这样就可以使问题成为一个线性规划。如果能更确切地把目标函数写成非线性函数,则可以把它作线性化近似,把问题还是化成线性规划,然后逐次迭代来逼近原来的非线性问题。

在作了上述的线性假设之后,根据下限定理和式(6-14)的静力容许应力场条件,固定荷载下的塑性优化设计可表达成下列问题:

$$\left.\begin{array}{l} 求\{M_L\},\{M_U\},\{F\}? \\[2mm] 使\ W = \sum_j (M_{Lj}+M_{Uj})L_j/2\ 最小 \\[3mm] 约束:-\{M_L\} \leqslant [A]\{F\}+[G]\{P\} \leqslant \{M_U\} \\[2mm] \{M_L\},\{M_U\} \geqslant 0 \end{array}\right\} \quad (6\text{-}20)$$

这里认为杆件断面的正负极限弯矩具有不同的值,这对于钢筋混凝土梁来说是必要的;对于工字形梁,一般这两个弯矩的绝对值是相同的。

在实际设计工作中,有几点应加注意:1)如果有几个可能出现铰的断面在同一根杆上,如果要求杆是等截面的,这些铰的极限弯矩就要取相等的值;2)在设计中往往要求某些杆取相同的断面,则作为设计变量的这些杆的极限弯矩就只有一个;3)在设计之前先要判断哪些截面是可能出现塑性铰的,将来不出现不要紧,但不宜漏掉，每个可能出现铰的截面将有一正一负两个弯矩约束条件；4）如果有 m 个可能出现铰的位置，但是作为设计变量的独立极限弯矩往往远远少于 m，例如图 6-9 的对称门架，有 13 个可能出现铰的截面，但只有三个独立的极限弯矩变量；5）这里的线性规划式(6-20)中设计变量 $\{F\}$ 是可正可负的自由变量，不符合线性规划的标准形式，也要用式(6-17)的办法引入新变量 $\{F_1\}$，$\{F_1\}=\{F\}+\{f\}$，问题将化成：

$$\left.\begin{aligned}&\text{求}\{F_1\},\{M_U\},\{M_L\}?\\&\text{使}\ W=[\{0\}^{\mathrm{T}}\quad\{L\}^{\mathrm{T}}]\begin{Bmatrix}\{F_1\}\\ \dfrac{\{M_L\}+\{M_U\}}{2}\end{Bmatrix}\ \text{最小}\\&\text{约束：}\begin{bmatrix}-[A] & [I] & [0]\\ [A] & [0] & [I]\end{bmatrix}\begin{Bmatrix}\{F_1\}\\ \{M_U\}\\ \{M_L\}\end{Bmatrix}\geqslant\begin{Bmatrix}-[A]\{f\}+[G]\{p\}\\ [A]\{f\}-[G]\{p\}\end{Bmatrix}\\&\qquad\{F_1\}\geqslant 0,\ \{M_U\}\geqslant 0,\ \{M_L\}\geqslant 0\end{aligned}\right\}\tag{6-21}$$

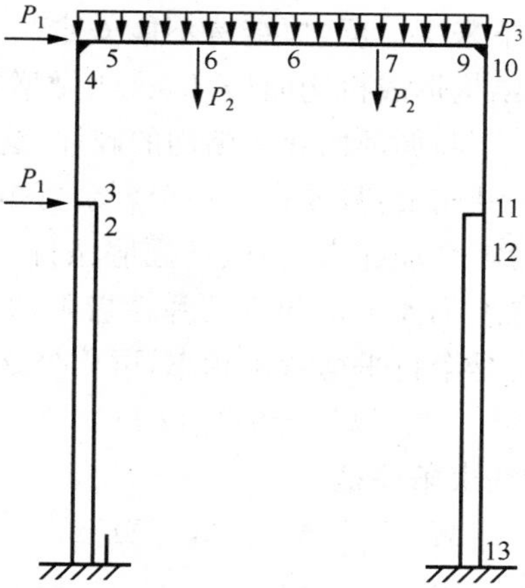

图 6-9

跟上一问题一样，这个线性规划还是用它的对偶规划求解为宜。对偶问题为：

$$\left.\begin{aligned}&\text{求}\{\lambda\}?\\&\text{使}\ d=[(-[A]\{f\}+[G]\{P\})^{\mathrm{T}}\quad([A]\{f\}-[G]\{P\})^{\mathrm{T}}](\lambda)\ \text{最大}\\&\text{约束：}\begin{pmatrix}-[A]^{\mathrm{T}} & [A]^{\mathrm{T}}\\ [I] & [0]\\ [0] & [I]\end{pmatrix}\{\lambda\}\leqslant\begin{Bmatrix}\{0\}\\ \{L\}/2\\ \{L\}/2\end{Bmatrix}\\&\qquad\{\lambda\}\geqslant 0\end{aligned}\right\}$$

(6-22)

3. 复杂加载下的极限分析

一般来说,作用在结构上的各个荷载可以独立地变化,而且可以反复地加载和卸载,这就不是比例加载而是复杂加载。如果把各个荷载的变化范围用同一参数 μ_s 来表示,例如,给定的结构如图 6-9 的三个荷载的变化范围为:

$$-2\mu_s \leqslant p_1 \leqslant 2\mu_s$$
$$-5\mu_s \leqslant p_2 \leqslant 5\mu_s$$
$$2\mu_s \leqslant p_3 \leqslant 10\mu_s$$

则复杂加载下极限分析的目的,就是确定最大的 μ_s,以保证荷载在用 μ_s 规定的范围内作任意变化和重复作用而结构不致破坏。

关于复杂加载的极限分析,有一个安定定理[A-34]:"对于所有荷载情况,如果至少存在一个与之相应的可以安定的应力状态,结构将能找到其中之一而趋于安定。"这里所谓安定,是指结构在变化而重复的加载卸载情况下,初期可以出现局部的塑性区域,但是如果塑性区的发展能在某一阶段停止下来,以后结构将在弹性状态下工作,则称结构安定下来了。反之,结构不能安定是指下列两种情况之一:1)塑性区将不断发展,直到结构形成机构而破坏,这叫做增量破坏;2)塑性区虽不发展,但塑性应力忽正忽负,不断循环而导致结构的破坏,这叫做循环破坏。

把安定定理用到刚架结构上:只要存在一个剩余弯矩状态 $\{M\}$,它和弹性分析求出的最大弯矩和最小弯矩叠加起来,不破坏屈服条件,就不会发生增量破坏;如果最大弯矩和最小弯矩之差不大于正和负的弹性极限弯矩之差,就不会发生循环破坏。一个剩余弯矩状态是个自平衡弯矩状态,可用公式(6-9)来表达,即

$$\{M\} = [A]\{F\}$$

所以,不产生增量破坏的约束条件是:

$$\left. \begin{array}{l} \{M\} + \mu_s\{M_{\max}\} \leqslant \{M_U\} \\ \{M\} + \mu_s\{M_{\min}\} \geqslant -\{M_L\} \end{array} \right\} \tag{6-23}$$

而不产生循环破坏的约束条件是:

$$\mu_s\{M_{\max} - M_{\min}\} \leqslant \{M_e^+ + M_e^-\} \tag{6-24}$$

这里,$\{M_{\max}\}$ 和 $\{M_{\min}\}$ 是按弹性分析时,在荷载变化范围内由各危险断面的最大和最小弯矩组成的列阵,也就是弹性弯矩包络值的列阵,而 M_e^+ 和 M_e^- 是这些断面的正和负的弹性极限弯矩绝对值组成的列阵。

注意到循环破坏约束条件(式(6-11))跟超静定力 $\{F\}$ 无关,只要在做完弹性分析后用式(6-24)即可以求出 μ_s 的最大值。因此在作复杂加载的极限分析时,可以只考虑增量破坏而得到下列线性规划:

求 μ_s 和 $\{F\}$?

$$使\ W = \begin{bmatrix} \{0\}^{\mathrm{T}} & 1 \end{bmatrix} \begin{Bmatrix} \{F\} \\ \mu_s \end{Bmatrix}\ 最大$$

$$约束：[A]\{F\} + \mu_s\{M_{\max}\} \leqslant \{M_U\}$$

$$[A]\{F\} + \mu_s\{M_{\min}\} \geqslant -\{M_L\} \tag{6-25}$$

$$\mu_s \geqslant 0$$

由于$\{F\}$可正可负，还要同以前一样引入新变量$\{F_1\} = \{F\} + \{f\}$，使问题成为：

$$求\ \mu_s\ 和\{F_1\}?$$

$$使\ W = \begin{bmatrix} \{O\}^{\mathrm{T}} & 1 \end{bmatrix} \begin{Bmatrix} \{F_1\} \\ \mu_s \end{Bmatrix}\ 最大$$

$$约束：\begin{bmatrix} [A] & \{M_{\max}\} \\ -[A] & -\{M_{\min}\} \end{bmatrix} \begin{Bmatrix} \{F_1\} \\ \mu_s \end{Bmatrix} \leqslant \begin{Bmatrix} \{M_U\} + [A]\{f\} \\ \{M_L\} - [A]\{f\} \end{Bmatrix} \tag{6-26}$$

$$\{F_1\} \geqslant 0,\ \mu_s \geqslant 0$$

这问题又一次宜于转化成对偶问题求解：

$$求\{\lambda\}?$$

$$使\ \begin{bmatrix} (\{M_U\} + [A]\{f\})^{\mathrm{T}} & (\{M_L\} - [A]\{f\})^{\mathrm{T}} \end{bmatrix}\{\lambda\}\ 最小$$

$$约束：\begin{bmatrix} [A]^{\mathrm{T}} & -[A]^{\mathrm{T}} \\ \{M_{\max}\}^{\mathrm{T}} & -\{M_{\min}\}^{\mathrm{T}} \end{bmatrix}\{\lambda\} \geqslant \begin{Bmatrix} \{0\} \\ 1 \end{Bmatrix} \tag{6-27}$$

$$\{\lambda\} \geqslant 0$$

4. 复杂加载下的塑性优化设计

给定了刚架布局尺寸和复杂加载的荷载最大变化范围，要求设计出各构件截面的极限弯矩使刚架用材最省或造价最省。这便是复杂加载下塑性优化设计的目的。

根据上面叙述过的安定定理，还有关于目标函数的线性假定，这问题可表达成下列形式：

$$求\{F\},\{M_U\}\ 和\{M_L\}?$$

$$使\ W = \{L\}^{\mathrm{T}} \begin{Bmatrix} \dfrac{M_U + M_L}{2} \end{Bmatrix}\ 最小$$

$$约束：[A]\{F\} + \{M_{\max}\} \leqslant \{M_U\} \tag{6-28}$$

$$[A]\{F\} + \{M_{\min}\} \geqslant -\{M_L\}$$

$$\{M_U\} \geqslant 0,\ \{M_L\} \geqslant 0$$

因为$\{F\}$没有非负条件，跟以前一样，引入新变量$\{F_1\} = \{F\} + \{f\}$，问题成为：

求 $\{F_1\}, \{M_U\}, \{M_L\}$?

$$使 W = [\{O\}^\mathrm{T} \quad \{L\}^\mathrm{T}/2 \quad \{L\}^\mathrm{T}/2] \begin{Bmatrix} \{F_1\} \\ \{M_U\} \\ \{M_L\} \end{Bmatrix} 最小$$

$$约束: \begin{bmatrix} [A] & -[I] & [O] \\ -[A] & [O] & -[I] \end{bmatrix} \begin{Bmatrix} \{F_1\} \\ \{M_U\} \\ \{M_L\} \end{Bmatrix}$$

$$\leqslant \begin{Bmatrix} [A]\{f\} - \{M_{\max}\} \\ -[A]\{f\} + \{M_{\min}\} \end{Bmatrix}$$

$$\{F_1\} \geqslant O, \ \{M_U\} \geqslant O, \ \{M_L\} \geqslant O$$

(6-29)

此问题宜化为对偶问题求解:

求 $\{\lambda\}$?

$$使 [([A]\{f\} - \{M_{\max}\})^\mathrm{T} \ (-[A]\{f\} + \{M_{\min}\})^\mathrm{T}]\{\lambda\} 最大$$

$$约束: \begin{bmatrix} [A]^\mathrm{T} & -[A]^\mathrm{T} \\ -[I] & [O] \\ [O] & -[I] \end{bmatrix} \{\lambda\} \geqslant \begin{Bmatrix} \{O\} \\ \{L\}/2 \\ \{L\}/2 \end{Bmatrix}$$

$$\{\lambda\} \geqslant O$$

(6-30)

注意 $\{M_{\max}\}$ 和 $\{M_{\min}\}$ 是在给定的荷载范围内所产生的弹性最大弯矩和最小弯矩,而弹性分析是要求给定截面尺寸的,也就是说 $\{M_{\max}\}$ 和 $\{M_{\min}\}$ 是依赖于截面性质的,在这里它们是跟未知变量 $\{M_U\}$ 和 $\{M_L\}$ 有关的。所以问题必须用迭代法求解。先假设一个初始方案 $\{M_U^0\}$ 和 $\{M_L^0\}$,用弹性分析算出 $\{M_{\max}\}$ 和 $\{M_{\min}\}$,据此用上述线性规划求出新的方案,然后进行下一循环,如此迭代下去直至收敛。数值实验说明这种迭代的收敛是很快的。

在以上四个问题的处理中,只考虑了弯矩的作用。实际上刚架杆件中存在的轴力会影响断面的极限承载能力,特别是高层建筑的底部柱子。这种影响还跟截面形状和材料性质有关。一般说来,只能近似地加以考虑。设截面在轴力和弯曲同时作用下的极限承载能力为:

$$\left(\frac{N}{N_极}\right)^2 + \frac{|M|}{M_极} \leqslant 1$$

(6-31)

其中,$N_极$ 是截面只有轴力作用时的极限轴力;$M_极$ 是截面只有弯矩作用时的极限弯矩。

对非线性关系式(6-31)可作分段近似或取其他简化经验公式,举例如下(图 6-10):

(1) 矩形截面 $\left(N_极 = \sigma_y bh, \ M_极 = \sigma_y \dfrac{bh^2}{4}\right)$

当 $\dfrac{N}{N_{\text{极}}}\geqslant 0.5$ 时,$\dfrac{N}{N_{\text{极}}}+0.667\dfrac{M}{M_{\text{极}}}\leqslant 1$

当 $\dfrac{N}{N_{\text{极}}}\leqslant 0.5$ 时,$0.5\dfrac{N}{N_{\text{极}}}+\dfrac{M}{M_{\text{极}}}\leqslant 1$

（2）I 字截面

当 $\dfrac{N}{N_{\text{极}}}\leqslant 0.15$ 时,$M=M_{\text{极}}$

当 $\dfrac{N}{N_{\text{极}}}>0.15$ 时,$\dfrac{M}{M_{\text{极}}}=1.18\left(1-\dfrac{N}{N_{\text{极}}}\right)$

（1）、（2）两种情况综合起来,可写为

$$\alpha_i\mid M_i\mid+\beta_i\mid N_i\mid\leqslant M_{i\text{极}}\qquad(6\text{-}32\text{a})$$

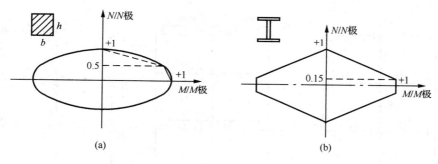

图 6-10

（3）钢筋混凝土构件,如果配筋足够,考虑塑性变形后,内力可以充分重分布,也可以写出近似的线性关系式。

总的来说,有轴力影响的截面极限承载能力可写成

$$\alpha_i\mid M_i\mid+\beta_i\mid N\mid\leqslant M_{\text{极}}\qquad(6\text{-}32\text{b})$$

这里以固定荷载下的塑性优化设计为例,考虑轴力影响。按前面的公式(6-11)和式(6-12),有

$$\{M\}=[A]\{F\}+[G]\{P\}$$
$$\{N\}=[B]\{F\}+[H]\{P\}$$

于是问题为:

求 $\{M_{\text{极}}\}$,$\{F\}$?

使 $W=\{L\}^{\text{T}}\{M_{\text{极}}\}$ 最小

约束:$-\{M_{\text{极}}\}\leqslant([\alpha][A]-[\beta][B])\{F\}+([\alpha][G]$
$\qquad-[\beta][H])\{P\}\leqslant\{M_{\text{极}}\}$
$\qquad-\{M_{\text{极}}\}\leqslant([\alpha][A]+[\beta][B])\{F\}$
$\qquad-([\alpha][G]+[\beta][H])\times\{P\}\leqslant\{M_{\text{极}}\}$

$$\{M_{极}\} \geqslant 0$$

上面的 α 和 β 分别是由 α_i 和 β_i 排列在对角线上的对角矩阵,它们依赖于断面 M 和 N,因此只好用迭代的方式来求解:先假设初始 α 和 β,完成上列线性规划,用求得的 $\{F\}$ 确定内力 $\{M\}$ 和 $\{N\}$,用求得的极限弯矩 $\{M_{极}\}$ 根据采用的关系式 6-32 确定新的 α 和 β。然后开始下一次迭代。如此重复迭代直至收敛。

下面将就图 6-11 所示刚架举例计算所述四种问题。线性规划本来可以套用标准单纯形法程序,但是为了压缩存储,是用稀疏存储的修改的单纯形法求解的。消耗存储最多的是矩阵 $[A]$,一个规则的 m 层 n 跨框架,$[A]$ 的元素近似为 $15m^2n^2$,但非零元素只占 $\dfrac{1}{2.5n}$ 左右,所以采用稀疏矩阵的存储方法来处理[B-4]。

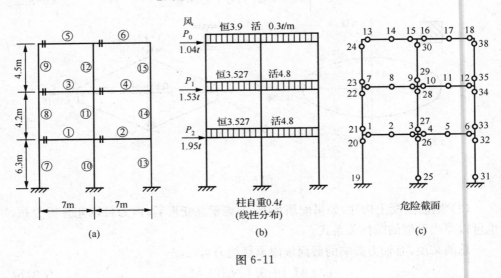

图 6-11

图 6-11 中,图(a)给出刚架的几何尺寸和静定基的切口位置,图(b)给出荷载分布图,图(c)给出了可能产生塑性铰的位置,共 36 处。

例题(6-6) 比例加载下的极限分析。

以图 6-11(b)的荷载作如下组合:恒载 $+0.9$ 活载 $+$ 风载。把这个组合荷载当做基准荷载 $\{P_0\}$ 加在结构上。各杆的极限弯矩为

梁:$1,2,3,4,M_U = M_L = 45t-m$

梁:$5,6,$ 　　　$M_U = M_L = 28.8t-m$

柱:$7,8,9,10,11,12,13,14,15 M_U = M_L = 20.5t-m$

求得的极限荷载乘子 $\mu_{\max} = 1.82$,目标值 $W = 2580$,最后破坏时塑性铰的位置如图 6-12。

例题(6-7) 固定荷载下的塑性优化设计。

结构荷载给定为上一例题的基准荷载 $\{P_0\}$ 的 1.82 倍,也就是用上题的极限

荷载对刚架进行优化设计,并规定梁 1,2,3,4 的截面相同,梁 5,6 截面相同,以及全部柱的截面相同。优化结果这三类截面的极限弯矩为

$$M_1 = 56.2t - m$$
$$M_2 = 27.7t - m$$
$$M_3 = 9.7t - m$$

目标值 $W=2400$,比上题小了 7%。发生塑性铰的位置也有了变化(图 6-13)。

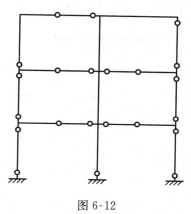

图 6-12

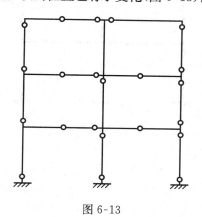

图 6-13

例题(6-8) 复杂加载下的极限分析(安定分析)。

荷载如图 6-11(b)所示,活载变化范围为

$$屋顶梁活载 \leqslant 0.9 \times 0.3\mu_s (t/m)$$
$$楼层梁活载 \leqslant 0.9 \times 4.8\mu_s (t/m)$$

风荷重 $P_0 \leqslant 1.95\mu_s$,$P_1 \leqslant 1.53\mu_s$,$P_2 \leqslant 1.04\mu_s$,梁柱的极限弯矩同例题(6-6),目标值 $W=2580$。

求得结果极限荷载乘子 $\mu_s=1.26$,比例题(6-6)比例加载的 μ 小了 30.8%,这显然是合理的。图 6-14 是塑性铰的位置,其中○是剩余弯矩和 $\mu_s\{M_{max}\}$ 叠加后发生的铰,而×是剩余弯矩和 $\mu_s\{M_{min}\}$ 叠加后发生的铰。

例题(6-9) 复杂加载下的塑性优化设计。

荷载的变化范围同例题(6-8),$\mu_s=1.26$,即上题求得的最大承载能力。杆件截面的分类同例题(6-6)、(6-7)。

优化结果:

$$M_1 = 40.2t - m$$
$$M_2 = 17.8t - m$$
$$M_3 = 22.6t - m$$

目标值 $W=2390$,跟例题(6-7)基本相同。但杆件截面和例题(6-7)的结果差

异很大，当然复杂加载下优化的结果应该是比较合理的。图 6-15 是破坏时塑性铰的位置。

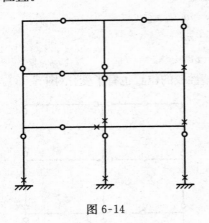

图 6-14

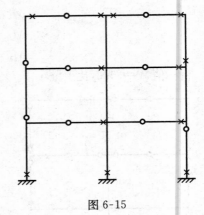

图 6-15

第七章 若干优化理论的探讨

一、引　言

前面几章中,我们着重讨论了工程实践中经常遇到的大型结构的优化设计数值方法。但是,在结构优化设计领域内,还有另一类型的工作,这类工作主要依靠解析手段对结构元件或简单结构进行优化研究。本章将扼要地介绍这方面的一些工作及我们对实心弹性薄板优化的研究成果。

结构优化比结构分析困难得多。正因为这样,一般来说,用解析手段能处理的结构就限于简单的构件,对设计所加的限制又往往比较单一,而且,对稍稍复杂一点的问题,往往还要依靠数值方法来最后解决问题。但是,由于这些研究工作把重点放在建立最优化准则、讨论最优化结果和分析优化结构的性质上,其研究成果还是很有价值的。例如,在第二章的分部优化方法中,就可以广泛地采用元件解析优化的结果;后面将介绍的米歇尔桁架理论使我们加深了对最优准则和最优传力途径的理解;关于梁和板的优化研究则进一步向我们提出了许多新的数学问题,揭示了传统结构优化设计提法中可能存在的缺陷。

本章首先介绍经典的米歇尔桁架理论,然后讨论湘利(Shanley)等提出的同步失效设计法[A-1~A-3],这个方法可看做是目前广泛采用的最优准则法的先驱,最后,我们介绍以变分方法为基础的分布参数结构优化,其中实心弹性薄板的优化是我们自己的工作。

二、米歇尔桁架理论

结构优化设计理论,无论是数值优化还是解析优化,头一个最重要的贡献是由马克思威尔(1890)和米歇尔(1905)作出的[A-1]。他们所研究的问题可以表述如下:

给定了一组共面的、作用点给定的平面力系(包括外荷载和约束反作用),要求设计一个使用给定材料的铰接平面桁架,使得所有杆件的轴应力 σ 都在许用应力范围内,并且使结构的质量最小,或者,假定材料是均匀的,使结构使用材料的体积最小。在上列提法中,材料假定是弹性的,且许用应力为 σ_0。取作设计变量的是各杆件的断面积和杆件布局。图 7-1 给出一个这一提法的例子。图 7-1(a)给出一个由分别作用在点 A、B 和 C 上的四个力组成的平衡力系,而图 7-1(b)和 7-1(c)给出了两个可能的设计用来承担这些力,但是最优的桁架,通常称为米歇尔桁架,是一个由无限细、无限密的杆件依照图 7-1(d)的布局构成的结构。

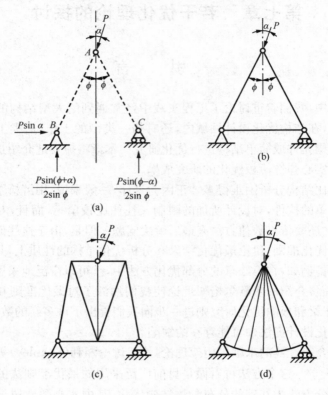

图 7-1

　　由于米歇尔桁架静定的特点,一旦决定了杆件的布局,决定它们的断面积便是直截了当的。因此,在给定力系下确定米歇尔桁架的工作就集中在决定其布局上。

　　为了决定其布局,米歇尔提出的准则是这样的:在最优桁架中,在给定外力作用下所有桁架元件受到的应力应该达到材料的拉伸许用应力 σ_0 或压缩许用应力 $-\sigma_0$;而且可以建立一个满足运动协调要求的虚应变场,最优桁架的杆件应该布置在这个应变场的主方向上,拉杆布置在沿应变 $\varepsilon_0 = \sigma_0/E$ 的方向,压杆应当布置在沿应变 $-\varepsilon_0 = -\sigma_0/E$ 的方向上。在其他任何方向上应变都不应该超过上列限值。采用虚功原理或变分方法,都可以证明米歇尔准则不仅是充分的,而且是必要的。

　　由米歇尔准则可以看出,杆件应该布置在这个虚应变场的主应变方向上,即沿着主应变线布置。如果在一点两个主应变同号,都是 ε_0(或都是 $-\varepsilon_0$),则任何一个方向都具有相同的应变 ε_0(或 $-\varepsilon_0$),因而在这一点的邻域内可以沿任意方向布置杆件；如果在一点两个主应变异号，即一个为 ε_0，另一个为 $-\varepsilon_0$，则杆件必须布置在互为直角的两个方向上。如果这个应变场的主应变线为直线，杆件的位置是十分明确的；当这个应变场的一根主应变线为曲线时，沿曲线主应变线布置的所有的元件只可能布置在被另一根主应变线划分成的一个个无限小的直线段上，构成一根具有曲线轴线的杆件。考虑每一微曲线段的平衡马上可以得知在另一根主应变线方向上也一定要布置杆件，整个构架必然形成一个连续体，必然形成一个由无限细、无限密的杆件组成的桁架。

　　根据米歇尔准则来决定米歇尔桁架仍然是一件十分困难的工作。一般地说，为了寻求在米歇尔准则中提到的虚应变场，需要求解一组双曲型的偏微分方程组。事实上，如果在所求桁架所占的区域内设置一个直角坐标系 oxy（见图 7-2），所要寻求的虚应变场内各点的位移为 $u(x,y)$、$v(x,y)$，则这个虚应变场的应变可以表示为：

$$\varepsilon_x = \frac{\partial u}{\partial x},\ \varepsilon_y = \frac{\partial v}{\partial y}$$
$$r_{xy} = \frac{1}{2}\left(\frac{\partial v}{\partial x} + \frac{\partial u}{\partial y}\right)$$

(7-1)

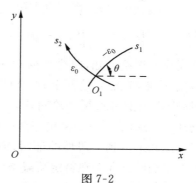

图 7-2

另外，我们再定义一个反映平均旋转的量：

$$\Omega = \frac{1}{2}\left(\frac{\partial v}{\partial x} - \frac{\partial u}{\partial y}\right)$$

(7-2)

根据米歇尔准则，这个虚应变场各点的主应变应为 $\pm\varepsilon_0$。我们来分析一个典型的点。假定该点的一个主应变为 $-\varepsilon_0$，相应主应变方向和 x 轴夹角为 θ；另一个主应变为 ε_0。则由平面弹性理论中关于应变的理论可知：

$$\varepsilon_x = -\varepsilon_0\cos2\theta,\ \varepsilon_y = \varepsilon_0\cos2\theta$$
$$r_{xy} = -\varepsilon_0\sin2\theta$$

(7-3)

把式(7-3)代入式(7-1)，并定义 $\omega = \Omega/2\varepsilon_0$，则可以求得：

$$\frac{\partial u}{\partial x} = -\varepsilon_0 \cos 2\theta, \quad \frac{\partial u}{\partial y} = -\varepsilon_0 (2\omega + \sin 2\theta)$$

$$\frac{\partial v}{\partial x} = \varepsilon_0 (2\omega - \sin 2\theta), \quad \frac{\partial v}{\partial y} = \varepsilon_0 \cos 2\theta$$

(7-4)

利用 $\dfrac{\partial^2 u}{\partial x \partial y} = \dfrac{\partial^2 u}{\partial y \partial x}$ 及 $\dfrac{\partial^2 v}{\partial x \partial y} = \dfrac{\partial^2 v}{\partial y \partial x}$ 这两个恒等式,可以推导出 ω 和 θ 应该满足的偏微分方程组:

$$\frac{\partial \omega}{\partial x} + \frac{\partial \theta}{\partial x} \cos 2\theta + \frac{\partial \theta}{\partial y} \sin 2\theta = 0$$

$$\frac{\partial \omega}{\partial y} + \frac{\partial \theta}{\partial x} \sin 2\theta - \frac{\partial \theta}{\partial y} \cos 2\theta = 0$$

(7-5)

这是一个双曲型微分方程组。如果在所讨论的点建立一个局部的正交坐标系 $O_1 S_1 S_2$(见图 7-2),坐标轴 $O_1 S_1$ 和 $O_1 S_2$ 是沿主应变方向,则有

$$\frac{\partial}{\partial s_1} = \frac{\partial}{\partial x} \frac{\partial x}{\partial s_1} + \frac{\partial}{\partial y} \frac{\partial y}{\partial s_1} = \cos\theta \frac{\partial}{\partial x} + \sin\theta \frac{\partial}{\partial y}$$

$$\frac{\partial}{\partial s_2} = \frac{\partial}{\partial x} \frac{\partial x}{\partial s_2} + \frac{\partial}{\partial y} \frac{\partial y}{\partial s_2} = -\sin\theta \frac{\partial}{\partial x} + \cos\theta \frac{\partial}{\partial y}$$

(7-6)

利用式(7-6),将式(7-5)的两式加以适当组合可以求得

$$\frac{\partial}{\partial s_1}(\omega - \theta) = 0 \qquad \frac{\partial}{\partial s_2}(\omega + \theta) = 0$$

(7-7)

根据双曲型微分方程组特征线的理论可知,曲线坐标 $O_1 S_1$ 和 $O_1 S_2$ 是这组双曲型方程组的两根特征线,沿着这两根特征线,这两个方程可以直接积分出来。把上面的方程式(7-7)和理想塑性理论中的滑移场理论对比,可见上述虚应变场是和滑移场理论中的汉盖-普兰德(Hencky-Prandtl)网格完全一致的。

虽然米歇尔桁架的存在性并未得到一般性的证明,但是已经求出了不少荷载条件下的米歇尔桁架。下面我们给出几个在特定荷载条件下的米歇尔桁架:

(1) 假定荷载是一个作用在 AB 线上的 O 点的非铅直力 P,支撑反力是在 B 点的垂直反力 R_B、在 A 点的倾斜反力 R_A(见图 7-3),其相应米歇尔桁架给出在 7-3(b)中,它是由从 O 点放射出来的径向杆件、圆弧状杆件 CB 及切向杆件 AC 组成。这个荷载情况相当于一个非中央的倾斜力作用在一个带滚动支撑的简支梁上。在结构形式可以任意选取时,梁式的结构显然不是最优的。

(2) 假定荷载包括作用在线 AB 跨中的集中力 P、作用在两端的支撑反力 $P/2$ 及力矩 $PL/8$。该力系等价于两端嵌固、中央受到集中力作用的梁的受力状况。其米歇尔桁架给出在图 7-4(c)。

寻求米歇尔桁架的工作实质上就是寻求一个最优的、最直接的传力路径,而了解传力路径是有助于工程师们选择结构设计方案的。虽然如此,米歇尔桁架的直接的工程应用还是价值不大的,再加上求解米歇尔桁架是一个十分困难的数学问

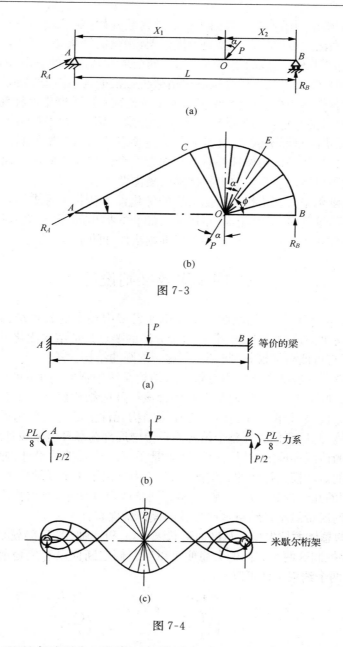

图 7-3

图 7-4

题,以致虽然 1904 年米歇尔已经提出了这个准则,但结构优化设计并没有因此而迅速发展起来。

尽管这样,米歇尔桁架揭示了最优设计中的一个重要事实,这就是对一个最优设计问题的提法,乍一看也许十分合理,但最后得到的优化结构却可能全然偏离原来的力学模型所适用的范围。我们从给定外荷载开始,要求设计一个杆件可以任意布置、杆件断面积可以任意选择的最优桁架,优化的结果是一个由无限细、无限密的杆件,包括"曲杆"组成的连续体。这样的结果有其合理的一面,因为可以相信一个具有各向异性的连续介质会提供比桁架更优的职能;这样的结果也有不合理的一面,因为我们期望得到一个"桁架",而不是连续介质。产生这种现象的原因往往是由于我们对问题建立的数学模型不完全合适。例如,如果桁架各杆的连接费用也要列入最优的目标函数中,具有无限个连接点的米歇尔桁架当然不可能是最优的。另外,如果我们对桁架杆件断面积加上一个由加工等原因提出的最小断面积要求,也就不可能出现米歇尔桁架这样的最优设计了。

最后,米歇尔桁架理论指出了把结构的优化设计转化为寻求满足一个准则的结构这一途径,这就是 20 世纪 50 年代前后湘利等提出的"同步失效设计法"的前驱,而后者则包含了今日广泛采用的最优准则法设计的基本思想。

三、同步失效准则设计

20 世纪 50 年代前后,面临航空工业迅速发展中提出的各种结构优化设计问题,出现了"同步失效设计法"[A-2,A-3],这个方法的要点是把结构优化设计归结为寻求满足使"所有可能破坏模式同时发生"这一准则的结构。

同步失效设计法的主要应用对象是从结构系统中孤立出来的结构元件,特别是受压元件。所谓孤立出来,便是先对包含该构件的结构假定一个合理的设计方案并作总体分析,从分析中求得的作用在该结构元件上的力便作为设计该元件的局部荷载环境,此后我们撇开整个结构而只考虑局部荷载环境来设计这一元件。

在指定的荷载环境下,结构元件,特别是受压结构元件的设计,通常是受到几个可能发生的破坏模式控制的。例如,图 7-5 中给出了一个受轴压力 P 的 H 形截面柱,该截面的几何参数 t、h、k_1 和 k_2 是可调整的设计变量,要求找出这些参数的最优值使柱的质量最小。约束这些参数的设计条件有:

(1) 柱的总体尤拉失稳。从断面形状来看,x 和 y 轴(图 7-5)就是惯性主轴方向,所以只要控制这两个方向的失稳便可以了。假定断面没有失稳前每一点的应力为 σ,则这两个约束条件可以写成:

$$\sigma \leqslant \sigma_{Ex} = \frac{\pi^2 \eta_T E}{\left(\dfrac{CL}{r_x}\right)^2}, \quad \sigma \leqslant \sigma_{Ey} = \frac{\pi^2 \eta_T E}{\left(\dfrac{CL}{r_y}\right)^2} \tag{7-8}$$

式中 η_T 为塑性修正系数,C 为由柱端部条件决定的常数,L 为柱长,E 为弹性模量,而 r_x 和 r_y 分别为两个方向的几何回转半径:

$$r_x = \sqrt{\frac{I_x}{A}} = \frac{h}{2\sqrt{3}} \sqrt{\frac{(1+6k_1k_2)}{(1+2k_1k_2)}} \tag{7-9}$$

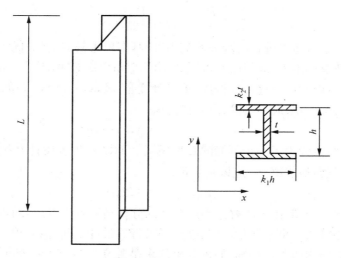

图 7-5 H 形截面柱

$$r_y = \sqrt{\frac{I_y}{A}} = \frac{h}{\sqrt{6}} \sqrt{\frac{k_2 k_1^3}{1 + 2k_1 k_2}} \tag{7-10}$$

（2）翼缘的局部失稳。由于翼缘和腹板处于很不同的外部环境下，翼缘和腹板的失稳形式将是不同的，因此，翼缘和腹板的连接边界可以在某种程度上看做对两者都是一条简支边界。把翼缘看做一边简支、一边自由的板，其局部失稳公式可采用第二章的式（2-16），并取 K 值为 0.43。如果采用泊松比 $\mu = 0.30$，则求得失稳条件为

$$\sigma \leqslant \sigma_{Lf} = 0.385 \eta_T^{\frac{1}{2}} E \left(\frac{2k_2 t}{k_1 h} \right)^2 \tag{7-11}$$

（3）腹板的局部失稳。腹板可以看做两侧边简支的受压板，仍采用式（2-16）及相应的 K 值，失稳条件可以表示为

$$\sigma \leqslant \sigma_{LW} = 3.62 \eta_T^{\frac{1}{2}} E \left(\frac{t}{h} \right)^2 \tag{7-12}$$

（4）最后，杆上每点的应力都不应该超过屈服应力 σ_y，即

$$\sigma \leqslant \sigma_y \tag{7-13}$$

要求是在这五个约束条件式（7-8）至式（7-13）下确定设计变量 t、h、k_1 和 k_2，使得目标函数

$$W = \rho A L \to \min \tag{7-14}$$

式中，ρ 为密度；A 为断面积

$$A = th(1 + 2k_1 k_2) \tag{7-15}$$

杆上各点的应力 σ 可以表示为

$$\sigma = \frac{P}{A} = \frac{P}{th(1+2k_1k_2)} \tag{7-16}$$

如在前面已经指出过,"同步失效准则"的基本思想是假定"最优结构是在荷载等外部荷载环境作用下,能使所有可能破坏模式同时实现的结构"。拿数学语言来描述,一般的结构元件优化可以提成:求设计变量 $x(x_1,x_2,\cdots,x_m)$ 的最优值 x_{opt},使得目标函数 $f(x)$ 取最小,且满足下列约束:

$$\sigma_i(x) \leqslant \sigma_{ip}, \quad (i=1,2,\cdots,n) \tag{7-17}$$

这里,每一个约束代表了一个可能的破坏模式。而同步失效设计是把上列问题转化为一个新问题:最优解 x_{opt} 应该是满足:

$$\sigma_i(x) = \sigma_{ip}, \quad (i=1,2,\cdots,n) \tag{7-18}$$

且使目标函数 $f(x)$ 取极小的解。不用严格的分析马上可以看出,同步失效设计把不等式约束用等式约束来代替,从而缩小了可行的设计空间,由它得到的解一般地说只能劣于原问题的解。特别,如果各个约束是独立的且 $n>m$,则同步失效设计的提法可以无解而原问题仍然有解。但是,幸运的是在实际中有大量结构元件,它们的优化可以用同步失效设计十分有效的处理。在第二章我们曾介绍圆管梁和薄壁箱形梁的优化设计,这两个设计都是用同步失效设计得到的。上面提到的 H 形截面柱也可以用同步失效设计来处理。下面予以简单的介绍。

显然,作为 H 形截面的一个好的设计,x 方向和 y 方向的总体失稳应当同时发生,亦即应当有 $r_x = r_y$。将式(7-9)和式(7-10)相等起来,我们求得

$$1 + 6k_1k_2 = 2k_1^3k_2 \tag{7-19}$$

另外,希望腹板和翼缘同时失稳,即把式(7-11)和式(7-12)相等起来,我们求得:

$$k_2 = 1.533k_1 \tag{7-20}$$

联合求解式(7-19)和式(7-20),得到

$$k_{1opt} = 1.762, \quad k_{2opt} = 2.701 \tag{7-21}$$

最后,柱的总体失稳应当和腹板、翼缘的局部失稳同时发生,再利用应力的表达式(式(7-16))就可以确定 t_{opt} 和 h_{opt}:

$$h_{opt} = 0.553P^{\frac{1}{5}}C^{\frac{3}{5}}L^{\frac{3}{5}}\eta_T^{-\frac{1}{4}}E^{-\frac{1}{5}} \tag{7-22}$$

$$t_{opt} = 0.244P^{\frac{2}{5}}C^{\frac{1}{5}}L^{\frac{1}{5}}\eta_T^{-\frac{1}{4}}E^{-\frac{2}{5}} \tag{7-23}$$

而最优化的目标函数:

$$W = \rho AL = \frac{P}{\sigma}\rho L = \frac{PL}{\frac{\sigma}{\rho}} \rightarrow \min \tag{7-24}$$

在工程实践中,由于 P 和 L 是给定的,可用

$$\frac{\sigma}{\rho} \rightarrow \max \tag{7-24a}$$

来代替。在最优设计时，

$$\left(\frac{\sigma}{\rho}\right)_{opt} = \frac{0.704}{C^{\frac{4}{5}}} \eta_T^{\frac{1}{2}} \frac{E^{\frac{3}{5}}}{\rho} \left(\frac{P}{L^2}\right)^{\frac{2}{5}} \tag{7-24b}$$

当然，上面的结果只适用于当 $\sigma_{opt} \leqslant \sigma_y$ 时。如果 $\sigma_{opt} > \sigma_y$，必须用该式来控制设计，此时，σ_y 唯一地决定了柱的断面积 A。

非常清楚地看到，由于同步失效设计将不等式约束转化为等式约束，使我们可以方便地进行各种必需的恒等运算。特别在设计变量数与要考虑的约束数相等时，优化设计简单地变成求解一组设计变量满足的代数方程组。

如前所述，同步失效设计缩小了设计空间，为了在弥补这个缺点的同时保留对等式进行运算的方便，可以引进松弛因子 ψ_i 将不等式约束（式(7-17)）修改为等式约束：

$$\sigma_i = \psi_i \sigma_{ip}, \quad 0 \leqslant \psi_i \leqslant 1, \quad i = 1, 2, \cdots, n \tag{7-24c}$$

然后利用等式关系提供的方便条件进行恒等变换，尽量使松弛因子和设计变量以最简单的函数关系出现在目标函数中，再用目标函数最优化的要求来求出这些松弛因子及设计变量。

观察目标函数值（式(7-24b)），我们发现，反映材料特性的参数以 $\dfrac{E^{\frac{3}{5}}}{\rho}$ 的组合形式出现，反映杆件所处局部荷载环境的参数以组合 P/L^2 出现。这两个组合分别称为"材料指标"及"荷载指标"。同样的情况在第二章圆管梁优化时也可观察到。事实上，那求得了圆管壁厚 t 和直径 D（公式(2-28)）：

$$t_{opt} = \left(\frac{4\bar{\sigma}M}{\pi K_c^2 E^2}\right)^{1/3}, \quad D_{opt} = \left(\frac{4K_c EM}{\pi \bar{\sigma}^2}\right)^{1/3} \tag{7-24d}$$

由此，单位长度圆管的质量为：

$$\rho A_{opt} = \left(\frac{16\pi}{K_c}\right)^{1/3} \frac{\rho M^{2/3}}{E^{1/3} \bar{\sigma}^{1/3}} \tag{7-24e}$$

而梁长为 L 的圆管质量为：

$$W_{opt} = \left(\frac{16\pi}{K_c}\right)^{1/3} \frac{\rho}{E^{1/3} \bar{\sigma}^{1/3}} M^{2/3} L \tag{7-24f}$$

工程上定义"质量指标"为：

$$\frac{W_{opt}}{L^3} = \left(\frac{16\pi}{K_c}\right)^{1/3} \frac{\rho}{E^{1/3} \bar{\sigma}^{1/3}} \left(\frac{M}{L^3}\right)^{2/3} \tag{7-24g}$$

这里，材料性质反映在材料指标 $\dfrac{\rho}{E^{1/3} \bar{\sigma}^{1/3}}$ 上，杆件的局部荷载环境反映在 M/L^3 上，它称为"荷载指标"。

把最优的目标表示成材料指标、荷载指标的显函数是非常有意义的。直接的好处是为了设计结构元件和抉择应使用的材料，工程师们不必去关心纷繁的各种数据,而只要计算这些指标,由它们便可定出最优设计来。这种表示的另一个用处是便于把这些元件的优化处理成一个"黑箱",然后安装到整个结构的优化计算过程中去。而对于一些简单的结构,优化过程就仍可以解析地进行。有关的细节可以在 Shanley 等的著作[A-3,A-4]中找到。

由于要用解析表达式进行代数运算,因而同步失效设计只能用来处理十分简单的元件优化。工程中遇到的大型结构优化仍要依靠数值算法,这就是 60 年代发展起来的数学规划法、准则设计等,前面几章已作过介绍。同步失效设计对建立这些数值方法提供了十分有益的基本思想。如果把整个桁架看做一个元件,把桁架中每一根杆件的破坏看做一种可能的破坏模式,则满应力准则设计便可以看做是同步失效设计的推广。

为了对解析表达式可以进行代数运算,同步失效设计只能局限于很简单的情况。可以设想,如果允许一根受到轴压的杆件的横断面沿轴向逐渐变化,总体失稳的临界荷载便可以得到进一步的提高,但运算的工作就要复杂得多了。20 世纪 60 年代以来,沿着这一方向就逐渐发展起现代的分布参数结构优化设计的一个领域,下面我们对这个领域将作扼要介绍。

四、分布参数结构优化设计

所谓分布参数结构的优化设计是指这样的优化设计问题:设计变量是一个(或几个)函数,它描述材料在一维、二维或者三维空间上的分布,而目标函数及约束函数则是作为设计变量这一函数的函数,或称之为泛函。和集中参数结构优化(前面几章讨论的问题都属于这个类型)一样,约束也是大体可划分为两类:几何约束(尺寸上下限约束)和行为约束(应力,变位,频率等约束)。但是,结构的行为,或结构的反应是通过微分方程和设计变量相联系的。下面通过几个例题加以阐述。

例题(7-1)　在给定制造梁的材料体积的条件下,寻求梁断面的最优分布规律 $A(x)$ 使梁的基频尽可能得高。假定梁的长度、制作梁的材料、梁的横断面形状及梁两端的边界条件均已给定。为了确定起见,假定梁的两端简支、梁的断面彼此相似(图 7-6)。

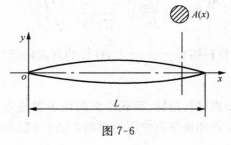

图 7-6

由于梁断面是相似的,所以任一断面的几何惯性矩 $I(x) = CA^2(x)$,其中 C 为常数。

该问题的数学提法可以表示为:

求最优断面积分布 $A(x)$,$x \in [0, L]$,使得基频 ω_1 取极大而且满足下列约束:

$$\int_0^L A(x)\mathrm{d}x = V \tag{7-25}$$

ω_1 是下列梁自由振动方程的最低频率:

$$\frac{\mathrm{d}^2}{\mathrm{d}x^2}\left(EI(x)\frac{\mathrm{d}^2 y}{\mathrm{d}x^2}\right) = \omega^2 A\rho y,$$

$$y(0) = y(L) = 0, \ EI\frac{\mathrm{d}^2 y}{\mathrm{d}x^2}\bigg|_{x=0} = EI\frac{\mathrm{d}^2 y}{\mathrm{d}x^2}\bigg|_{X=L} = 0 \tag{7-26}$$

式中,L 为梁长;V 为用于制造梁的材料总体积;x 为沿梁长建立的坐标;E 为材料弹性模量;y 为振动时自振振形;ρ 为材料比密度。

例题(7-2) 在使用的材料是给定的条件下,要求确定等断面直柱体的断面形状,使柱的扭转刚度最大。假定材料是均匀、正交各向异性的,各向异性的两个主轴在柱的横断面内。还假定横断面的形状是凸的、单连通的。

为了建立起这个问题的数学提法,这简要地介绍一下圣文南柱体扭转理论。采用图 7-7 所示坐标系统,圣文南假定是假定柱体的变形包括:1)截面像圆轴一样的转动;2)截面的翘曲,这个翘曲约定对所有截面都是相同的。在这一假定下,柱体上任意一点,坐标为 (x, y, z) 的三个方向位移为

$$u = -\theta z y, \quad v = \theta z x, \quad w = \theta \psi(x, y) \tag{7-27}$$

式中,θ 为单位长度上柱体的扭转角。在这样的位移下,柱体断面上各点的应变为:

$$\varepsilon_x = \varepsilon_y = \varepsilon_z = \gamma_{xy} = 0,$$

$$\gamma_{xz} = \frac{\partial w}{\partial x} + \frac{\partial u}{\partial z} = \theta\left(\frac{\partial \psi}{\partial x} - y\right) \tag{7-28}$$

$$\gamma_{yz} = \frac{\partial w}{\partial y} + \frac{\partial v}{\partial z} = \theta\left(\frac{\partial \psi}{\partial y} + x\right)$$

作为正交各向异性材料,其应力—应变关系为

$$\gamma_{xz} = b\sigma_{xz} + c\sigma_{yz}$$

$$\gamma_{yz} = c\sigma_{xz} + a\sigma_{yz} \tag{7-29}$$

除此之外,应力还要满足平衡方程:

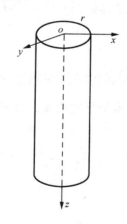

图 7-7　各向异性柱体
扭转刚度的最优设计

$$\frac{\partial \sigma_{xx}}{\partial x} + \frac{\partial \sigma_{yz}}{\partial y} = 0 \tag{7-30}$$

如果取应力函数 $\widetilde{\phi}$ 为

$$\sigma_{xx} = \frac{\partial \widetilde{\phi}}{\partial y}, \quad \sigma_{yz} = -\frac{\partial \widetilde{\phi}}{\partial x} \tag{7-31}$$

则平衡方程自动满足,但由应变的协调可以推导出 $\widetilde{\phi}$ 应当满足的方程:

$$\frac{\partial}{\partial x}\left(a\frac{\partial \widetilde{\phi}}{\partial x} - c\frac{\partial \widetilde{\phi}}{\partial y}\right) + \frac{\partial}{\partial y}\left(b\frac{\partial \widetilde{\phi}}{\partial y} - c\frac{\partial \widetilde{\phi}}{\partial x}\right) + 2\theta = 0 \tag{7-32}$$

由边界是自由的条件可导出:

$$\widetilde{\phi}\,|_\Gamma = 0 \tag{7-33}$$

式中,Γ 是柱体横截面所占区域 D 的边界。

最后,柱体的扭转刚度 K 定义为引起单位转角 θ 所应加的外力矩,可求得为

$$K = \frac{M_x}{\theta} = \frac{2\iint\limits_D \widetilde{\phi}\,\mathrm{d}x\mathrm{d}y}{\theta} \tag{7-34}$$

而对柱体体积的约束可以表示为

$$\iint\limits_D \mathrm{d}x\mathrm{d}y = S \tag{7-35}$$

如果我们引入无量纲量 $\phi = \dfrac{\widetilde{\phi}}{\theta}$,则我们的最大化扭转刚度问题可数学地表示为:

求最优的曲线 Γ 及函数 ϕ,满足

$$\begin{cases} \dfrac{\partial}{\partial x}\left(a\dfrac{\partial \phi}{\partial x} - c\dfrac{\partial \phi}{\partial y}\right) + \dfrac{\partial}{\partial y}\left(b\dfrac{\partial \phi}{\partial y} - c\dfrac{\partial \phi}{\partial x}\right) + 2 = 0, \ (x,y) \in D \\ \phi\,|_\Gamma = 0 \end{cases} \tag{7-36}$$

及

$$\iint\limits_D \mathrm{d}x\mathrm{d}y = S$$

且使

$$K = 2\iint\limits_D \phi\,\mathrm{d}x\mathrm{d}y \to \max$$

把这个最优化提法式(7-36)和式(7-26)对比就可以注意到它们的差别。在式(7-26)中,设计变量 $A(x)$ 进入微分方程的项中;在式(7-36)中,设计变量表示为微分方程定义的区域的未知边界 Γ 的形状上。这两个例题代表了分布参数结构优化的两种典型问题。

求解分布参数结构优化的方法很多,目前使用较多的是变分方法。变分方法

的基本思想是以变分法为工具推导出最优解应该满足的必要条件,然后,把必要条件和原问题的控制微分方程联合起来求解。由于这组联立方程组往往是一组高度非线性的微分方程组,求解它们是很困难的。只有在极少数情形下可以求解这组微分方程组得到封闭形式的解析解,多数场合还要采用数值方法来求解。

下面我们以例题(6-1)为例来说明如何运用这个方法。

根据结构振动理论,梁的自振频率 ω_1 可以用瑞雷商表示:

$$\omega_1 = \frac{\int_0^L ECA^2(x) \left(\frac{\mathrm{d}^2 y}{\mathrm{d}x^2}\right)^2 \mathrm{d}x}{\int_0^L A\rho y^2(x)\mathrm{d}x} \tag{7-37}$$

原问题就是在约束(式(7-25))下求上式表示的 ω^2 的极值及相应的断面积分布及振形 $y(x)$。

引入拉格朗日乘子 λ。可以将泛函 ω^2 扩充为增广泛函 J:

$$J = \frac{\int_0^L ECA^2(x) \left(\frac{\mathrm{d}^2 y}{\mathrm{d}x^2}\right)^2 \mathrm{d}x}{\int_0^L A\rho y^2(x)\mathrm{d}x} + \lambda \left[V - \int_0^L A(x)\mathrm{d}x\right] \tag{7-38}$$

泛函 J 在 A_{opt} 取驻值的必要条件是对任意的断面积偏离 A_{opt} 的变分 $\delta A(x)$,J 的变分 δJ 为零。δJ 是由两部分组成的,其中一部分是由 δA 的直接变化引起的 δJ,另一部分是由于 A 的变化引起 y 的变分 δy,再引起的 δJ。根据瑞雷商的驻值性质,后一部分为零,只要计算前一部分。因此,δJ 由下式给出:

$$\delta J = \left\{ \int_0^L 2ECA \left(\frac{\mathrm{d}^2 y}{\mathrm{d}x^2}\right)^2 \delta A\,\mathrm{d}x \int_0^L A\rho y^2\,\mathrm{d}x - \int_0^L ECA^2 \left(\frac{\mathrm{d}^2 y}{\mathrm{d}x^2}\right)^2 \times \mathrm{d}x \int_0^L \delta A\rho y^2\,\mathrm{d}x \right\}$$

$$\left/ \left[\int_0^L A\rho y^2(x)\,\mathrm{d}x\right]^2 - \lambda \int_0^L \delta A\,\mathrm{d}x \right. \tag{7-39}$$

假定振形是按照下式归一化的:

$$\int_0^L A\rho y^2(x)\mathrm{d}x = 1 \tag{7-40}$$

再利用瑞雷商可以表示 δJ 为零的驻值条件为

$$\delta J = \int_0^L \left[2ECA \left(\frac{\mathrm{d}^2 y}{\mathrm{d}x^2}\right)^2 - \omega^2 \rho y^2 - \lambda\right]\delta A\,\mathrm{d}x = 0 \tag{7-41}$$

由于对任意的 δA,式(7-41)必须永远成立,可以推出:

$$2ECA \left(\frac{\mathrm{d}^2 y}{\mathrm{d}x^2}\right)^2 - \omega^2 \rho y^2 = \lambda \tag{7-42}$$

该式便称为最优化的必要条件。

将式(7-42)和式(7-26)联合在一起,再考虑到体积约束(式(7-25)),就得到未知函数 $A(x)$、$y(x)$ 及未知常数 λ 应当满足的一组非线性微分-积分方程组。二个未知函数和一个未知常数、二个微分方程和一个积分方程,至少从形式上看是相称的。

虽然这一组微分方程组仍要用数值方法求解,但是由于我们有了最优化必要条件等的解析形式,我们可以对解的性质作出分析。例如,在本问题中我们发现在 $x=0$ 端及 $x=L$ 端断面积为零,这种现象在分布参数优化中称为解呈现奇异性。下面以 $x=0$ 端为例来论证一下。

首先,弯矩为零的边条件给出:

$$A^2(0)\left(\frac{\mathrm{d}^2 y}{\mathrm{d}x^2}\right)\bigg|_{x=0} = 0 \tag{7-43}$$

进而,注意到 $y(0)=0$,则由最优化必要条件可导出:

$$2ECA(0)\left(\frac{\mathrm{d}^2 y}{\mathrm{d}x^2}\right)^2\bigg|_{x=0} = \lambda \tag{7-44}$$

可以证明,λ 是一个不等于零的常数,利用这一点及式(7-43)、式(7-44)可推出:

$$A(0) = 0 \tag{7-45}$$

利用最优化必要条件(式(7-42))和控制微分方程(式(7-26)),我们可以进一步推出在 $x=0$ 的邻域断面的渐进特性。事实上,由式(7-42)可解得

$$A(x) = \frac{\lambda + \omega^2 \rho y^2}{2EC\left(\frac{\mathrm{d}^2 y}{\mathrm{d}x^2}\right)^2} \tag{7-46}$$

把式(7-46)代入式(7-26),得到只包含 $y(x)$ 的微分方程:

$$\frac{\mathrm{d}^2}{\mathrm{d}x^2}\left[\frac{(\lambda + \omega^2 \rho y^2)^2}{\left(\frac{\mathrm{d}^2 y}{\mathrm{d}x^2}\right)^3}\right] = \frac{2\omega^2 \rho(\lambda + \omega^2 \rho y^2)y}{\left(\frac{\mathrm{d}^2 y}{\mathrm{d}x^2}\right)^2} \tag{7-47}$$

假定 $y(x)$ 在 $x=0$ 的邻域可展开成:

$$y = bx^P + \cdots \tag{7-48}$$

式中,p 假定为大于零的非整数。将式(7-48)代入式(7-47)的两边,注意到 λ 是一个有限的数,式(7-47)左边的主项为

$$\frac{\lambda^2(6-3p)(5-3p)}{b^3 p^3(p-1)^3}x^{4-2p} \tag{7-49}$$

而右边的主项为

$$\frac{2\omega^2 \rho \lambda x^{4-p}}{bp^2(p-1)^2} \tag{7-50}$$

把这两项作比较,可见式(7-49)是主项,它应该为零,由此推出:

$$5 - 3p = 0$$

或

$$p = \frac{5}{3} \tag{7-51}$$

即在 $x=0$ 的邻域内

$$y \sim bx^{5/3} + \cdots \tag{7-52}$$

进一步，在 $x=0$ 的邻域内

$$\frac{\mathrm{d}y}{\mathrm{d}x} \sim x^{\frac{2}{3}}, \quad \frac{\mathrm{d}^2 y}{\mathrm{d}x^2} \sim x^{-\frac{1}{3}}, \quad \text{断面积 } A(x) \sim x^{\frac{2}{3}}$$

　　了解解在奇异点附近的特性是有助于我们构造出一个有效的数值算法来求解上列问题的。数值计算表明最优设计如图 7-8(a) 所示，而相应的最优频率平方为

$$\omega_{opt}^2 = 110.658ECV/\rho L^5 \tag{7-53}$$

使用同样材料的均匀梁的基频平方为

$$\omega_u^2 = \pi^4 ECV/\rho L^5 \tag{7-54}$$

最优化使自振频率提高为

$$\omega_{opt}/\omega_u = \sqrt{110.658}/\pi^2 = 1.066 \tag{7-55}$$

最优化得到的频率改善之所以如此地小是由于我们考虑的梁两端简支。对于悬臂梁和两端固定的梁，也已经求得最优断面及相应的最优频率。断面积也出现为零的情况，但其奇异特征是 $A(x) \sim x$（图 7-8(b)、(c)）。对于悬臂梁和两端固定梁，最优梁频率分别比使用相同材料的均匀梁频率高 588% 和 332%。这是十分巨大的改进。

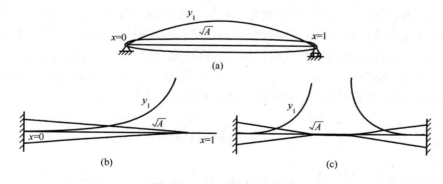

图 7-8　梁的基频最优设计

（a）两端简支；（b）一端固定一端自由；（c）两端固定

y_1—最优梁的第一振形；A—断面积

当断面是矩形时,如果给定了断面宽度,要优化断面高度 $h(x)$,则断面惯性矩 $I(x)=Ch^3(x)$;如果给定了断面高度,要优化断面宽度 $b(x)$,则断面惯性矩 $I(x)=Cb(x)$。利用上面的方法,可类似地讨论相应梁的优化设计。

在优化梁的频率时,零断面的出现是值得令人注意的。零断面在工程实际上是不允许的,而在这些点振形的曲率为无穷大也是破坏材料力学中梁小变形理论的基本假定的。这样,我们看到了在米歇尔桁架理论中已经注意到的一个重要事实:一个结构优化设计问题,初看起来其提法完全合理,其优化结果可能全然偏离原来的力学模型适用的范围。

为了避免在最优设计上出现零断面,最简单的方法是对梁的断面积加上一个最小断面积的限制。当然,由于增加了最小断面积的约束,得到的优化设计肯定比没有最小断面积约束给出的优化设计差。所以,在没有最小断面积约束时,得到的优化设计虽然因为出现零断面而显得不切实际,但是它对优化断面形状可能得到的频率改善给出了一个上界。显然,这样的上界对想通过优化断面来提高梁频率的设计人员是有指导意义的,可以使他们避免提出不切实际的目标。

上面,我们用梁频率优化这个实例说明了如何用变分方法求解分布参数结构的优化并讨论了在优化结果中出现的现象。这样的方法也已经应用于很多其他情况,例如,梁的刚度最大化,柱的临界荷载最大化等。总的看来,在这个方向上研究正在逐步深入,例如,如何在一般条件下运用变分方法建立最优化必要条件;所求得的最优化必要条件是否充分;由最优化必要条件和控制微分方程构成的方程组是否有解、解的唯一性及如何求解;最优解特性的深入剖析等都是当前受到重视的课题。

分布参数结构优化的另一个途径是先把分布参数结构离散化,再采用数值优化方法优化离散化后得到的集中参数结构。这样做法是个很现实的途径,但是也有其缺点,一方面是难于了解优化结构的解析特征,另一方面是不能肯定当离散化精度提高时,这样得到的最优解是否总能趋向于原问题的解。实践表明,的确存在一些情形,离散化进行优化得到的结果并不足以反映原问题的特点。

五、实心弹性薄板的优化[B-11~14]

弹性薄板是工程设计中大量采用的一种二维结构元件。因而,在分布参数结构优化领域内,当人们成功地解决了一些梁、柱等一维问题的优化设计后,自然地把注意力转向板的优化。板的边界形状、边界条件和支撑位置都是可以优化的对象,但这里将只介绍板的厚度的优化。

我们将讨论的板的厚度优化问题可以叙述为:在给定了制作板的材料体积、材料常数、板的边界形状和边界条件的前提下,要求确定作为设计变量的板的厚度分布,使板的某一职能,也就是问题的目标函数最优。为了确定起见,下面我们将要讨论以板的柔顺性(刚度的倒数)作为目标函数时,上列提法的数学描述及优化结果。研究表明,由此得到的板优化的主要结论也适用于其他目标函数。例如弹性薄板的基频最大化设计、塑性薄板的最大极限承载力的设计。

1. 几何无约束的最小柔顺性设计

所谓几何无约束是指对板的厚度不加上最大厚度和最小厚度这些几何尺寸的约束。此时问题可以提成为:

以板的厚度 $h(x,y),(x,y)\in\Omega$,为设计变量,要求确定 h 的最优分布,使得柔顺性:

$$\Phi=\iint\limits_{\Omega}PW(x,y)\mathrm{d}x\mathrm{d}y\rightarrow\min \tag{7-56}$$

同时满足材料体积的约束:

$$\iint\limits_{\Omega}h(x,y)\mathrm{d}x\mathrm{d}y=V \tag{7-57}$$

其中,Ω 为薄板中面所占的区域,oxy 为在此平面内建立的一个直角坐标系;$P(x,y)$ 是作用在板上的外荷载;$W(x,y)$ 是在荷载 $P(x,y)$ 作用下板中面每一点的挠度。按照薄板理论,$W(x,y)$ 应当满足下列变厚度板的偏微分方程式:

$$\frac{E}{12(1-v^2)}\big[(h^3W,_{xx}),_{xx}+(h^3W,_{yy}),_{yy}+v(h^3W,_{xx}),_{yy}+v(h^3W,_{yy}),_{xx}$$
$$+2(1-v)\times(h^3W,_{xy}),_{xy}\big]=P(x,y),(x,y)\in\Omega \tag{7-58}$$

以及适当的边界条件。其中下标中出现的逗号后的字母表示对该变量求偏导数。区域 Ω、体积 V、弹性模量 E、泊松比 v 和板的边界条件均认为已经假定。

式(7-56)代表了板变形过程中外力做功的两倍。当板受到的是单位集中荷载,则 Φ 的值等于荷载作用点的板的挠度;当板受到的是均布荷载,则 Φ 是板挠度的平均值。因此,我们称它为柔顺性。

为了建立起最优化必要条件,我们引入拉格朗日乘子 $\eta(x,y)$ 及 λ,将原目标泛函数扩展为增广泛函 L:

$$L=\iint\limits_{\Omega}PW\mathrm{d}x\mathrm{d}y+\lambda\Big[\iint\limits_{\Omega}h(x,y)\mathrm{d}x\mathrm{d}y-V\Big]+\iint\limits_{\Omega}\eta(x,y)\Big\{\frac{E}{12(1-v^2)}\big[(h^3W,_{xx}),_{xx}$$
$$+(h^3W,_{yy}),_{yy}+v(h^3W,_{xx}),_{yy}+v(h^3W,_{yy}),_{xx}+2(1-v)(h^3W,_{xy}),_{xy}\big]$$
$$-P(x,y)\Big\}\mathrm{d}x\mathrm{d}y \tag{7-59}$$

泛函 L 取驻值的必要条件是对其宗量 W、h、η 和 λ 的任意变分,泛函 L 的变分 δL 为零。为了便于计算泛函 L 的变分,我们假定区域 Ω 是一个矩形域:

$$\Omega:\{(x,y)\,|-a\leqslant x\leqslant a,-b\leqslant y\leqslant b\} \tag{7-60}$$

而沿板的边界 Γ,板是简支的,即,如以 $y=-b$ 为例

$$W(x,y)\,|_{y=-b}=0,$$
$$h^3(W,_{yy}+vW,_{xx})\,|_{y=-b}=0, \qquad (-a\leqslant x\leqslant a) \qquad (7\text{-}61)$$

对于一般的区域形状和边界条件,也可以进行类似的推导,结果是一样的。

泛函 L 的变分可以计算为:

$$\delta L=\delta_h L+\delta_W L+\delta_\eta L+\delta_\lambda L \qquad (7\text{-}62)$$

式中,h、W、η、λ 为独立宗量;记号 $\delta_h L$ 为只变分 h 而固定其他宗量时 L 的变分,其他各项具有相似的意义。

δL 为零要求 $\delta_h L$、$\delta_W L$、$\delta_\eta L$ 和 $\delta_\lambda L$ 都为零。$\delta_\eta L=0$ 给出原来的板微分方程式 (7-58);$\delta_\lambda L=0$ 则给出体积约束(式(7-57))。推导 $\delta_W L$ 和 $\delta_h L$ 时,要用到把面积分转化为线积分的格林公式。为了书写简洁,引入板的弯曲刚度

$$D=\frac{Eh^3}{12(1-v^2)} \qquad (7\text{-}63)$$

下面我们给出 $\delta_h L$ 和 $\delta_W L$ 的计算结果:

$$
\begin{aligned}
\delta_h L=&\iint\left\{\eta(x,y)\left[\left(\frac{\partial D}{\partial h}\delta hW,_{xx}\right),_{xx}+\left(\frac{\partial D}{\partial h}\delta hW,_{yy}\right),_{yy}+v\left(\frac{\partial D}{\partial h}\delta hW,_{yy}\right),_{xx}\right.\right.\\
&+v\left(\frac{\partial D}{\partial h}\delta hW,_{xx}\right),_{yy}+2(1-v)\times\left.\left(\frac{\partial D}{\partial h}\delta hW,_{xy}\right),_{xy}\right]-\lambda\delta h\Big\}\mathrm{d}x\mathrm{d}y\\
=&-\oint_\Gamma\eta,_x\frac{\partial D}{\partial h}\delta h(W,_{xx}+vW,_{yy})\mathrm{d}y+\oint_\Gamma\eta,_y\frac{\partial D}{\partial h}\delta h(W,_{yy}+vW,_{xx})\mathrm{d}x\\
&+\oint_\Gamma\eta\left\{\left[\frac{\partial D}{\partial h}\delta h(W,_{xx}+vW,_{yy})\right],_x+2(1-v)\left[\frac{\partial D}{\partial h}\delta hW,_{xy}\right],_y\right\}\mathrm{d}y\\
&-\oint_\Gamma\eta\left\{\left[\frac{\partial D}{\partial h}\delta h(W,_{yy}+vW,_{xx})\right],_y+2(1-v)\left[\frac{\partial D}{\partial h}\delta hW,_{xy}\right],_x\right\}\mathrm{d}x\\
&-2(1-v)\eta\frac{\partial D}{\partial h}\delta hW,_{xy}\,|_A+2(1-v)\eta\times\frac{\partial D}{\partial h}\delta hW,_{xy}\,|_B-2(1-v)\eta\frac{\partial D}{\partial h}\\
&\times\delta hW,_{xy}\,|_C+2(1-v)\eta\frac{\partial D}{\partial h}\delta hW,_{xy}\,|_D+\iint_\Omega\delta h\left\{\frac{\partial D}{\partial h}[\eta,_{xx}W,_{xx}+\eta,_{yy}W,_{yy}\right.\\
&+v\eta,_{xx}W,_{yy}+v\eta,_{xx}W,_{yy}+2(1-v)\eta,_{xy}W,_{xy}]-\lambda\Big\}\mathrm{d}x\mathrm{d}y
\end{aligned} \qquad (7\text{-}64)
$$

$$
\begin{aligned}
\delta_W L=&\iint_\Omega\{P\delta W+\eta(x,y)[(D\delta W,_{xx}),_{xx}+(D\delta W,_{yy}),_{yy}+v(D\delta W,_{xx}),_{yy}\\
&+v(D\delta W,_{yy}),_{xx}+2(1-v)\times(D\delta W,_{xy}),_{xy}]\}\mathrm{d}x\mathrm{d}y\\
=&\iint_\Omega\{(D\eta,_{xx}),_{xx}+(D\eta,_{yy}),_{yy}+v(D\eta,_{xx}),_{yy}+v(D\eta,_{yy}),_{xx}
\end{aligned}
$$

$$
\begin{aligned}
&+2(1-v)(D\eta,_{xy}),_{xy}-p\}\delta W\mathrm{d}x\mathrm{d}y+\oint_{\Gamma}\{\eta,_{y}D(\delta W,_{yy}+v\delta W,_{xx})\\
&-\delta W,_{y}D(\eta,_{yy}+v\eta,_{xx})-\eta\{[D(\delta W,_{yy}+v\delta W,_{xx})],_{y}+2(1-v)\\
&\times(D\delta W,_{xy}),_{x}+\delta W\{[D(\eta,_{yy}+v\eta,_{xx})],_{y}+2(1-v)(D\eta,_{yx}),_{x}\}\}\mathrm{d}x\\
&+\oint_{\Gamma}\{-\eta,_{x}D(\delta W,_{xx}+v\delta W,_{yy})+\delta W,_{x}D(\eta,_{xx}+v\eta,_{yy})+\eta\{[D(\delta W,_{xx}\\
&+v\delta W,_{yy})],_{x}+2(1-v)(D\delta W,_{xy}),_{y}\}-\delta W\{[D(\eta,_{xx}+v\eta,_{yy})],_{x}\\
&+2(1-v)(D\eta,_{yx}),_{y}\}\}\mathrm{d}y+2(1-v)\times D\{\eta,_{yx}\delta W\mid_{A}-\eta\!\!/\delta W,_{xy}\mid_{A}\\
&-\eta,_{yx}\delta W\mid_{B}+\eta\!\!/\delta W,_{xy}\mid_{B}+\eta,_{yx}\delta W\mid_{C}-\eta\delta W,_{yx}\mid_{C}-\eta,_{yx}\delta W\mid_{D}\\
&+\eta\!\!/\delta W,_{xy}\mid_{D}\}
\end{aligned}
$$

$$(7\text{-}65)$$

其中，$\oint$ 为绕周界 Γ 的线积分；A、B、C 和 D 是板的四个角点；$(*)\mid_{A}$ 等表示 $*$ 量在和角点 A 邻近的两侧计算的值的差。

如果我们定义 $\eta(x,y)=W(x,y)$，即 η 满足和 W 相同的微分方程式及边界条件，则 $\delta_{w}L=0$。而把 $\eta(x,y)=W(x,y)$ 的事实考虑在内，由 $\delta_{h}L=0$ 推出：

$$
\frac{\partial D}{\partial h}[W^{2},_{xx}+W^{2},_{yy}+2vW,_{xx}W,_{yy}+2(1-v)W^{2},_{xy}]=\lambda \qquad (7\text{-}66)
$$

条件式（7-66）称为最优化必要条件，这个条件的物理意义是单位体积的应变能为常数。把最优化必要条件（式（7-66））、板的微分方程（式（7-58））、体积约束（式（7-57））及适当的边界条件联合起来，就得到一组用来确定 W、h 及 λ 的微分——积分方程组。同样，也可以利用它们分析解在边界和内部可能有的奇异性。事实上，对稍稍不同的问题曾得到解，图 7-10 是四周简支板的最大基频设计，由图可见，在板的边界厚度为零。图 7-9(b) 给出了简支圆板的最大基频设计，沿着简支边界板的厚度也为零。这两个最优设计都具有光滑的厚度分布，其形状看起来和梁优化的结果十分相似。

问题似乎已经解决。不幸的是，进一步的研究表明，在对板的厚度不加约束时，上列最优化必要条件并不是充分的；上面给出的光滑最优解都是局部最优解；全局最优解根本不存在。为了简单起见，我们用矩形板、目标函数为基频最大作为例子，来说明上面图 7-9 给出的板根本不是全局最优的，而全局最优的板可以具有无限高的频率。

设想把给定的材料体积 V 均匀分布，得到一块均匀厚度的矩形板。现在，从全板均匀地取下很少的材料在板的中央构造两根十字形的梁（见图 7-11），这两根梁的高度 h_{B} 假定为 ε^{-1} 量级，而梁的宽度 b_{B} 为 ε^{2}，ε 是一个无穷小量，则梁所用材料 $V_{B}\sim b_{B}\cdot h_{B}\sim\varepsilon$，而梁的刚度为 $b_{B}\cdot h_{B}^{3}\sim\varepsilon^{2}\varepsilon^{-3}\sim\varepsilon^{-1}$。即用无限小的材料便可构造无限刚性的两根梁。由于这两根梁刚度无限大，整块板便可看成被分割成四块

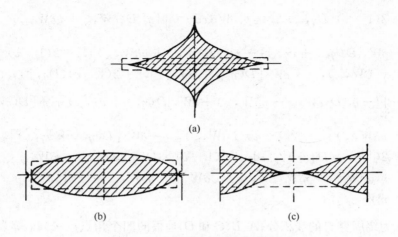

图 7-9　基频最大圆板最优设计

（a）：中心固定、外边界自由；（b）：简支；（c）：固定

注：图中直线给出的是最优板沿直径切开的剖面，虚线给出的具有和最优板同样体积、同样直径的均匀板。

最优板的频率在（a）、（b）、（c）三种情况下，分别是相应均匀板频率的 544％，116％，153％

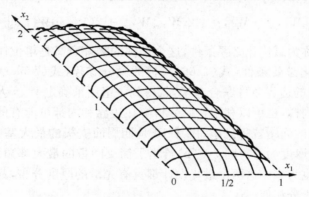

图 7-10　四边简支矩形板的基频最大设计

小的板，板的基频一下提高了 4 倍。而又由于使用的材料无限小，所以这个过程还可继续下去，使频率不断地提高，达到无限大。

　　观察上面构造这个模型的过程可以发现，之所以频率可以无限地提高是因为对厚度函数没有最大值限制，所以可以构造无限刚性的梁；还因为对这些很高很窄的梁，我们没有去计算它们自身的基频，也没有去研究它们的稳定性，我们对原问题建立的数学模型中根本未包括这些方面。

　　至此，我们可以得出结论，在分布参数结构优化的有些问题中，由于约束条件不正确，可能导致根本没有解。而约束条件是否正确，在分布参数结构优化问题中往往不是凭直觉就能判断的。

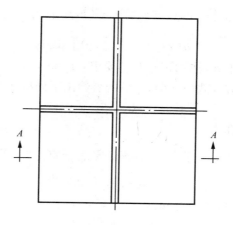

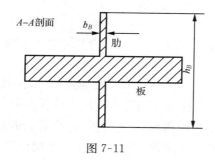

图 7-11

2. 几何约束的板的最小柔顺性设计

从上面的分析可知,对厚度无约束是造成最优板可以有无限高的频率、无限大的刚度的原因。因此,自然地希望,对厚度加上约束后,问题便解决了。所谓几何约束问题,是指对板的厚度加上了最大值 h_{max} 和最小值 h_{min} 的限制,即要求:

$$h_{min} \leqslant h(x,y) \leqslant h_{max} \tag{7-67}$$

将式(7-67)补充到式(7-56)~式(7-58)中去,便可得到几何约束的板的厚度优化问题的提法。

为了建立最优化必要条件,这时要把不等式约束也考虑到增广泛函的构造中去。为此,首先把不等式约束(式(7-67))改造为等式约束:

$$h(x,y) - h_{max} + \sigma^2(x,y) = 0$$
$$h_{min} - h(x,y) + \tau^2(x,y) = 0 \tag{7-68}$$

式中,$\sigma(x,y)$ 和 $\tau(x,y)$ 是两个松弛因子。然后引入两个拉格朗日乘子 $\alpha(x,y)$ 和 $\beta(x,y)$,把如下的项补充到泛函 L 中去:

$$\iint\limits_{\Omega} \{\alpha(x,y)[h(x,y) - h_{\max} + \sigma^2(x,y)] + \beta(x,y)[h_{\min}$$

$$- h(x,y) + \tau^2(x,y)]\}\mathrm{d}x\mathrm{d}y \tag{7-69}$$

重复前面同样的推导，注意 $\delta L = 0$ 还要求 $\delta_\beta L = 0, \delta_\alpha L = 0$ 及 $\delta_\sigma L = 0, \delta_\tau L = 0$，前两者只是重新给出方程式(7-68)，而后两者给出下列换向方程：

$$\alpha\sigma = 0, \quad \beta\tau = 0 \tag{7-70}$$

而最优化必要条件现在为

$$\frac{\partial D}{\partial h}[W_{,xx}^2 + W_{,yy}^2 + 2vW_{,xx}W_{,yy} + 2(1-v)W_{,xy}^2]$$

$$= \lambda - \alpha(x,y) + \beta(x,y) \tag{7-71}$$

式中，利用换向方程式(7-70)可知：

$$\alpha \neq 0, \quad \beta = 0, \quad \text{当 } h = h_{\max}$$
$$\alpha = 0, \quad \beta \neq 0, \quad \text{当 } h = h_{\min} \tag{7-72}$$
$$\alpha = 0, \quad \beta = 0, \quad \text{当 } h_{\min} < h < h_{\max}$$

所以，在 $h_{\min} < h < h_{\max}$ 的区域内，式(7-71)的右端项为常数 λ，其物理意义是应变比能为常数。

把最优化必要条件式(7-71)、式(7-72)和式(7-57)、式(7-58)联合起来，就得到一组包含 W、h 和 λ 等的积分一微分方程组。根据准则法的基本思想，我们建立了一个算法，以下的结果是用该算法得到的。这个算法的基本步骤为：

开始：取一个合适的厚度分布函数 $h^{(0)}(x,y)$ 作为初始设计，在第 i 步($i=1,2,\cdots$)：

(1) 根据当前的厚度值 $h^{(i-1)}(x,y)$，利用离散化后的控制微分方程(式(7-58))及有关的边条件求出挠度 $W^{(i)}(x,y)$。

(2) 利用由最优化必要条件式(7-71)和式(7-72)导出的递推公式，根据 $W^{(i)}(x,y)$ 及 $h^{(i-1)}(x,y)$ 得到一个改进的设计 $h^{(i)}(x,y)$。

(3) 检查收敛准则。如果满足了收敛准则，则进行(4)，否则回到 $i+1$ 步的(1)。

(4) 根据方程式(7-56)计算目标值 Φ。

结束。

上面，上标 i 表示在第 i 次迭代时该量的值。

为了构造递推公式，我们首先用弯矩 M_{xx}, M_{yy} 和 M_{xy} 来表示最优化必要条件，得到

$$\frac{1}{h^4}[M_{xx}^2 - 2vM_{xx}M_{yy} + M_{yy}^2 + 2(1+v)M_{xy}^2]$$

$$= \lambda^* - \alpha^*(x,y) + \beta^*(x,y) \tag{7-73}$$

式中,$\alpha^*(x,y)$和$\beta^*(x,y)$是正比于α、β的两个变量。如果我们把全板所占区域Ω按厚度划分为无约束区$\Omega_u(h_{\min}<h<h_{\max})$、从上面受约束的区域$\Omega_{ca}(h=h_{\max})$及从下面受约束的区域$\Omega_{cb}(h=h_{\min})$,并定义函数$g(x,y)$:

$$g(x,y) = M_{xx}^2 + M_{yy}^2 - 2vM_{xx}M_{yy} + 2(1+v)M_{xy}^2 \qquad (7-74)$$

则最优化必要条件(式7-73)可改写为:

$$h = \begin{cases} h_{\max}, & \text{如果}[g/\Lambda^*]^{\frac{1}{4}} \geqslant h_{\max}, (x,y) \in \Omega_{ca}, \\ [g/\Lambda^*]^{\frac{1}{4}}, & \text{如果 } h_{\min} < [g/\Lambda^*]^{\frac{1}{4}} < h_{\max}, \\ & (x,y) \in \Omega_u, \\ h_{\min}, & \text{如果 } h_{\min} \geqslant [g/\Lambda^*]^{\frac{1}{4}}, (x,y) \in \Omega_{cb} \end{cases} \qquad (7-75)$$

式中,h 和 g 分别表示 $h(x,y)$ 和 $g(x,y)$,由于 Λ^* 和板的划分并不事先知道,所以式(7-75)并不能看做 $h(x,y)$ 的显式,必须迭代地求解。采用同样意义的上标 i,可将式(7-75)改写为一个用来求改进设计的递推公式:

$$h^{(i+1)} = \begin{cases} h_{\max}, \text{当}[g^{(i)}/\Lambda^*]^{\frac{1}{4}} \geqslant h_{\max}, & (x,y) \in \Omega_{ca}, \\ [g^{(i)}/\Lambda^*]^{\frac{1}{4}}, \text{当 } h_{\min} < [g^{(i)}/\Lambda^*]^{\frac{1}{4}} < h_{\max}, (x,y) \in \Omega_u, \\ h_{\min}, \quad \text{当 } h_{\min} \geqslant [g^{(i)}/\Lambda^*]^{\frac{1}{4}}, (x,y) \in \Omega_{cb} \end{cases}$$

$$(7\text{-}76a)$$

该式中的常数 Λ^* 可由体积约束决定:

$$\Lambda^* = \left(\frac{\displaystyle\int_{\Omega_u} g^{(i)}(x,y)^{\frac{1}{4}} d\Omega}{V - h_{\min}\displaystyle\int_{\Omega_{cb}} d\Omega - h_{\max}\displaystyle\int_{\Omega_{ca}} d\Omega} \right)^4 \qquad (7\text{-}76b)$$

但是由于区域分割要在决定了 h 才能进行,而决定 h 又必须知道 Λ^*,所以 Λ^* 的计算还要一个内部循环,这就不再细述。

　　常用的控制微分方程有两种离散方法:有限元法及有限差分法。用有限差分法时,需要厚度的节点值,所以递推公式(7-76)以逐点形式来进行。用有限元法时,需要单元的厚度值,所以递推公式(7-76)在平均意义下满足。

　　对方板,用有限差分法进行了计算。在比值 $h_{\max}/h_{\min}=1.5$ 时,我们得到了四边简支和四边固定时板的设计。关于其他原始数据,请见图 7-12、图 7-13。由图可见,边界厚度已不为零,这是由于 $h_{\min}$ 的存在而显然的。另外,得到的解是十分光滑的,相应的最优化收益也给出在图上。

　　当我们增加比值 $h_{\max}/h_{\min}$ 为 6 时,迭代计算结果出人意料。图 7-14 是在 1/4 板内采用 10×10 网格得到的。材料集中形成肋骨,板的中央也出现材料的集中。这个结果证实了最优板应该有肋骨形的结构。

　　但是,当我们把网格在 1/4 板内增加为 20×20 时,得到的结果如图 7-15,它

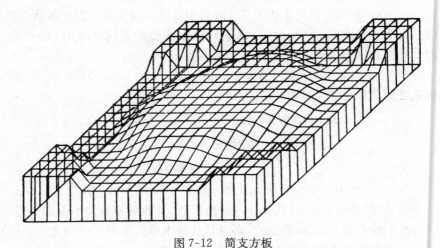

图 7-12　简支方板

($h_{\max}/h_{\min}=1.5$；$h_u/h_{\min}=1.25$；$\Phi/\Phi_u=0.824$；在 1/4 板内用 10×10 网格)

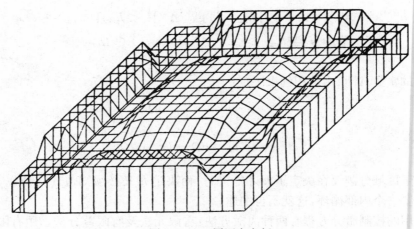

图 7-13　四周固定方板

($h_{\max}/h_{\min}=1.5$；$h_u/h_{\min}=1.25$；$\Phi/\Phi_u=0.707$；在 1/4 板内用 10×10 的网格)

和图 7-14 有显著的不同,材料集中而形成的肋骨变多变细了。同时,板的职能又进一步改善。

　　这样,自然地产生疑问,随着网格的加密,肋骨是否会越来越多而细? 还是肋骨的总数是有限的? 由于矩形板是个二维问题,分析与优化都要耗费很多机时,很难进一步加密网格进行计算。我们因而研究环板的最小柔顺性设计。取极坐标的原点在环板中心(图 7-16)。假定环板的厚度是轴对称的,即,可以表示成只是板上任意点径向距离 r 的函数 $h(r)$,再假定作用在环板上的外荷载为

$$P(r,\theta) = f(r)\cos n\theta \tag{7-77}$$

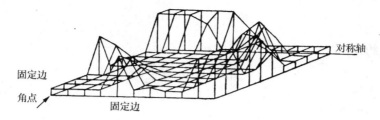

图 7-14　一块四周固定方板的四分之一

$(h_{max}/h_{min}=6;h_u/h_{min}=2;\Phi/\Phi_u=0.218;$ 在 1/4 板内用 10×10 网格)

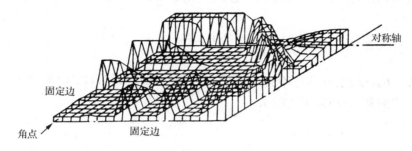

图 7-15　一块四边固定方板的四分之一

$(h_{max}/h_{min}=6;h_u/h_{min}=2;\Phi/\Phi_u=0.204;$ 在 1/4 板内采用 20×20 网格)

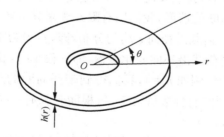

图 7-16　环板

其中 n 是一个正整数。当环板内外径处边条件是齐次时,板的挠度也可表示成

$$W(r,\theta) = w(r)\cos n\theta \tag{7-78}$$

这时,板的控制微分方程、最优化必要条件全都可以表示为以 $h(r)$、$w(r)$ 为函数的常微分方程式,问题退化为一维,计算工作量减少很多。

对于给定外荷载、内外径、内外径处的边条件、制作板的材料及材料体积的条件下,环板厚度的最小柔顺性设计可以表示为:

以 $h(r)$ 为设计变量,要求极小化

$$\Phi = \int_\Omega f(r)w(r)r\mathrm{d}r$$

$h(r)$ 受到约束：

$$\int_\Omega h(r)r\mathrm{d}r = \frac{V}{2\pi} \tag{7-79}$$

和

$$h_{\min} \leqslant h(r) \leqslant h_{\max}, r \in \Omega\{r \mid R_i \leqslant r \leqslant 1\}$$

式中，R_i——板内径；1 为外径，已经加以无量纲化。

用和前面同样的方法可以建立起最优化必要条件，它只是式 7-71 的极坐标形式：

$$h^2[K_{rr}^2 + K_{\theta\theta}^2 + 2vK_{rr}K_{\theta\theta} - 2(1+v)K_{r\theta}^2]$$
$$= \Lambda^* - \alpha^*(r) + \beta^*(r) \tag{7-80}$$

式中，K_{rr}、$K_{\theta\theta}$ 和 $K_{r\theta}$ 分别是环板径向、环向曲率和扭率的除去正弦（或余弦）项因子后的值，它们和 $w(r)$ 以下式联系：

$$\left.\begin{array}{c} K_{rr} = w_{,rr}, \quad K_{\theta\theta} = \dfrac{w_{,r}}{r} - \dfrac{n^2 w}{r^2}, \\[3mm] K_{r\theta} = -\left(\dfrac{nw}{r}\right)_{,r} \end{array}\right\} \tag{7-81}$$

由于在矩形板优化时，我们发现厚度不是连续分布的，而有限元法比有限差分法更适合于厚度出现间断的情形，我们用有限元法来分析环板。

对于内径 $R_i = 0.2$、荷载沿径向 r 均匀分布，即，$f(r)$ 为常数、$h_{\max}/h_{\min} = 5.0$ 的情况我们作了计算。当荷载沿环向变化缓慢，即 n 很小时，我们得到光滑形状的优化解。但是，当 n 较大时，例如 $n=4$，我们得到带环向肋的解，而且在把板分割为 300 个单元计算时，得到的肋骨数量很多，每根肋骨只有一个单元宽（见图 7-17）。数值计算呈出不稳定性。

简单的物理论证明可以说明，当对板的厚度加上最大值 $h_{\max}$ 限制后，板的柔顺性是有下确界的，但是问题是相应于这个下确界的最优设计究竟是什么样的呢？从上面的结果来看，最优设计很可能是一个具有无限根无限细的肋骨加强的板。采用数值方法，上面的推测是无法验证的。所以我们对问题的提法加以调整，建立起一个新的板模型来讨论这个问题。为了简单起见，仍然用环板来作为例子。

新的板模型是由变厚度 $h_s(r)$，$h_{\min} \leqslant h_s(r) \leqslant h_{\max}$ 的实心部分和与板整体结合的密度为 $\mu(r)$ 的可以是无限密、无限细的肋骨组成的。肋骨的高度是 $h_{\max} - h_s(r)$。图 7-18 给出了板的一个小的环元的径向剖面，该单元的径向长度为 Δr。肋骨是沿环向的、具有矩形断面并相对于板的中面对称地布置。肋骨的密度 $\mu(r)$ 定义为：

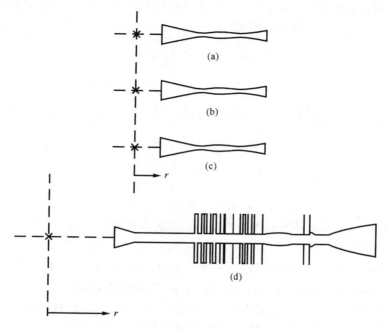

图 7-17 内外径固定环板的优化设计

（说明荷载环向变化速度对设计的影响）

(a) $n=0$、$\Phi/\Phi_u=0.463$；(b) $n=1$，$\Phi/\Phi_u=0.489$；(c) $n=2$，$\Phi/\Phi_u=0.589$；

(d) $n=4$，$\Phi/\Phi_u=0.428$；计算是用 300 个单元进行的

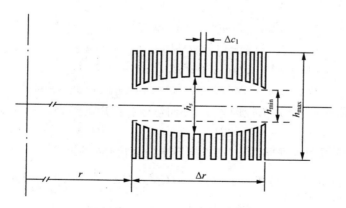

图 7-18 由无限细、无限密的肋加强的板模型

$$\mu(r) = \lim_{\Delta r \to 0} \frac{\Sigma \Delta c_i}{\Delta r}, 0 \leqslant \mu(r) \leqslant 1 \tag{7-82}$$

式中，Δc_i 是单元上第 i 个肋骨的宽度。

利用这个新的板模型,以 $\mu(r)$ 和 $h_s(r)$ 为设计变量,板的优化问题可提成:

以 $h_s(r)$ 和 $\mu(r)$ 为设计变量,最小化:

$$\Phi = \int_{\Omega} f(r)w(r)r\mathrm{d}r$$

受到约束:

$$\int_{\Omega} [h_s(r) + \mu(r)(h_{\max} - h_s(r)]r\mathrm{d}r = 1,$$

$$h_{\min} \leqslant h_s(r) \leqslant h_{\max}, \qquad (7\text{-}83)$$

$$0 \leqslant \mu(r) \leqslant 1$$

式中

$$r \in \Omega\{r \mid R_i \leqslant r \leqslant 1\}$$

而板的挠度 $w(r)$ 和设计变量 $h_s(r)$、$\mu(r)$ 以及外荷载 $f(r)$ 是通过适当的板的微分方程相联系的。

这个提法的优点是把前面给出的实心板优化提法(式 7-79)包括在内了。事实上,如果在最后求得的设计上,$\mu(r)$ 处为零,则说明实心板是最优的。但是现有的设计空间比传统的设计空间扩展了,它允许板的厚度函数具有无限个数的间断。

把这些肋处理作板的一部分,用板的理论来建立新模型的弯矩-曲率关系,我们发现,本质上这是一块各向异性板:

$$m_{rr} = D_r(K_{rr} + vK_{\theta\theta}), \quad m_{\theta\theta} = D_\theta(K_{\theta\theta} + v_r K_{rr}),$$

$$m_{r\theta} = D_{r\theta}(1-v)K_{r\theta}$$

而

$$D_r = D_{\max}D_s/[\mu D_s + (1-\mu)D_{\max}],$$

$$D_{r\theta} = \mu D_{\max} + (1-\mu)D_s,$$

$$D_\theta = (1-v^2)D_{r\theta} + v^2 D_r, \quad v_r = vD_r/D_\theta,$$

$$D_s = Eh_s^3/12(1-v^2), \quad D_{\max} = Eh_{\max}^3/12(1-v^2)$$

其中,m_{rr}、$m_{\theta\theta}$ 和 $m_{r\theta}$ 分别为径向弯矩、环向弯矩和扭矩的除去 $\cos n\theta$(或 $\sin n\theta$)后的因子。

重复以前采用的推导方法,可以推导出最优化必要条件为

$$(D_{\max} - D_s)[(1-v^2)K_{\theta\theta}^2 + 2(1-v)K_{r\theta}^2] + D_r^2\left(\frac{1}{D_s} - \frac{1}{D_{\max}}\right)(K_{rr} + vK_{\theta\theta})^2$$

$$= \lambda(h_{\max} - h_s) + \alpha(r) - \beta(r),$$

然后,我们又可以进行数值求解。为了便于比较,我们仍计算图中算过的同样问题,即内径 $R_i = 0.2$,$h_{\max}/h_{\min} = 5.0$,泊松比 $v = 0.25$,用于板的材料的体积可用 $h_u/h_{\min}$ 来反映,其中 h_u 是把全板材料均匀分布时得到的板厚。板的内外径均为固定。对 $n = 0, 2, 4$ 的结果给出在图 7-19,图上打阴影的部分是表示有肋骨的部分,

阴影部分的总高度正比于 $\mu(r)(h_{\max}-h_s)$，未打阴影的部分是实心板，高度正比于 $h_s(r)$。从图上可以看出，当 $n=0$ 时，得到的板是一块实心板，当 $n=2,4$ 时，除了实心部分都有用肋骨加强的部分。

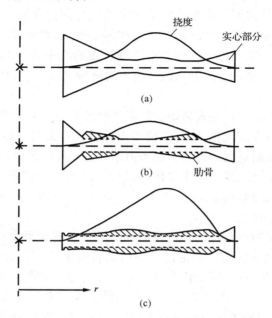

图 7-19 受到不同荷载 $P=$常数$\cdot\cos n\theta$ 的最小柔顺性的环板最优设计
（设计条件是 $h_u/h_{\min}=1.6579,h_{\max}/h_{\min}=5,R_i=0.2$ 和 $v=0.25$。板边界是固定的）
(a) $n=0,\Phi/\Phi_u=0.463$；(b) $n=2,\Phi/\Phi_u=0.491$；(c) $n=4,\Phi/\Phi_u=0.357$；
打斜线部分表示肋骨的密度

在新提法下得到的最优设计比在传统提法下得到的"最优设计"职能要优得多。这一点既可用解析的方法证明，也可用数值的方法证明。表 7-1 给出了在相同设计条件下三种提法下优化结果的比较。第一列是按式(7-79)传统提法得到的；

表 7-1 轴对称环板最优设计的柔顺性比较

内、外径处边界条件	Φ/Φ_u		
	传统提法(式(7-79))(摘自[B·11])	新提法(式(7-83))(但限于 $h_s=h_{\min}$)	新提法(式(7-83))
固定-固定	0.536	0.415	0.357
简支-固定	0.564	0.407	0.351
自由-固定	0.617	0.404	0.349

说明：结果是在设计条件下得到的：$n=4,R_i=0.2,h_u/h_{\min}=1.6579,h_{\max}/h_{\min}=5$ 和 $v=0.5$。下标 u 表示该量是相当均匀板的厚度，该均匀板是把板的材料均匀分布于全板而得到的。

第三列采用式(7-83)这一新提法得到的；而第二列是固定 $h_s = h_{min}$ 得到的结果。三行数字对应于三种不同的边条件。设计条件给出在表的说明中。可以明显地看到，无论在什么边条件下，第三列结果都是最佳。

新提法的优越性说明了作为几何受约束的实心弹性薄板，其最优设计的厚度分布，一般地说，具有无限多个间断。对这样的一种板，经典弹性薄板的理论已不再适用。产生这种现象的原因是因为对问题所加的约束条件不合适。例如，我们应该对厚度函数的导数加上限制；或者，应该对这些又高又窄的肋加上局部稳定性限制。

弹性薄板的优化结果，很容易使我们联想起米歇尔桁架。事实上，除了弹性薄板的优化，在塑性薄板的优化、杆件的反平面剪切等一系列问题中，都发现类似的情况，所得到的最优解远远地离开了原来力学模型允许的范围，是一种工程上无法制造的结构，但数学上的确是一个最优的结构。产生这种结果的原因是因为优化问题的提法不完全正确，也就是说，一个不正确的或不完全的数学模型会导致很不合理，甚至荒谬的结果。

通过这个关于弹性薄板的研究，我们知道了传统的光滑变厚度解只是局部最优解，带肋的板将比它优越。但是过多的肋又将带来工艺上和使用上的不合理。如果在原来的数学模型中，添上恰当的约束将会导致合理的结果。怎样的约束是合理的？那就需要进一步的研究了。这方面的工作似乎还应深入。从加肋板，我们可以想到用纤维板和各向异性板的优越性，这也是有实际意义的课题。

附录 A 库-塔克条件

在本书中,我们曾经多次引用库-塔克条件。事实上,作为受约束最优化问题的库-塔克必要条件,不仅可以用来检查当前设计点是否已经最优,而且可以用来构造各种广泛采用的、十分有效的迭代格式,成为工程结构优化中准则法的理论基础。在这个附录中,我们从最简单的一维函数无约束优化开始,对库-塔克条件作一个十分简单的介绍。本附录(也包括附录 B)中大部分内容的叙述和证明,从数学的角度来看,都不是十分全面和严格的。对严格的数学论证有兴趣者可看有关的专著。

1. 一维函数(单变量函数)的无约束优化

该问题可以数学地描述为:

$$\left.\begin{array}{l} 求 \ x^{*}, \ x^{*} \in R^{1}, \\ \min \quad f(x) \end{array}\right\} \tag{A-1}$$

式中,R^1 是一维欧氏空间,即实数轴 $-\infty < x < +\infty$。

如果函数 $f(x)$ 在 x^* 处可微,则在 x^* 处 $f(x)$ 取极小值的必要条件是

$$\left.\frac{\mathrm{d}f}{\mathrm{d}x}\right|_{x=x^{*}} = 0 \tag{A-2}$$

图 A-1 中的 a 点便是满足这个必要条件的局部极小点。条件(式 A-2)的几何意义是通过该点的曲线的切线是水平的。从图中很易看出,条件(式 A-2)只是必要的。事实上,图中的 b,c 点处导数也为零,但它们分别是鞍点和极大值。为了鉴别它们,需要运用极小值的充分条件。

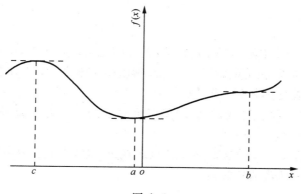

图 A-1

如果函数 $f(x)$ 在 x^* 处二阶可微，且满足条件（式 A-2），则函数 $f(x)$ 在 x^* 处取局部极小的充分条件为

$$\left.\frac{\mathrm{d}^2 f}{\mathrm{d}x^2}\right|_{x=x^*} > 0 \tag{A-3}$$

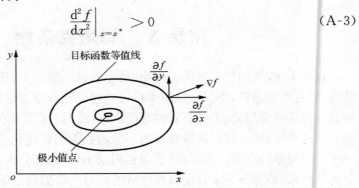

图 A-2　梯度向量 ∇f 的几何意义

2. n 维函数（多变量函数）的无约束优化

该问题可以叙述为

$$\left.\begin{aligned} &求 \boldsymbol{x}, \boldsymbol{x} = (x_1, x_2 \cdots, x_n) \in R^n, \\ &\min \quad f(x) \end{aligned}\right\} \tag{A-4}$$

式中，R^n 为 n 维欧几里得空间。

从高等数学中可知，如果 $f(x)$ 在 x^* 处可微，则 $f(x)$ 在 x^* 处取局部极小的必要条件是函数 $f(x)$ 在该点的梯度为零，即

$$\nabla f(\boldsymbol{x}^*) = \left\{\begin{array}{c} \dfrac{\partial f}{\partial x_1} \\[2mm] \dfrac{\partial f}{\partial x_2} \\ \vdots \\ \dfrac{\partial f}{\partial x_n} \end{array}\right\}_{x=x^*} = \boldsymbol{0} \tag{A-5}$$

为直观起见，图 A-2 中给出梯度向量 ∇f 的几何意义。该图中，用实线描出了目标函数 $f(x)$ 的等高线，在指定设计点 x^* 处，梯度向量垂直于目标函数的等高线。而在局部极值点，梯度向量应为零。

和以前一样，满足条件（式 A-5）的点可以是局部极大点或鞍点，为了区别它们，应该运用极小值的充分条件。

如果 $f(x)$ 在 x^* 二阶连续可微，则 $f(x)$ 在 x^* 取极小的充分条件是二阶导数组成的矩阵（通常称为海森矩阵）：

$$\nabla^2 f(x)\mid_{x=x^*} = \begin{bmatrix} \dfrac{\partial^2 f}{\partial x_1^2} & \dfrac{\partial^2 f}{\partial x_1 \partial x_2} & \cdots & \dfrac{\partial^2 f}{\partial x_1 \partial x_n} \\ \dfrac{\partial^2 f}{\partial x_2 \partial x_1} & \cdots & \cdots & \cdots \\ \cdots & \cdots & \cdots & \cdots \\ \dfrac{\partial^2 f}{\partial x_n \partial x_1} & \dfrac{\partial^2 f}{\partial x_n \partial x_2} & \cdots & \dfrac{\partial^2 f}{\partial x_n^2} \end{bmatrix} \tag{A-6}$$

是正定的。

　　按线性代数中的定义,如果一个对称方阵是正定的,则对任何的非零向量 $y = \{y_1 y_2 \cdots y_n\}^{\mathrm{T}}$,恒有

$$y^{\mathrm{T}} A y > 0 \tag{A-7}$$

　　下面举一简单的例子,给定二元函数 $f(x, y) = 3x^2 - 6xy + 4y^2 + 8y$,按必要条件,其极值点应该满足:

$$\left. \begin{array}{r} 6x - 6y = 0 \\ -6x + 8y + 8 = 0 \end{array} \right\} \tag{A-8}$$

由此解出 $x^* = -4, y^* = -4$,相应的目标函数 $f(x)$ 的值为 $f(x^*, y^*) = -16$。现在来检验该点处的海森矩阵:

$$\nabla^2 f = \begin{bmatrix} 6 & -6 \\ -6 & 8 \end{bmatrix}$$

它是正定的,因为它对任意的非零向量 $y = (y_1 \ y_2)^{\mathrm{T}}$ 恒有

$$y^{\mathrm{T}} \nabla^2 f y = 6y_1^2 - 12 y_1 y_2 + 8 y_2^2 = 6(y_1 - y_2)^2 + 2y_2^2 > 0$$

这样,$(-4, -4)$ 就是一个极小点。

　　一个矩阵是否正定,除了可以用矩阵正定的定义来检查外,还可采用其他方法。例如,如果矩阵 A

$$A = \begin{bmatrix} a_{11} & a_{12} & \cdots & a_{1n} \\ a_{21} & a_{22} & \cdots & a_{2n} \\ \vdots & \vdots & & \vdots \\ a_{n1} & a_{n2} & \cdots & a_{nn} \end{bmatrix}$$

的所有主子式的行列式值全大于零,即

$$a_{11} > 0, \ \begin{vmatrix} a_{11} & a_{12} \\ a_{21} & a_{22} \end{vmatrix} > 0,$$

$$\begin{vmatrix} a_{11} & a_{12} & a_{13} \\ a_{21} & a_{22} & a_{23} \\ a_{31} & a_{32} & a_{33} \end{vmatrix} > 0, \cdots \mid A \mid > 0 \tag{A-9}$$

则矩阵 A 是正定的。

3. 带等式约束的 n 维函数的优化

设给定多元函数 $f(x)$，$x = (x_1\ x_2 \cdots x_n)^T \in R^n$，受到等式约束：

$$h_j(x) = 0,(j = 1,2,\cdots,m,m < n)$$

现在要求 $f(x)$ 的极值点。

求解这个问题有两个办法。第一个称为降维法，这就是将 $h_j(x)=0,(j=1,$ $2,\cdots,m)$，作为 m 个联立方程组，利用它们把 x 中的 m 个变量，例如 $x_1,x_2,\cdots,x_m$ 表示成其余 $(n-m)$ 个未知量 $x_{m+1},x_{m+2},\cdots,x_n$ 的函数，将这些函数关系代入 $f(x)$ 中。这样，$f(x)$ 只依赖于 $(n-m)$ 个未知量 $x_{m+1},x_{m+2},\cdots,x_n$，函数 $f(x)$ 实际上定义在 $(n-m)$ 维空间上。然后，按普通的无约束多元函数优化的极值求法来求极值点。这个方法貌似简单，实际执行时困难很大，原因是 $h_j(x)=0$ 这 m 个联立方程组往往很难求解。

第二个办法是升维法，又称拉格朗日乘子法。在这个方法中，引入 m 个拉格朗日乘子 $\lambda_1,\lambda_2\cdots,\lambda_m$，构造拉格朗日函数 $L(x,\lambda)$，由

$$L(x,\lambda) = f(x) + \sum_{j=1}^{m}\lambda_j h_j(x) \qquad\qquad \text{(A-10)}$$

可以证明，这个函数的无条件极值点也就是原问题的条件极值点。至于 $L(x,\lambda)$ 的无条件极值，可以通过必要条件：

$$\left.\begin{array}{ll} \dfrac{\partial L}{\partial x_i} = \dfrac{\partial f}{\partial x_i} + \sum\limits_{j=1}^{m}\lambda_j\dfrac{\partial h_j}{\partial x_i} = 0, & (i = 1,2,\cdots,n) \\[3mm] \dfrac{\partial L}{\partial \lambda_j} = h_j = 0 & (j = 1,2,\cdots,m) \end{array}\right\} \qquad \text{(A-11)}$$

来求解。

观察方程组 A-11，可见，现在要解的方程组的维数从原问题的 n 维增加为 $(n+m)$ 维，这就是把这个方法叫做增维法的原因。

方程组（A-11）经常写成更为简洁的形式：

$$\left.\begin{array}{l} \nabla_x L = \nabla f + \nabla^T h \cdot \lambda = 0 \\ h = 0 \end{array}\right\} \qquad\qquad \text{(A-12)}$$

式中，向量 $h = (h_1,h_2\cdots,h_m)^T$ 的梯度记号 ∇h 理解为

$$\nabla h = \left\{\begin{array}{ccc} \dfrac{\partial h_1}{\partial x_1} & \dfrac{\partial h_2}{\partial x_1} & \cdots & \dfrac{\partial h_m}{\partial x_1} \\[3mm] \dfrac{\partial h_1}{\partial x_2} & \dfrac{\partial h_2}{\partial x_2} & & \dfrac{\partial h_m}{\partial x_2} \\[2mm] \vdots & \vdots & & \\[2mm] \dfrac{\partial h_1}{\partial x_n} & \dfrac{\partial h_2}{\partial x_n} & & \dfrac{\partial h_m}{\partial x_n} \end{array}\right\}^T \qquad \text{(A-13)}$$

　　下面我们举一个例子来说明拉格朗日乘子法的应用。

例：求 x, y，满足约束条件：

$$h_1 = x^2 + y^2 - 1 = 0,$$

　　且使目标 $f(x, y) = x + y$ 取极小。

解：构造拉格朗日函数：

$$L = x + y + \lambda(x^2 + y^2 - 1)$$

按条件（式（A-11）），最优点应满足：

$$\left.\begin{aligned}
\frac{\partial L}{\partial x} &= 1 + 2x\lambda = 0 \\
\frac{\partial L}{\partial y} &= 1 + 2y\lambda = 0 \\
\frac{\partial L}{\partial \lambda} &= x^2 + y^2 - 1 = 0
\end{aligned}\right\} \qquad (A\text{-}14)$$

由此可解出 $\lambda = \pm\sqrt{2}/2$，相应的 x、y 值有两个解

$$x_1 = \frac{\sqrt{2}}{2}, \quad y_1 = \frac{\sqrt{2}}{2}$$

及

$$x_2 = -\frac{\sqrt{2}}{2}, \quad y_2 = -\frac{\sqrt{2}}{2}$$

比较一下，可知其中 (x_2, y_2) 给出极小值 $f(x_2, y_2) = -\sqrt{2}$。

　　最优化必要条件式（A-12）或式（A-13）有十分明显的几何意义。事实上，$h_j = 0$ 及目标函数的等值面 $f(\boldsymbol{x}) = c$ 可以想象成 n 维空间中的超曲面，梯度 ∇h_j 和 ∇f 便可想象为这些超曲面的法线。条件 $h_j = 0, j = 1, 2, \cdots, m$，表示极值点一定要落在这些约束曲面的交点、交线或交面上，而条件 $\nabla f + \nabla^{\mathrm{T}} \boldsymbol{h} \boldsymbol{\lambda} = 0$ 表示目标函数的等值面的法线应该和所有的约束曲面的法线线性相关。图 A-3 中，目标函数 $f(x_1,$

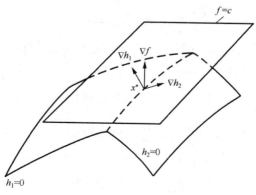

图 A-3

x_2,x_3)受到两个等式约束 $h_1(x_1,x_2,x_3)=0$ 和 $h_2(x_1,x_2,x_3)=0$,其最优点落在 h_1 和 h_2 交线上,∇f 和∇h_1、∇h_2 线性相关,也就是三者共面。

　　上面我们讨论了无约束优化及等式约束下优化的必要条件。在结构优化中,更大量遇到的是不等式约束下的优化问题,也正是这样的问题,需要引进库-塔克条件。下面我们从最简单的情况讨论来开始。

　　4. 定义在闭区间上的一维函数和多维函数的优化

　　先讨论一维函数,该问题可以数学地描述为,求 $x,x\in[a,b]$,使 $f(x)$ 取极小。

　　如果 $f(x)$ 在区间$[a,b]$上是连续可微的,则 $f(x)$ 如果在区间(a,b)内一点 x^* 取极小,就应有(参见图 A-4(a))

$$\left.\frac{\mathrm{d}f}{\mathrm{d}x}\right|_{x=x^*}=0,\text{如 }a<x^*<b$$

　　如果极小点 x^* 和区间的左端点 a 重合,则由图 A-4b 可见,函数 $f(x)$ 在此处应有非负导数,即

$$\left.\frac{\mathrm{d}f}{\mathrm{d}x}\right|_{x=x^*}\geqslant 0,\text{ 如果 }x^*=a$$

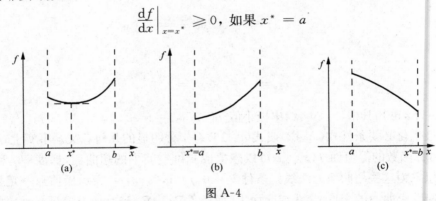

图 A-4

　　最后,如果函数 $f(x)$ 在右端点 b 取极小值(参见图 A-4c),则此处应该有:

$$\left.\frac{\mathrm{d}f}{\mathrm{d}x}\right|_{x=x^*}\leqslant 0,\text{如果 }x^*=b$$

　　如果我们把对自变量的限制改写成下列两个约束条件:

$$h_1(x)=a-x\leqslant 0,h_2(x)=x-b\leqslant 0 \tag{A-15}$$

注意到$\frac{\mathrm{d}h_1}{\mathrm{d}x}=-1,\frac{\mathrm{d}h_2}{\mathrm{d}x}=1$,则上列三种情形可以归结为:

$$\left.\begin{aligned}&\frac{\mathrm{d}f}{\mathrm{d}x}+\mu_1\frac{\mathrm{d}h_1}{\mathrm{d}x}+\mu_2\frac{\mathrm{d}h_2}{\mathrm{d}x}=0,\text{或}\frac{\mathrm{d}f}{\mathrm{d}x}=\mu_1-\mu_2\\&\mu_1 h_1=0,\mu_2 h_2=0,\\&\mu_1\geqslant 0,\mu_2\geqslant 0,h_1\leqslant 0,h_2\leqslant 0\end{aligned}\right\} \tag{A-16}$$

事实上,如果

(1) $a < x^* < b$,则 $h_1(x^*) \neq 0, h_2(x^*) \neq 0$,由此 $\mu_1 = \mu_2 = 0$,由式 A-16 的第一个条件给出 $\dfrac{\mathrm{d}f}{\mathrm{d}x}\Big|_{x^*} = 0$。

(2) $x^* = a$,则 $h_1 = 0, h_2 \neq 0$,由此 $\mu_1 \geqslant 0, \mu_2 = 0$,式 A-16 的第一个条件成为 $\dfrac{\mathrm{d}f}{\mathrm{d}x}\Big|_{x^*} = \mu_1 \geqslant 0$。

(3) $x^* = b$,则 $h_1 \neq 0, h_2 = 0$,由此 $\mu_1 = 0, \mu_2 \geqslant 0$,式 A-16 的第一个条件成为 $\dfrac{\mathrm{d}f}{\mathrm{d}x}\Big|_{x^*} = -\mu_2 \leqslant 0$。

对于定义在闭区域 D 上的多元函数 $f(x)$,$D = \{x \mid a_i \leqslant x_i \leqslant b_i\}$,则 $x^* \in D$ 是函数 $f(x)$ 的极小点的必要条件可以很容易由式 A-16 推广而得

$$
\left.
\begin{aligned}
&\frac{\partial f}{\partial x_i} = \mu_{1i} - \mu_{2i} \\
&\mu_{1i} h_{1i} = 0, \mu_{2i} h_{2i} = 0, \\
&\mu_{1i} \geqslant 0, \mu_{2i} \geqslant 0, h_{1i} \leqslant 0, h_{2i} \leqslant 0
\end{aligned}
\right\}
\tag{A-17}
$$

式中,$h_{1i} = a_i - x_i$;$h_{2i} = x_i - b_i$。

有了条件(式(A-17)),适用于不等式约束的多元函数优化的库-塔克条件就很易理解。

5. 库-塔克条件(带约束的多维函数的优化)

这里我们要讨论的问题是求 $x = (x_1 \ x_2 \cdots \ x_n)^{\mathrm{T}}$,使 $f(x)$ 取极小且满足不等式约束:

$$h_j(\boldsymbol{x}) \leqslant 0, (j = 1, 2, \cdots, m) \tag{A-18}$$

为了能利用上面导出的各种必要条件,我们首先引入松弛变量 S_j。$j = 1, 2, \cdots, m$,将上列不等式约束化成等式约束:

$$h_j(\boldsymbol{x}) + S_j = 0, \quad (j = 1, 2, \cdots, m) \tag{A-19}$$

$$S_j \geqslant 0, \qquad (j = 1, 2, \cdots, m) \tag{A-20}$$

在等式约束(式(A-19))下求函数 $f(\boldsymbol{x})$ 的极值时,可以采用拉格朗日乘子法,即先构造拉格朗日函数:

$$L(x_i, \lambda_i, S_j) = f(\boldsymbol{x}) + \sum_{j=1}^{m} \lambda_j (h_j + S_j) \tag{A-21}$$

然后再写出 L 取极值的必要条件即可。当然,这时要注意 L 的是自变量 S 是受到下界约束(式(A-20))的,但这只要运用 4 节中的结果便可,具体地说,应该有

$$\begin{cases} \dfrac{\partial L}{\partial x_i} = \dfrac{\partial f}{\partial x_i} + \sum_{j=1}^{n} \lambda_j \dfrac{\partial h_i}{\partial x_i} = 0, (i = 1, 2, \cdots, n) & \text{(A-22)} \\[3mm] \dfrac{\partial L}{\partial \lambda_j} = h_j + S_j = 0, \quad (j = 1, 2, \cdots, m) & \text{(A-23)} \\[3mm] \dfrac{\partial L}{\partial S_j} = \lambda_j = 0, \qquad \text{如果 } S_j > 0 \\[3mm] \qquad\qquad\qquad\qquad (j = 1, 2, \cdots, m) & \text{(A-24)} \\[3mm] \dfrac{\partial L}{\partial S_j} = \lambda_j \geqslant 0, \qquad \text{如果 } S_j = 0 \end{cases}$$

由综合条件式(A-23)和(A-24)可见,若 $h_j < 0$,便有 $S_j > 0, \lambda_j = 0$;若 $h_j = 0$,有 $S_j = 0$,进而,有 $\lambda_j \geqslant 0$;因此,条件式(A-22)~式(A-24)可以合并成:

$$\left.\begin{array}{l} \dfrac{\partial L}{\partial x_i} = \dfrac{\partial f}{\partial x_i} + \sum_{j=1}^{m} \lambda_j \dfrac{\partial h_j}{\partial x_i} = 0, (i = 1, 2, \cdots, n) \\[3mm] \lambda_j h_j = 0, (j = 1, 2, \cdots, m) \\[2mm] h_j \leqslant 0, \lambda_j \geqslant 0 \quad (j = 1, 2, \cdots, m) \end{array}\right\} \quad \text{(A-25)}$$

这就是只含有不等式约束时的库-塔克条件。库-塔克条件式(A-25),特别是其中拉格朗日乘子 λ_j 的非负性具有明显的几何意义,下面我们作一直观的解释。

首先,如果对于最优点 $\boldsymbol{x}^*$,某一约束 $h_j(\boldsymbol{x})$ 满足:

$$h_j(\boldsymbol{x}^*) < 0 \qquad\qquad \text{(A-26)}$$

则由条件式(A-25)可知,相应的拉格朗日乘子 λ_j 应该为零,因而在式(A-25)的第一个条件中,该约束相应的梯度 $\dfrac{\partial h_j}{\partial x_i}$ 不起作用。反之,只有在最优点 x^* 处满足

$$h_j(\boldsymbol{x}^*) = 0 \qquad\qquad \text{(A-27)}$$

的约束时,相应的拉格朗日乘子 λ_j 才可能不为零,相应的梯度也才在式(A-25)的第一个条件中起作用。通常,我们把在最优点满足式(A-26)的约束称为被动约束,而满足式(A-27)的约束称为主动约束。按这样的定义,式(A-25)中的第一式可以叙述为:在最优点,目标函数的负梯度,应该为所有主动约束梯度向量的非负线性组合。

为了理解非负线性组合的意义,我们暂时假定讨论的是三元函数 $f(x_1, x_2, x_3)$ 的极值问题,而且受到的约束中,$h_1(x_1, x_2, x_3) \leqslant 0$ 和 $h_2(x_1, x_2, x_3) \leqslant 0$ 是主动的。按照上面叙述的,最优点 $x^* = (x_1^*, x_2^*, x_3^*)$ 应该落在约束曲面 $h_1 = 0$ 和 $h_2 = 0$ 的交线上,而且,∇f 和 ∇h_1、∇h_2 应该共面,我们把这个平面记作 M 平面,图 A-5 中给出了 M 平面和这些曲面的交线及相应的梯度向量。P 平面是过 x^* 的目标函数等值面的切平面。根据梯度的定义,∇h_1 指向 h_1 增加的方向,∇h_2 指向 h_2 增加的方向,所以有图 A-5 所示的可行域。设想设计点从 $\boldsymbol{x}^*$ 出发作微小的移动,则只有移动是朝阴影所示区域,移动才是不破坏约束的,才是可行的移动。

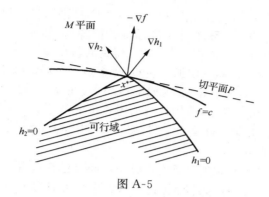

图 A-5

　　现在再来看目标函数,目标函数梯度∇f垂直于目标函数等值面且指向目标函数增加最快的方向,负梯度$-\nabla f$方向则指向目标函数减小最快的方向。过x^*的目标函数等值面的切平面P,把整个空间划分成两部分,由x^*出发,往正梯度所在部分作微小移动时,目标值将增加;往负梯度所在部分作微小移动时,目标值将降低(见图 A-6)。我们要求目标函数极小,所以只有负梯度所在一侧,才是可以使用的,或称可用的。

　　现在回到可能的极值点x^*,过该点作出目标函数等值面与$-\nabla f$方向,存在两种可能。第一种可能是$-\nabla f$落在∇h_1和∇h_2所张成的扇形之外(见图 A-7)。过x^*作出与$-\nabla f$垂直的P平面,从x^*出发往P平面的$-\nabla f$所在一侧移动时,目标函数可以降低,但是,这一侧有一部分区域是可行区,在图中,这样的区域打上了交叉阴影,这样,从x^*出发往交叉阴影区域移动时,既可以降低目标函数又不违反约束,显然,这意味着x^*点不是最优的。

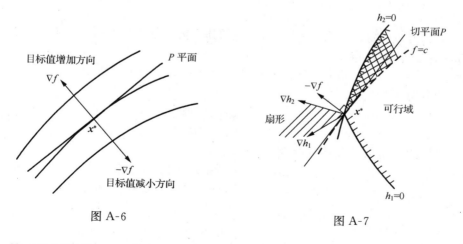

图 A-6　　　　　　　　　　　　　　　图 A-7

　　第二种可能是$-\nabla f$落在∇h_1和∇h_2张成的扇形内(见图 A-5),此时,作出和

$-\nabla f$ 垂直的过 x^* 的目标函数等值面的切平面 P，P 平面将空间分成两个区域，从 x^* 出发往包含 $-\nabla f$ 的一侧移动可使目标函数值降低，然而这一侧的任何一点都不落在可行区内。从 x^* 出发作微小移动后得到的新点 x^N 只有两种可能，一是 x^N 不可行，二是 x^N 可行但目标值增加。显然 x^* 就是一个局部极小点。

综合以上分析可见，要使 x^* 成为局部极小点，在 x^* 处的 $-\nabla f$ 方向一定要落成 ∇h_1 及 ∇h_2 构成的扇形锥内，或用代数的语言来说，$-\nabla f$ 一定要是 ∇h_1 及 ∇h_2 的非负线性组合。这就是最优化必要条件式（A-25）中，作为线性组合的系数——拉格朗日乘子必须是非负的理由。

由于含有等式约束的多变量函数的极小化问题已在前面讨论过，把它们简单地合并进来，就得到在既有等式约束又有不等式约束时多变量函数极小化的库-塔克必要条件，它可叙述如下：

设 x^* 是问题

$$\min \quad f(\boldsymbol{x})，\boldsymbol{x} = (x_1 \ x_2 \cdots x_n) \in R^n$$

受到约束

$$h_j(\boldsymbol{x}) \leqslant 0，\quad (j = 1,2,\cdots,m)$$
$$g_k(\boldsymbol{x}) = 0，\quad (k = 1,2,\cdots,K)$$

的局部极小值，那么存在非负的 λ_1、λ_2，$\cdots$，λ_m 及 μ_1，μ_2，$\cdots$，μ_k，使得

$$\left.\begin{array}{l} \nabla f(\boldsymbol{x}^*) + \sum_{j=1}^{m} \lambda_j \nabla h_j(\boldsymbol{x}^*) + \sum_{k=1}^{K} \mu_k \nabla g_k(x^*) = 0 \\ \lambda_j h_j(\boldsymbol{x}^*) = 0，h_j(\boldsymbol{x}^*) \leqslant 0，g_k(\boldsymbol{x}^*) = 0 \\ j = 1,2,\cdots,m；\quad k = 1,2,\cdots,K \end{array}\right\} \quad \text{(A-28)}$$

需要注意的是，和等式约束 $g_k(\boldsymbol{x}) = 0$ 相伴随的拉格朗日乘子 μ_k 的符合是任意的。

6. 库-塔克条件运用的一个实例

下面用一个简单的例子来说明如何运用库-塔克条件及运用时的主要困难。

例题：求极小点 x_1，x_2。

$$\min \quad 2x_1^2 + 2x_1 x_2 + x_2^2 - 10x_1 - 10x_2$$

约束为

$$x_1^2 + x_2^2 \leqslant 5$$
$$3x_1 + x_2 \leqslant 6$$

解：按照式（A-25）可以写出库-塔克条件为：

$$\begin{cases} 4x_1 + 2x_2 - 10 + 2\mu_1 x_1 + 3\mu_2 = 0 \\ 2x_1 + 2x_2 - 10 + 2\mu_1 x_2 + \mu_2 = 0 \\ \mu_1 \geqslant 0，\mu_2 \geqslant 0 \\ \mu_1(x_1^2 + x_2^2 - 5) = 0 \\ \mu_2(3x_1 + x_2 - 6) = 0 \end{cases}$$

现在,为了确定拉格朗日乘子 μ_1 和 μ_2,要考虑几种可能:

(1) 如果两个约束均不主动,即

$$\begin{cases} x_1^2 + x_2^2 - 5 < 0 \\ 3x_1 + x_2 - 6 < 0 \end{cases}$$

由此,$\mu_1 = \mu_2 = 0$,极值点应该满足

$$\begin{cases} 4x_1 + 2x_2 - 10 = 0 \\ 2x_1 + 2x_2 - 10 = 0 \end{cases}$$

这两个方程的解为 $x_1 = 0, x_2 = 5$,它们违反第一个约束,不是正确解。

(2) 如果两个约束均主动,即

$$\begin{cases} x_1^2 + x_2^2 - 5 = 0 \\ 3x_1 + x_2 - 6 = 0 \end{cases}$$

由此解出

$$\begin{cases} x_1 = (18 + \sqrt{14})/10 \\ x_2 = (6 - 3\sqrt{14})/10 \end{cases} \tag{A-29}$$

或

$$\begin{cases} x_1 = (18 - \sqrt{14})/10 \\ x_2 = (6 + 3\sqrt{14})/10 \end{cases} \tag{A-30}$$

此时的库-塔克条件为

$$\begin{cases} 4x_1 + 2x_2 - 10 + 2\mu_1 x_1 + 3\mu_2 = 0 \\ 2x_1 + 2x_2 - 10 + 2\mu_1 x_2 + \mu_2 = 0 \end{cases}$$

由此

$$\mu_1 = \frac{x_1 + 2x_2 - 10}{x_1 - 3x_2}$$

对于式(A-29)这一解,$\mu_1 = -5 - 5\sqrt{14} < 0$,对于式(A-30)这一组解,$\mu_1 = 5 - 5\sqrt{14} < 0$,因此,不必检查 μ_2 便可断定这两组解都不满足库-塔克条件都不可能是极小点。

(3) 如果第一个约束不主动,第二个约束主动,即

$$x_1^2 + x_2^2 - 5 < 0$$
$$3x_1 + x_2 - 6 = 0$$

由条件式(A-25),$\mu_1 = 0, \mu_2 \geqslant 0$,极值点应该满足

$$\begin{cases} 4x_1 + 2x_2 - 10 + 3\mu_2 = 0 \\ 2x_1 + 2x_2 - 10 + \mu_2 = 0 \\ 3x_1 + x_2 - 6 = 0 \end{cases}$$

从这组方程可以求出 $\mu_2 = -2/5$,违反对拉格朗日乘子的非负要求,所以这组解不可能给出一个极小点。

（4）我们假定第一个约束主动,第二个约束不主动,即

$$x_1^2 + x_2^2 - 5 = 0$$
$$3x_1 + x_2 - 6 < 0$$

利用条件式（A-25）可知 $\mu_1 \geqslant 0, \mu_2 = 0$,库-塔克条件成为

$$\begin{cases} 4x_1 + 2x_2 - 10 + 2\mu_1 x_1 = 0 \\ 2x_1 + 2x_2 - 10 + 2\mu_1 x_2 = 0 \\ x_1^2 + x_2^2 = 5 \end{cases}$$

从中可以求出 $x_1 = 1, x_2 = 2$ 及 $\mu_1 = 1$。这组解满足库-塔克条件的全部要求。实际上,这是一个极小点。

从以上的解题过程来看,尽管库-塔克条件形式上看来十分简洁,但运用时困难很多,除了经常要面临求解非线性方程组的困难外,还有更严重的困难:确定哪些约束是主动的,哪些是被动的。在本书中,我们的很大部分工作也就是为了更有效地确定主动约束与被动约束。

7. 结构优化中经常使用的库-塔克条件形式

如前面几章所介绍的,结构优化中常用的设计变量是断面尺寸或节点位置。对这些设计变量所加的限制中,除了对描写结构反应的应力、位移、频率的约束条件外,还往往对结构断面尺寸的最大值和最小值有所规定。这样,结构优化问题可以写成:

$$\left.\begin{array}{l} \text{求 } \boldsymbol{x}^*, \boldsymbol{x} = (x_1\ x_2\ \cdots\ x_n) \in R^n \\ \text{受到约束：} h_j(\boldsymbol{x}) \leqslant 0, (j = 1, 2, \cdots, m) \\ \text{及尺寸约束：} x_i \geqslant x_i^l, (i = 1, 2, \cdots, n) \\ \qquad\qquad\qquad x_i \leqslant x_i^u, (i = 1, 2, \cdots, n) \end{array}\right\} \tag{A-31}$$

将尺寸约束改写成:

$$x_i^l - x_i \leqslant 0 \quad (i = 1, 2, \cdots, n)$$
$$x_i - x_i^u \leqslant 0 \quad (i = 1, 2, \cdots, n)$$

然后构造拉格朗日函数:

$$L(\boldsymbol{x}, \boldsymbol{\mu}, \boldsymbol{\alpha}, \boldsymbol{\beta}) = f(\boldsymbol{x}) + \sum_{j=1}^{m} \mu_j h_j(\boldsymbol{x}) + \sum_{i=1}^{n} \alpha_i (x_i^l - x_i)$$
$$+ \sum_{i=1}^{n} \beta_i (x_i - x_i^u)$$

运用前面给出的库-塔克条件式（A-25）,特别注意到 $\alpha_i \geqslant 0, \beta_i \geqslant 0 (i = 1, 2, \cdots, n)$,可以得到如果 x^* 是极小点,则应满足:

$$\begin{cases} \dfrac{\partial f}{\partial x_i} + \sum_{j=1}^{m} \mu_j \dfrac{\partial h_j}{\partial x_i} \begin{cases} = 0 & \text{当 } x_i^l > x_i^* > x_i^u \\ \geqslant 0 & \text{当 } x_i^* = x_i^l \quad (i = 1, 2, \cdots, n) \\ \leqslant 0 & \text{当 } x_i^* = x_i^u \end{cases} \\ \mu_j h_j = 0 \\ \mu_j \geqslant 0, h_j \leqslant 0 \quad (j = 1, 2, \cdots, m) \end{cases} \tag{A-32}$$

这一最优化必要条件,在准则法和本书前面几章中介绍的算法中,广泛地用来构造寻求最优解的迭代算法。

附录 B 对偶规划

在前面几章介绍线性规划、几何规划及二次规划时,我们曾多次提到与原规划问题相对应的对偶规划。一般地说,对已知的一个非线性规划问题,可以依据一定的规则构造出另一个非线性规划问题。在某些凸性的假设下,这两个非线性规划问题具有相等的目标值。在数学规划理论中,称已知的非线性规划为原问题,称后来构造出来的问题为对偶问题。由于在一定的条件下原问题和对偶问题具有相同的目标值,常常可以通过求解原问题和对偶问题之中比较简单的一个来求解另一个;有时也可以同时近似地求解原问题和对偶问题,得到对目标值更好的估计。

由于构造对偶问题的方法不同,同一问题可以有不同的对偶问题,这只介绍一下常见的拉格朗日对偶规划。前面介绍的线性规划、二次规划中提到的对偶规划都属于拉格朗日对偶规划的具体应用。但是几何规划中介绍的相应对偶规划便不同于拉格朗日对偶规划。

1. 拉格朗日对偶规划

设已经给定的原问题(primal)是非线性规划问题 P:

$$\left. \begin{array}{l} \min \quad f(\boldsymbol{x}), \boldsymbol{x} \in X \\ \text{受到约束}: g_i(\boldsymbol{x}) \leqslant 0 \quad (i = 1, 2, \cdots, m) \\ \qquad\qquad\quad h_j(\boldsymbol{x}) = 0 \quad (j = 1, 2, \cdots, K) \end{array} \right\} \tag{B-1}$$

该问题相应的拉格朗日对偶规划(dual)可以写成如下的非线性规划问题 D:

$$\left. \begin{array}{l} \max \quad \varphi(\boldsymbol{u}, \boldsymbol{v}), \boldsymbol{u} = \{u_1\ u_2\ \cdots\ u_m\}^{\mathrm{T}}, v = \{v_1\ v_2\ \cdots\ v_k\}^{\mathrm{T}} \\ \text{受到约束}: \boldsymbol{u} \geqslant 0 \end{array} \right\} \tag{B-2}$$

其中,对偶问题的目标函数 $\varphi(\boldsymbol{u}, \boldsymbol{v})$ 定义为

$$\varphi(\boldsymbol{u}, \boldsymbol{v}) = \min_{x \in X} \left\{ f(\boldsymbol{x}) + \sum_{i=1}^{m} \mu_i g_i(\boldsymbol{x}) + \sum_{j=1}^{K} v_j h_j(\boldsymbol{x}) \right\} \tag{B-3}$$

也就是对于每一组固定的 $\boldsymbol{u}, \boldsymbol{v}$ 值,让 $\boldsymbol{x}$ 取遍集合 X 中的所有值,对每一个 $\boldsymbol{x}$ 值计算式(B-4)的值:

$$L(\boldsymbol{x}, \boldsymbol{u}, \boldsymbol{v}) = f(\boldsymbol{x}) + \sum_{i=1}^{m} u_i g_i(\boldsymbol{x}) + \sum_{j=1}^{K} v_j h_j(\boldsymbol{x}) \tag{B-4}$$

其中的最小值便定义为函数 φ 在 $\boldsymbol{u}$、$\boldsymbol{v}$ 处的值。注意,函数 $L(\boldsymbol{x}, \boldsymbol{u}, \boldsymbol{v})$ 和我们在前面讨论库-塔克条件时引入的拉格朗日函数形式完全一样,u_i, v_j 等也就称为拉格朗日乘子。其中,u_i 是与不等式约束 $g_i \leqslant 0$ 相对应的,必须取非负值,而与等式约束

$h_j = 0$ 相对应的拉格朗日乘子 v_j 可以取任意实数值。

仔细观察一下,对偶问题 D 实际上是对式 B-4 中定义的函数 $L(\boldsymbol{x}, \boldsymbol{u}, \boldsymbol{v})$ 在集合 X 上的最小值求最大值,即

$$\max_{u \geqslant 0} \quad \min_{x \in x} L(\boldsymbol{x}, \boldsymbol{u}, \boldsymbol{v}) \tag{B-5}$$

所以也常把拉格朗日对偶问题 D 称为最大—最小问题(max—min 问题)。

下面是一个原问题与其拉格朗日对偶问题的例子。

例题:原问题为

$$\min \quad f(\boldsymbol{x}) = x_1^2 + x_2^2, \boldsymbol{x} = (x_1 \ x_2) \in X$$
$$受到约束:h(\boldsymbol{x}) = -x_1 - x_2 + 1 \leqslant 0$$

其中,集合 X 定义为

$$X = \left\{ \boldsymbol{x} : \frac{1}{4} \leqslant x_i \leqslant 1, i = 1, 2 \right\}$$

这个问题的最优点由图 B-1 可见为 $x_1^* = x_2^* = 1/2$,而相应的目标值是 $f(x^*) = \frac{1}{2}$。

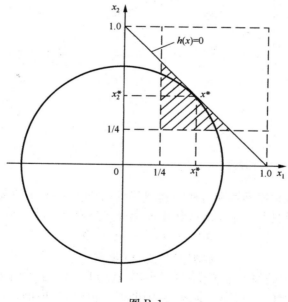

图 B-1

根据上面介绍的对偶规划构造方法,该问题的对偶问题的目标函数 $\varphi(\lambda)$ 应该由下列极小值问题求得

$$\varphi(\lambda) = \min_{x \in X}\{L(x_1, x_2, \lambda)\} = \min_{x \in X}\{x_1^2 + x_2^2 + \lambda(-x_1 - x_2 + 1)\}$$

由于 x 定义在一个闭区域上,对 λ 不同的值得到 $\varphi(\lambda)$ 的不同表达式:

当 $\lambda < \dfrac{1}{2}$ 时，$x_1 = x_2 = \dfrac{1}{4}$，$\varphi(\lambda) = \dfrac{\lambda}{2} + \dfrac{1}{8}$

当 $\dfrac{1}{2} \leqslant \lambda \leqslant 2$ 时，$x_1 = x_2 = \dfrac{\lambda}{2}$，$\varphi(\lambda) = \lambda - \dfrac{\lambda^2}{2}$

当 $\lambda > 2$ 时，$x_1 = x_2 = 1$，$\varphi(\lambda) = 2 - \lambda$

图 B-2 根据 $\varphi(\lambda)$ 的分段表达式给出了 $\varphi(\lambda) \sim \lambda$ 的曲线，由该图可见，在分段表达式的交界处，即 $\lambda = \dfrac{1}{2}$ 及 $\lambda = 2$ 处，函数值 $\varphi(\lambda)$ 及它的导数 $\dfrac{\mathrm{d}\varphi}{\mathrm{d}\lambda}$ 都是连续的，但是 $\dfrac{\mathrm{d}^2\varphi}{\mathrm{d}\lambda^2}$ 却不连续，对偶问题的这种特点，使得我们必须研究特别的解法来求解它们。

最后，对偶问题 $\max\limits_{\lambda \geqslant 0} \varphi(\lambda)$ 的解，从图上可以看出为 $\lambda = 1$，$\varphi(1) = \dfrac{1}{2}$。在这个问题中原问题和对偶问题具有相同的目标值。

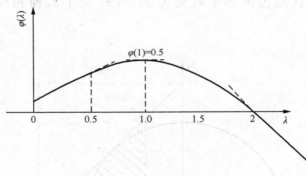

图 B-2

2. 对偶问题的几何解释

为了更好地理解原问题和对偶问题的关系，下面就一简单情况作一几何解释。我们来考虑只具有一个不等式约束而无等式约束的非线性规划问题：

$$\min \quad f(\boldsymbol{x}), \qquad \boldsymbol{x} \in X$$
$$\text{受到约束：} g(\boldsymbol{x}) \leqslant 0 \tag{B-6}$$

对于集合 X 中的每一个 x 值，可以求出 $f(\boldsymbol{x})$ 和 $g(\boldsymbol{x})$ 这两个函数的值。由定义 $z_1 = g(\boldsymbol{x})$，$z_2 = f(\boldsymbol{x})$，则当 x 取遍 X 中的每一值时，相应的 $(z_1 z_2)$ 点在 (z_1, z_2) 平面上形成一个集合 G：

$$G = \{(z_1, z_2)^{\mathrm{T}} \mid z_1 = g(\boldsymbol{x}), \ z_2 = f(\boldsymbol{x}), \ \boldsymbol{x} \in X\} \tag{B-7}$$

由于约束 $g(x) \leqslant 0$ 的要求，上列原问题就是要求我们在集合 G 的 z_2 轴左边部分求一点，使其纵坐标 $(z_2 = f(x))$ 最小。显然，对于图 B-3 那样形状的 G，最优点应该是 $(0, z_2^*)^{\mathrm{T}}$，原问题的目标值为 z_2^*。

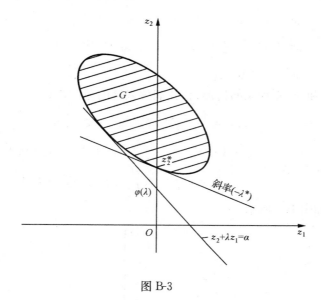

图 B-3

现在我们来研究这个原问题所对应的拉格朗日对偶问题 D：

$$\max \quad \varphi(\lambda)$$
$$约束力 \lambda \geqslant 0$$
$$其中 \quad \varphi(\lambda) = \min\{f(x) + \lambda g(x) \mid x \in X\}$$

(B-8)

为了给出这个问题的几何解释，先考虑对于给定的 $\lambda \geqslant 0$，求 $\varphi(\lambda)$。对给定的 $\lambda \geqslant 0, f(x) + \lambda g(x) = z_2 + \lambda z_1$ 的值可以由下列方程：

$$z_2 + \lambda z_1 = \alpha$$

代表的直线在 z_2 轴上的截距 α 求得，这根直线的斜率为 $-\lambda$。于是，对确定的 $\lambda \geqslant 0$，为了在 G 上求出 $z_2 + \lambda z_1$ 的最小值，只要平行移动直线 $z_2 + \lambda z_1 = \alpha$，直到接触 G 为止。换言之，就是移动这条直线，直到使区域 G 位于这根直线的上面，同时又与该直线相切为止。这时的切线在 z_2 轴上的截距就是 $\varphi(\lambda)$ 的值，如图 B-3 所示。而求上列对偶问题的解（$\max\limits_{\lambda \geqslant 0} \varphi(\lambda)$）就等价于在具有不同斜率（相应于不同的 λ）的这些切线中找出一根切线，它在 z_2 轴上的截距最大。此时的最大截距便是对偶问题的目标值，而相应的斜率的负值就是对偶变量 λ 的最优值。在图 B-3 情形，这样的切线的斜率为 $-\lambda^*$，且在 $(0, z_2^*)$ 和集合 G 相切，相应截距就是 z_2^*。于是，对偶问题的解为 λ^*，最优目标值 $\varphi(\lambda^*) = z_2^*$。

下面，我们仍以 1 中的例题为例。为了求出区域 G 的边界，应该对每一给定的 z_1^*，求出 z_2^* 的最大、最小值，即求解下列两个问题：

$$\min \quad \alpha(z_1) = x_1^2 + x_2^2, \quad \frac{1}{4} \leqslant x_1 \leqslant 1, \quad \frac{1}{4} \leqslant x_2 \leqslant 1,$$

受到约束　　$-x_1-x_2+1=z_1$

和 max　$\beta(z_1)=x_1^2+x_2^2$,　$\dfrac{1}{4}\leqslant x_1\leqslant 1$,　$\dfrac{1}{4}\leqslant x_2\leqslant 1$

受到约束：$-x_1-x_2+1=z_1$

注意到 x_1 和 x_2 受约束的情形,在我们感兴趣的范围内:

$$z_2=\alpha(z_1)=\frac{(1-z_1)^2}{2}\qquad -1\leqslant z_1\leqslant 0$$

$$z_2=\beta(z_1)=\begin{cases}1+z_1^2 & -1\leqslant z_1\leqslant -0.4 \\[2mm] \dfrac{1}{16}+\left(\dfrac{3}{4}-z_1\right)^2 & -0.4\leqslant z_1\leqslant 0\end{cases}$$

G 的区域形状如图 B-4 所示。

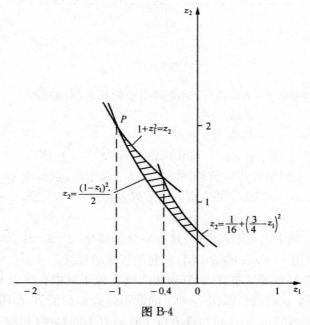

图 B-4

从图上可见,和区域 G 的 $z_1<0$ 部分相切且使全部 G 在其上面的直线,当其斜率小于 -2 时,均通过 P 点,它们在 z_2 轴上的截距为 $2-\lambda$;当其斜率大于 -2 但小于 -1 时,切点随斜率改变而移动,截距为 $\lambda-\dfrac{\lambda^2}{2}$。并且十分明显,原问题与对偶问题具有相同的目标值 $z_2=\dfrac{1}{2}$。

但是,并非对所有问题来说,原问题与对偶问题都永远具有相同的值,如果区域 G(仍假定所讨论的问题只有一个不等式约束而无等式约束)形状如图 B-5 所示,显然,原问题的目标值为图中 B 点之纵坐标,对偶问题的目标值为图中 A 点之纵坐标,两者并不相等。原问题与对偶问题的目标值之差称为对偶间隙(duality gap)。在原问题的目标函数、约束函数及设计变量的定义域 X 满足一定凸性的要求下,对偶间隙为零,这就是对偶理论中所谓的"强对偶原理",在此处我们不作详细介绍。

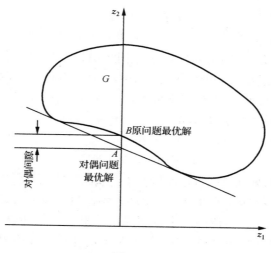

图 B-5

3. 线性规划及二次规划的对偶问题

先考虑线性规划问题。标准的线性规划问题 LP 可提成:

$$LP: \quad \min \quad c^{\mathrm{T}}x, \ x = \{x_1 \ x_2 \ \cdots \ x_n\}^{\mathrm{T}} \\ \text{受到约束} \quad Ax = b, x \geqslant 0 \tag{B-9}$$

式中,c 称为价格向量 $c = \{c_1 c_2 \cdots c_n\}^{\mathrm{T}}$。约束条件中的矩阵 A 及右端项 b 为

$$A = \begin{bmatrix} a_{11} & a_{12} & \cdots & a_{1n} \\ a_{21} & a_{22} & \cdots & a_{2n} \\ \vdots & & & \\ a_{m1} & a_{m2} & \cdots & a_{mn} \end{bmatrix} \qquad b = \begin{Bmatrix} b_1 \\ b_2 \\ \vdots \\ b_m \end{Bmatrix} \tag{B-10}$$

注意,$m < n$。

把设计变量 x 的定义域定义为 $X = \{x \mid x \geqslant 0\}$,则按前面介绍的拉格朗日对偶规划构造方法,上列 LP 规划的对偶问题 LD 为

$$LD: \max \quad \varphi(\lambda)$$

其中　$\varphi(\lambda) = \min\limits_{x \in X}\{c^{\mathrm{T}}x + \lambda^{\mathrm{T}}(b - Ax)\}$

或

$$\varphi(\lambda) = \min\limits_{x \in X}\{(c^{\mathrm{T}} - \lambda^{\mathrm{T}}A)x + \lambda^{\mathrm{T}}b\} \tag{B-10'}$$

显然

$$\varphi(\lambda) = \begin{cases} \lambda^{\mathrm{T}}b & \text{如果 } c^{\mathrm{T}} - \lambda^{\mathrm{T}}A \geqslant 0 \\ -\infty & \text{如果 } c^{\mathrm{T}} - \lambda^{\mathrm{T}}A \ngeqslant 0 \end{cases} \tag{B-11}$$

注意,这的条件是对一个向量的各分量提出的条件,意味着 n 个不等式。$c^{\mathrm{T}} - \lambda^{\mathrm{T}}A$ $\geqslant 0$ 要求各个 $c^{\mathrm{T}} - \lambda^{\mathrm{T}}A$ 的分量均满足大于等于零的条件,只要有一个分量不满足该式,将相应的 x_i 取成 $+\infty$,便得到负无穷大的 $\varphi(\lambda)$ 值。

因此,对偶问题 LD 又可写成

$$\begin{aligned} &\max \quad \lambda^{\mathrm{T}}b \\ &\text{受到约束}: A^{\mathrm{T}}\lambda \leqslant c \end{aligned} \tag{B-12}$$

与原问题 LP 比较,原问题的价格向量成了对偶问题约束条件中的右端项,原问题的约束条件中的右端项成了对偶问题中的价格向量。进一步,原问题的设计变量数和约束条件数现在在对偶问题中分别成了约束条件数和设计变量数。可以证明:若原问题(式(B-9))和对偶问题(式(B-12))之中的一个有有限的最优解,那么另一个也有最优解,而且相应的目标函数值相等。若任一问题有无界的目标函数值,那么另一个问题就没有可行解。

为了说明原问题(式(B-9))和对偶问题(式(B-12))的最优解之间的关系,需要用到线性规划理论中的一些术语,我们在这作一扼要的说明。

对线性规划问题(式(B-9)),可以证明,它的最优解 x^* 如果存在,在把它的分量适当地重新排列后,可以表示成如下形式:

$$x^* = \begin{Bmatrix} x_B^* \\ x_C^* \end{Bmatrix}, \quad \text{且 } x_C^* = 0, \; x_B^* \geqslant 0 \tag{B-13}$$

式中,x_B^* 和 x_C^* 分别称为基本变量和非基本变量。注意到 x 中的每一分量 x_i 和 A 中的某一列对应,相应于 x^* 的这种重新排列,A 矩阵也可划分成:

$$A = [A_B \vdots A_C] \tag{B-14}$$

类似地可把价格向量 c 划分成:

$$c = \begin{Bmatrix} c_B \\ c_C \end{Bmatrix} \tag{B-15}$$

由线性规划理论可以知道,最优解中的基本变量刚好是 m 个,且有

$$x_B^* = A_B^{-1}b \tag{B-16}$$

而最优目标值为

$$c_B^{\mathrm{T}}x_B^* = c_B^{\mathrm{T}}A_B^{-1}b \tag{B-17}$$

利用对偶规划的理论可以证明,此时对偶变量的最优解为

$$(\boldsymbol{\lambda}^*)^{\mathrm{T}} = \boldsymbol{c}_B^{\mathrm{T}} A_B^{-1} \tag{B-18}$$

最优目标值为

$$(\boldsymbol{\lambda}^*)^{\mathrm{T}} \boldsymbol{b} = \boldsymbol{c}_B^{\mathrm{T}} A_B^{-1} \boldsymbol{b} \tag{B-19}$$

显然,它和原问题的目标值(式(B-17))是一致的。在用单纯形法求解线性规划时,很容易从原问题的单纯形表中找出对偶变量的最优解(式(B-18))来,或是从对偶问题的单纯形表中找出原变量的最优解(式(B-16))来,但在此处不再详述了。

下面举一例题以说明线性规划的原问题与对偶问题间的关系。

例题:原问题为

$$\min \quad 4x_1 + x_2 + x_3$$

受到约束:$2x_1 + x_2 + 2x_3 = 4$

$$3x_1 + 3x_2 + x_3 = 3$$

$$x_1 \geqslant 0, \ x_2 \geqslant 0, \ x_3 \geqslant 0$$

按照式 B-9 的向量写法,有

$$\boldsymbol{x} = \begin{Bmatrix} x_1 \\ x_2 \\ x_3 \end{Bmatrix}, \quad \boldsymbol{c} = \begin{Bmatrix} 4 \\ 1 \\ 1 \end{Bmatrix}, \quad \boldsymbol{A} = \begin{bmatrix} 2 & 1 & 2 \\ 3 & 3 & 1 \end{bmatrix}, \quad \boldsymbol{b} = \begin{Bmatrix} 4 \\ 3 \end{Bmatrix}$$

采用单纯形法,可求得最优解为

$$x_1^* = 0, \quad x_2^* = 2/5, \quad x_3^* = 9/5$$

按照前面基本变量和非基本变量的划分方法,x_2、x_3 属于基本变量,x_1 属于非基本变量,而

$$\boldsymbol{A}_B = \begin{bmatrix} 1 & 2 \\ 3 & 1 \end{bmatrix}, \quad \boldsymbol{C}_B = \begin{bmatrix} 1 \\ 1 \end{bmatrix}$$

和

$$\boldsymbol{A}_B^{-1} = \begin{Bmatrix} -\dfrac{1}{5} & \dfrac{2}{5} \\[2mm] \dfrac{3}{5} & -\dfrac{1}{5} \end{Bmatrix}$$

可以验证:

$$\begin{Bmatrix} x_2^* \\ x_3^* \end{Bmatrix} = \boldsymbol{A}_B^{-1} b = \begin{bmatrix} -\dfrac{1}{5} & \dfrac{2}{5} \\[2mm] \dfrac{3}{5} & -\dfrac{1}{5} \end{bmatrix} \begin{Bmatrix} 4 \\ 3 \end{Bmatrix} = \begin{Bmatrix} \dfrac{2}{5} \\[2mm] \dfrac{9}{5} \end{Bmatrix}$$

最优目标值为 $\dfrac{11}{5}$。

按照式 B-12 的对偶问题构造方法,该线性规划的对偶规划为:

$$\max \qquad 4\lambda_1 + 3\lambda_2$$
$$\text{受到约束：} \quad 2\lambda_1 + 3\lambda_2 \leqslant 4$$
$$\lambda_1 + 3\lambda_2 \leqslant 1$$
$$2\lambda_1 + \lambda_2 \leqslant 1$$

利用式 B-18，对偶问题的最优解为

$$\left\{ \begin{matrix} \lambda_1^* \\ \lambda_2^* \end{matrix} \right\}^{\text{T}} = \begin{bmatrix} 1 & 1 \end{bmatrix} \begin{bmatrix} -\dfrac{1}{5} & \dfrac{2}{5} \\[2mm] \dfrac{3}{5} & -\dfrac{1}{5} \end{bmatrix} = \left\{ \begin{matrix} \dfrac{2}{5} \\[2mm] \dfrac{1}{5} \end{matrix} \right\}^{\text{T}}$$

而对偶问题目标值为 $4\lambda_1^* + 3\lambda_2^* = \dfrac{11}{5}$。

　　由于解线性规划的单纯形法在约束数少于设计变量数时较有效，在原问题 LP 和对偶问题 LD 中便可选择约束较少的一个来求解。

　　下面我们再考虑一下二次规划。一般的二次规划 QP 可提成：

$$\min \quad \frac{1}{2} \boldsymbol{x}^{\text{T}} H \boldsymbol{x} + \boldsymbol{d}^{\text{T}} \boldsymbol{x}, \quad \boldsymbol{x} = \{x_1 \ x_2 \ \cdots \ x_n\}^{\text{T}} \in R^n \qquad \text{(B-20)}$$

受到约束为

$$A\boldsymbol{x} \leqslant \boldsymbol{b}$$

其中，矩阵 $\boldsymbol{H}$、$\boldsymbol{A}$ 和向量 $\boldsymbol{d}$、$\boldsymbol{b}$ 分别为

$$\boldsymbol{H} = \begin{bmatrix} h_{11} & h_{12} & \cdots & h_{1n} \\ h_{21} & h_{22} & \cdots & h_{2n} \\ \vdots & & & \\ h_{n1} & h_{n2} & \cdots & h_{nn} \end{bmatrix} \qquad \boldsymbol{d} = \begin{bmatrix} d_1 \\ d_2 \\ \vdots \\ d_n \end{bmatrix} \qquad \text{(B-21)}$$

$$\boldsymbol{A} = \begin{bmatrix} a_{11} & a_{12} & \cdots & a_{1n} \\ a_{21} & a_{22} & \cdots & a_{2n} \\ \vdots & & & \\ a_{m1} & a_{m2} & \cdots & a_{mn} \end{bmatrix} \qquad \boldsymbol{b} = \begin{bmatrix} b_1 \\ b_2 \\ \vdots \\ b_m \end{bmatrix}$$

它的对偶问题是

$$\max \quad \varphi(\boldsymbol{\lambda})$$
$$\text{约束力} \quad \boldsymbol{\lambda} \geqslant 0 \qquad \qquad \text{(B-22)}$$

其中，$\varphi(\boldsymbol{\lambda}) = \min\limits_{x \in R^n} \left\{ \dfrac{1}{2} \boldsymbol{x}^{\text{T}} H \boldsymbol{x} + \boldsymbol{d}^{\text{T}} \boldsymbol{x} + \boldsymbol{\lambda}^{\text{T}} (A\boldsymbol{x} - \boldsymbol{b}) \right\}$。

可以证明，如果 H 是对称正定阵，函数 $\dfrac{1}{2} \boldsymbol{x}^{\text{T}} H \boldsymbol{x} + \boldsymbol{d}^{\text{T}} \boldsymbol{x} + \boldsymbol{\lambda}^{\text{T}} (A\boldsymbol{x} - \boldsymbol{b})$ 在满足下式的一点上（对固定的 $\boldsymbol{\lambda}$）取极小：

$$H\boldsymbol{x} + A^{\text{T}} \boldsymbol{\lambda} + \boldsymbol{d} = 0$$

所以，上列对偶问题也可以写成：

$$\max_{\lambda \geqslant 0} \quad \frac{1}{2} x^{\mathrm{T}} H x + d^{\mathrm{T}} x + \lambda^{\mathrm{T}} (A x - b) \atop \text{受到约束} \qquad H x + A^{\mathrm{T}} \lambda = - d \left.\right\}} \qquad (\text{B-23})$$

　　如果从上面对偶问题的约束条件中把 x 解出来，就可以得到在本书第四章曾使用的对偶规划，即由式(B-23)中的后一式解出 x：

$$x = - H^{-1}(d + A^{\mathrm{T}} \lambda) \qquad (\text{B-24})$$

将它代入式(B-23)中的第一式得到对偶问题的目标函数为

$$\varphi(\lambda) = \frac{1}{2} \lambda^{\mathrm{T}} D \lambda + \lambda^{\mathrm{T}} c - \frac{1}{2} d^{\mathrm{T}} H^{-1} d \qquad (\text{B-25})$$

其中

$$D = - A H^{-1} A^{\mathrm{T}}, \quad c = - b - A H^{-1} d \qquad (\text{B-26})$$

于是，对偶问题为

$$\max_{\lambda \geqslant 0} \quad \frac{1}{2} \lambda^{\mathrm{T}} D \lambda + \lambda^{\mathrm{T}} c - \frac{1}{2} d^{\mathrm{T}} H^{-1} d \qquad (\text{B-27})$$

当 H 矩阵满足一定的条件时，对偶问题式(B-27)与原问题具有相同的目标值。关于在一定条件下求解对偶问题式(B-27)优于求解原问题这一点我们已在第四章中见到。

　　结构优化作为数学规划问题，经常利用对偶的技巧。通过求解对偶问题来求解原问题这一方法，现已成为结构优化算法中的一个常用的有效的途径。

参 考 文 献

A：

[A-1] Mi chell A G M. The Limits of Economy of Material in Frame Structures. Phil. Mag. , 1905, 6 (8)：58G.

[A-2] Gerard G. Mimimum Weight Analysis of Compression Structures. New York：New York Univ Press, 1956.

[A-3] Shanley F R. Weight-Strength analysis of Aircraft Structures. Dover, New York, 1960.

[A-4] Spunt L. Optimum Structural Design. Englewood Cliffs, New Jersey：PrinticeHall, Inc. , 1971.

[A-5] Cross H. The relation of Analysis to Structural Design. Trans. ASCE, 1936：101.

[A-6] Schmit L A. Structural Design by Systematic Synthesis. Proc. 2nd Nat. Conf. Elect. Comput. ASCE, 1960：105-132.

[A-7] Schmit L A, Farshi B. Some Approximation Concepts for Structural Synthesis. AIAA J. , 1974, 12 (2)：231-233.

[A-8] Schmit L A, Miura H. Approximation Concepts for Efficient Structural Synthesis. NASA Contractor Report, NASA-CR-2552, 1976.

[A-9] Schmit L A, Miura H. A New Structural Analysis/Synthesis Capability-ACCESS$_1$. AIAA. J. , 1976, 14：661-671.

[A-10] Schmit L A, Miura H. An Advanced Structural Analysis/Syn the sis Capability-ACCESS$_2$. Int. J. Num. Meth. Engineering, 1978, 12：353-377.

[A-11] Fleury C, Schmit L A. ACCESS$_3$. Approxi mation Concepts Code for Efficient Structural Synthesis-User' s Guide. NACA CR-195260, 1980.

[A-12] Sander G, Fleury C. A Mixed Method in Structural Optimization. ASME Energy Technology Conf. Structural Optim. Meth. Session, 1977：79-93.

[A-13] Venkayya V B. Design of Optimum Structures. J. computers and Structures, 1971, 1(1-2)：265-239.

[A-14] Berke L, Khot N S. Use of Optimality Criteria Methods for Large Scale Systems. AGARD Lectures Series No. 70, Structural Optimization, 1974：1-29.

[A-15] Gellatly R A, Berke L. Optimal Structural Design. USAF Tech. Rep. , AFFDL-TR-70-165, 1971.

[A-16] Gallagher R H. Full Stressed Design. Optimum Structural Design-Theory and Applications. Gallagher R H, Zienkiewicz O C. ed. New York：John Wiely, 1973, 3：19-32

[A-17] Kiusalaas J, Shaw R C J. An Algorithm for Optimal Structural Design With Frequency Constraints. Int. J. Num. Meth. Eng. , 1978, 18, 283-295.

[A-18] Morris A J. Structural Optimization by Geometric Programming. Int. J. Solids Struct, 1972, 8：847-864.

[A-19] Templeman A B. The Use of Geometric Programming for Structural Optimization. AGARD Lecture Series No. 70 on Structural Optimization, 1974, 3(1-3)：17.

[A-20] Beightler C S, Phillips D T. Applied Geometric Programming. New York：John Wiley, 1976.

[A-21] Mater G, Srinivasan R, Save M A. On Limit Design of Frames Using Linear Programming. Proc. ASCE. , J. Struct. Mech. , 1976, 4(4)：349-378.

[A-22] Noor A K, Lowder H E. Approximate Techniques of Structural Reanalysis. J. Comp. Struct. , 1974, 4：801-812.

[A-23]　Haug E J,Arora J S. Applied Optimal Design, Mechanical and Structural Systems. New York:John Wiley,1979.

[A-24]　Khan M R,Willmert K D,Thornton W A. A New Optimality Criterion Method for Large Scale Structures. AIAA/ASME 19th Struct. Dyn. & Materials Conf. ,1978:47-58.

[A-25]　Rizzi P. Optimization of Multi-constrained Structures Based on Optimality Criteria. Proc. AIAA/ASME/SAE 17-th Structures, Structural Dynamics and Materials Conf. ,1976:448-462.

[A-26]　Dobbs M W,Nelson R B. Application of Optimality Criteria to Automated Structural Design. AIAA J. ,1976,14(10):1436-1443.

[A-27]　Arora J S,Haug E J. Efficient Optimal Design of Structures by Generalized Steepest Decent Programming. Int. J. Num. Meth. Eng. ,1976,10:747-766, 1420-1426.

[A-28]　Sheu C Y,Schmit L A. Minimum Weight Design of Elastic Redundant Trusses under Multiple Static Load Conditions. AIAA J. ,1972,10(2):155-162.

[A-29]　Moe J. Design of Ship Structures by Means of Non-Linear Programming Techniques. Int. Shipbuilding Progress,1970,17.

[A-30]　Bracken J,McCormick G. Selected Applications of Non-Linear Programming. New York:John Wiley,1968.

[A-31]　Kavlie D,Kowalik J,Moe J. Structural Optimization by Means of N. L. P. Int Symp. On the Use of Digital Computers in Struct. Eng. , Univ. of Newcastle,1967.

[A-32]　Fleury C. A Unified Approach to Structural Weight Optimization.

[A-33]　Dantzig G B. Linear Programming and Extensions. Princeton Univ. Press,1963.

[A-34]　Fleury C. Structural Weight Optimization by Dual Methods of Convex Programming.

[A-35]　Hodge P G. 结构塑性极限分析. 蒋咏秋译. 科学出版社

B:

[B-1]　数理力学系资料室(钱令希执笔). 结构力学中最优化设计理论与方法的近代发展. 大连工学院学报,1973,3.

[B-2]　数理力学系工程力学研究室优化小组(程耿东执笔). 平面刚架的极限分析和塑性优化设计. 大连工学院学报,1977,4.

[B-3]　邓可顺. 静水外压下环肋圆柱壳和斜圆锥壳的最轻质量设计. 大连工学院学报,1980,1.

[B-4]　程耿东. 线性规划在优化设计中的一个应用及其稀疏算法. 大连工学院学报,1979,1.

[B-5]　钱令希,钟万勰. 结构优化设计的一个方法. 大连工学院学报,1979,1.

[B-6]　钱令希,钟万勰,隋允康,张近东. 多单元、多工况、多约束的结构优化设计. 大连工学院学报,1980,4.

[B-7]　宋甲宗,施光燕. 桥式起重机主梁优化的一个计算方法. 大连工学院学报,1980,4.

[B-8]　林家浩. 有频率禁区的结构优化设计. 大连工学院学报,1981,1.

[B-9]　Cheng K T. On Non-Smoothness in Optimal Design of Solid Elastic plates. Int. J. Solids Structures,1981.

[B-10]　Cheng K T,Olhoff N. Regularized Formulation for Optimal Design of Axisymmetric Plates. Int. J. Solids Structures, 1981.

[B-11]　程耿东. 实心弹性薄板的最优设计. 大连工学院学报,1981,2.

[B-12]　Cheng K T. ,Olhoff N. An Investigation Concerning Optimal Design of Solid Elastic Plates. Int. J. Solids Structures,1981,17:305-323.

[B-13]　钟万勰,裘春航,吴金仙. 结构化 Fortran 语言及其实现. 大连:工学院出版社,1980.

[B-14] 钟万勰,裘春航,吴金仙.结构化 Fortran 语言一个新文本及其实现.大连工学院学报,1980,4.

C:

[C-1] 葛增杰.考虑杆件稳定性的桁架结构优化设计.大连:大连工学院硕士毕业论文,1980.

[C-2] 李兴斯.几何规划在框架结构优化设计中的应用.大连:大连工学院硕士毕业论文,1980.

[C-3] 姜敬凯.几何规划(缩并法)在钢筋混凝土结构优化设计中的应用.大连:大连工学院硕士毕业论文,1980.

[C-4] 阴宗朋.拱桥的拱轴优化.大连:大连工学院硕士毕业论文,1980.

[C-5] 俞永声.有频率禁区的空间桁架优化设计.大连:大连工学院硕士毕业论文,1980.

[C-6] 车维毅.有频率禁区的平面刚架优化设计.大连:大连工学院硕士毕业论文,1980.

[C-7] 关东媛.预应力钢结构的优化设计.大连:大连工学院硕士毕业论文,1980.

[C-8] 王希诚.结构优化设计中的近似分析.大连:大连工学院硕士毕业论文,1980.